有机化学基础

段希焱　刘坤　主编

中国原子能出版社

图书在版编目(CIP)数据

有机化学基础/段希焱,刘坤主编.--北京:中
国原子能出版社,2019.8
ISBN 978-7-5221-0007-4

Ⅰ.①有… Ⅱ.①段… ②刘… Ⅲ.①有机化学一高
等学校一教材 Ⅳ.①O62

中国版本图书馆 CIP 数据核字(2019)第 195918 号

内 容 简 介

本教材重点阐述有机化学的基础知识。以官能团为主线,系统地对链烃、环烃、卤代烃、醇、酚、醚、醛、酮、醌、羧酸及其衍生物、含氮化合物、杂环化合物和生物碱、氨基酸、蛋白质、核酸、萜类和甾族化合物等进行讨论。本教材可作为高等学校有机化学教学用书,也可供化学、应用化学、化工、制药等专业技术人员参考使用。

有机化学基础

出版发行	中国原子能出版社(北京市海淀区阜成路43号　100048)
责任编辑	张　琳
责任校对	冯莲凤
印　　刷	北京亚吉飞数码科技有限公司
经　　销	全国新华书店
开　　本	787mm×1092mm　1/16
印　　张	14.25
字　　数	347 千字
版　　次	2020 年 3 月第 1 版　2020 年 3 月第 1 次印刷
书　　号	ISBN 978-7-5221-0007-4　　定 价　70.00 元

网址:http://www.aep.com.cn　E-mail:atomep123@126.com
发行电话:010-68452845

前　言

有机化学又称为碳化合物的化学,是研究有机化合物的结构、性质、制备的学科。作为化学极其重要的一个分支,有机化学是许多学科的重要基础,是化工、环境、轻工、能源、材料、农学、林学、生物、制药、动物科学等学科的一门重要基础课程。有机化合物与人类的日常生活密切相关。很多新物质、新材料的发明与发现,最终都可以在有机化学中寻找到答案。有机化学工业作为支柱产业,对国民经济的发展起着举足轻重的作用。因此,对有机化学的分析研究具有非常重要的意义。

有机化学的发展历史可以追溯近千年,随着现代科学技术的不断创新,有机化学和生物、制药、新材料、新能源又互相渗透、互相交叉。21世纪的有机化学伴随着现代生命科学和生物技术的崛起而迸发出新的活力,呈现出新的发展趋势。在此新形势下编者编写了《有机化学基础》一书。本书是在研究和吸纳了国内外经典著作的优点,并结合了编者多年来的教学经验和取得的科研成果的基础上完成的,可以说是集体智慧的结晶。

本书在编写时的指导思想为:以有机化学的基础理论和知识为主,在内容上注重理论与实践相结合。本书的编写具有以下特点:

1.避免了教材内容偏多、偏深、偏难的现象,文字力求简明扼要,图文并茂,通俗易懂;

2.由易到难、深入浅出,层次清晰,教材难度符合学生的认知规律,依据教材,学生可以达到自学、自测的水平。

全书共分10章,重点介绍有机化学的基础知识。第1章绪论,简单介绍有机化学的特点、有机反应的类型、有机化合物的分类等;第2~10章以官能团为主线,系统地对链烃、环烃、卤代烃、醇、酚、醚、醛、酮、醌、羧酸及其衍生物、含氮化合物、杂环化合物和生物碱、氨基酸、蛋白质、核酸、萜类和甾族化合物等进行讨论。

全书由段希焱、刘坤担任主编,并负责统稿,具体分工如下:

第1章~第4章、第6章、第8章、第9章:段希焱(河南科技大学),共计21.67万字;

第5章、第7章、第10章:刘坤(河南科技大学),共计13.16万字。

本书在编写过程中,参考了大量有价值的文献与资料,吸取了许多人的宝贵经验,在此向这些文献的作者表示敬意。此外,本书的编写还得到了出版社领导和编辑的鼎力支持和帮助,同时也得到了学校领导的支持和鼓励,在此一并表示感谢。由于有机化学发展的日新月异,加之编者的学识和水平有限,书中疏漏和不妥之处在所难免,恳请专家和读者批评指正。

编　者

2019年5月

目　录

第1章 绪 论

1.1 有机化学与研究任务

有机化合物,简称"有机物",最初是从有生机之物——动植物有机体中得到的物质,故命名为"有机物"。随着科学的发展,越来越多的由生物体中取得的有机物,可以用人工的方法来合成,而无需借助生命体,但"有机"这个名称仍被保留了下来。由于有机化合物数目繁多,且在性质和结构上又有许多共同特点,使其逐渐发展成为一门独立的学科。

有机化合物都含有碳原子,因此,被定义为"碳化合物",有机化学即是研究碳化合物的化学。但有机化合物中,除了碳,绝大多数还含有氢,且许多有机物分子中还常含有氧、氮、硫、卤素等其他元素,因此,更确切地说,有机化合物是碳氢化合物及其衍生物,有机化学是研究碳氢化合物及其衍生物的化学。

有机化合物的天然来源有石油、天然气、煤和农副产品,其中最重要的是石油。

(1)石油。石油是从地底下开采出来的深褐色黏稠液体,也称原油。其主要成分是烃类,包括烷烃、环烷烃、芳烃等,此外还含有少量烃的氧、氮、硫等衍生物。原油的组成复杂,因产地不同或油层不同而有所差别。

石油是工业的血液,是现代工业文明的基础,是人类赖以生存与发展的重要能源之一。原油通常不能直接使用,经过常压或减压分馏,可以得到不同沸点范围的多种产品,由这些产品经进一步加工,可制备一系列重要的化工原料,以满足橡胶、塑料、纤维、染料、医药、农药等不同行业的需要。

(2)天然气。天然气是蕴藏在地层内的可燃性气体,其主要成分是甲烷。根据甲烷含量的不同,可分为干气和湿气两类。干气甲烷的含量为 $86\% \sim 99\%$(体积分数);湿气除含 $60\% \sim 70\%$(体积分数)的甲烷外,还含有乙烷、丙烷和丁烷等低级烷烃以及少量氮、氦、硫化氢、二氧化碳等杂质。

(3)煤。煤是埋藏在地底下的可燃性固体。通过对煤的干馏,即将煤在隔绝空气的条件下加热到 $950 \sim 1\,050\ ℃$,就可得到焦炭、煤焦油和焦炉气。由煤焦油可以制得苯、二甲苯、联苯、酚类、萘、蒽等多种芳香族化合物及沥青。焦炉气的主要成分是甲烷、一氧化碳和氢气,还含有少量苯、甲苯和二甲苯。焦炭可用于钢铁冶炼和金属铸造及生产电石。

(4)农副产品。许多农副产品是制备有机化合物的原料。如淀粉发酵可制乙醇;玉米芯、谷糠可制糠醛;从植物中可提取天然色素和香精;由天然植物经过加工可制得中成药;从动物内脏可提取激素;用动物的毛发可制取胱氨酸等。

从长远来看,农副产品是取之不尽的资源。我国农产品极其丰富,因地制宜综合利用农副产品,必将使天然有机化合物的提取大有可为。

随着社会的不断发展,有机化学已呈现出新的发展趋势,具体如下。

(1)建立在现代物理学和物理化学基础上的物理有机化学,可定量地研究有机化合物的结构、反应活性和反应机理,这不仅指导了有机合成化学,而且对生命科学的发展也有重大意义。

(2)有机合成化学在高选择性反应方面的研究,特别是不对称催化方法的发展,使得更多具有高生理活性、结构新颖分子的合成成为可能。

(3)金属有机化学和元素有机化学的丰富,为有机合成化学提供了高选择性的反应试剂和催化剂及各种特殊材料和加工方法。

(4)近年来,计算机技术的引入使有机化学在结构测定、分子设计和合成设计上如虎添翼,发展更为迅速。

此外,组合化学的发展不仅为有机化学提出了一个新的研究内容,也使高能量的自动化合成成为现实。

有机化学从它的诞生之日起就是为人类合成新物质服务的,如今由化学家们合成并设计的数百万种有机化合物,已渗透到了人类生活的各个领域。在对重要的天然产物和生命基础物质的研究中,有机化学取得了丰硕的成果。

(1)维生素、抗生素、甾体和萜类化合物、生物碱、糖类、肽、核苷等的发现、结构测定和合成,为医药卫生事业提供了有效的武器。

(2)高效低毒农药、动植物生长调节剂和昆虫信息物质的研究和开发为农业的发展提供了重要的保证。

(3)自由基化学和金属有机化学的发展促使了高分子材料特别是新的功能材料的出现。

(4)有机化学在蛋白质和核酸的组成与结构的研究、序列测定方法的建立、合成方法的创建等方面的成就为生物学的发展奠定了基础。

近年来,有机化学在物理、数学、生物等学科及化学的其他分支学科如物理化学、生物化学等的配合下,对复杂的有机分子,特别是和生命现象密切相关的蛋白质、核酸等天然有机化合物的结构、性能和合成方法的认识有了很大的进展。我国的科研工作者在这方面也有不少成就。这些研究工作不仅使有机化学这门学科本身得到进一步的发展,同时对于人们认识复杂的生命现象、控制遗传、征服顽症和造福人类都起着重要的作用。

1.2　有机化合物的性质特点

有机化合物与无机化合物之间,没有绝对的界限,两者可以互相联系、互相转化。由于碳原子在元素周期表中的特殊位置,决定了有机化合物具有一些特性。碳元素位于元素周期表的第二周期第四主族,碳原子的最外层有 4 个电子,不容易失去或得到电子形成离子键,而往往是通过共用电子对形成共价键,与其他元素的原子结合形成化合物。碳元素作为有机化合物的主要元素,由于碳原子的成键特性,使有机化合物表现出一些不同于无机化合物的特性。大多数有机化合物具有以下特性。

1.2.1　易燃烧

除少数有机化合物外,一般的有机化合物都容易燃烧。有机化合物燃烧时生成二氧化碳、水和分子中所含碳氢元素以外的其他元素的氧化物。可根据生成物的组成和数量来进行元素的定性和定量分析。无机化合物一般不燃烧,可以利用这一性质来区别无机物和有机物。

1.2.2　熔点、沸点较低

有机化合物的熔点一般在 400 ℃ 以下,沸点也较低,这是因为有机化合物分子是共价分子,分子间是以范德华力结合而成的,破坏这种晶体所需的能量较少。也正因为如此,许多有机化合物在常温下是气体、液体。而无机化合物通常是由离子键形成的离子晶体,破坏这种静电引力所需的能量较高,所以无机化合物的熔点、沸点一般也较高。例如,苯酚的熔点为 43 ℃,沸点为 182 ℃;氯化钠的熔点为 801 ℃,沸点为 1 413 ℃。

1.2.3　难溶于水

有机化合物一般难溶于水而易溶于有机溶剂。这是因为有机化合物大多是非极性或弱极性分子,根据"相似相溶"原则,有机化合物易溶于非极性或弱极性的有机溶剂,如四氯化碳、苯、乙醚等,而难溶于极性溶剂水中。

1.2.4　反应速率慢,反应复杂,常伴有副反应发生

有机化合物分子中的共价键,在进行反应时不像无机化合物分子中的离子键那样容易解离成离子,因此反应速率比无机化合物慢。一般有机化合物进行反应时,通常需要用加热、搅拌或使用催化剂等方法来加快反应速率。有机化合物进行反应时,由于键的断裂可以发生在不同的部位,因而有机化合物的反应可能不止是一个部位参加的反应,而是多部位参加的反应,使反应结果较为复杂,因此在写有机化学反应式时,反应式的右边只要求写出主要生成物,反应式一般不需要配平,在反应物和生成物之间用单箭头"→"连接。另外,常伴有副反应发生,反应产物为多种生成物的混合物。

有机化合物大多具有以上特性,但也有例外。例如,四氯化碳不但不燃烧,而且可用作灭火剂;糖、醋酸、酒精等在水中极易溶解;梯恩梯(TNT)炸药的爆炸是瞬间完成的。

1.3　有机化合物的结构特点

有机化合物都含有碳元素。碳原子的最外层有四个电子,碳原子既不容易得到电子也不容易失去电子,在结合成键时,往往和其他原子通过共用电子对的方式形成共价键,同时碳原

子相互结合的能力很强,结合的方式很多,碳原子与碳原子既可连成链状,也可连成环状;两个碳原子既可形成一个共价键,也可以形成两个或三个共价键。这是有机化合物数量如此之多的原因之一。

有机化合物分子中,碳原子之间的相互结合力很强。由于碳原子之间连接顺序和成键方式的不同,使得有些有机化合物,虽然分子组成相同但却有不同的分子结构,性质也不相同,则不是同一种物质。而无机化合物往往分子组成与其分子结构是一一对应的,即一个化学式只代表一种物质。因此,虽然参与形成有机化合物的元素种类比无机化合物的元素种类少得多,但有机化合物的数目却比无机化合物的数目多得多。

例如,分子式同为 C_2H_6O,就会有甲醚和乙醇两种物质,它们有不同的结构,具有完全不同的物理及化学性质。

甲醚   乙醇

气体,沸点为$-25\ ^\circ C$,   液体,沸点为$78.5\ ^\circ C$,

不与金属钠反应   与金属钠激烈反应并放出氢气

这种分子组成相同而结构不同的现象,称为同分异构现象。有机化合物中普遍存在着同分异构现象。同分异构现象是有机化合物数目众多的主要原因之一。

1.4　有机化学中的酸碱概念

随着科学的发展,酸碱的含义和范围在不断扩大,很多化学物质都包含其中,因而对它们的认识尤为重要。

1.4.1　酸碱质子理论

酸碱质子理论又称为布朗斯特酸碱理论,该理论认为:凡是能给出质子的物质(分子或离子)都是酸,凡是能与质子结合的物质都是碱。酸失去质子后生成的物质就是它的共轭碱;碱得到质子生成的物质就是它的共轭酸。

$$HCl + H_2O \rightleftharpoons H_3^+O + Cl^-$$
$$\qquad 酸\qquad 碱\qquad 酸\qquad 碱$$
$$H_2SO_4 + CH_3OH \rightleftharpoons CH_3OH_2^+ + HSO_4^-$$
$$\qquad 酸\qquad\quad 碱\qquad\quad 酸\qquad\quad 碱$$

从上两式可以看出,1个酸给出质子后即变为碱,这个碱称为原来酸的共轭碱;反之,1个碱与质子结合后即变为酸,这个酸称为原来碱的共轭酸。

在有机化合物中常含有与电负性较大的原子相连的氢原子,如乙酸、苯磺酸等,容易给出质子得到共轭碱;还有一些含有 O、N 等原子的分子或带负电荷的离子,如乙醚、甲氧负离子等,能够接受质子得到共轭酸;另外,有些化合物既能给出质子又能接受质子,它们既是酸又是碱,如水、乙醇、乙胺等。

有机化学中所说的酸碱强弱,一般指布朗斯特酸所给出质子能力的强弱,其大小可在多种溶剂中测定,但最常用的是在水溶液中通过酸碱反应的平衡常数来描述。一般,给出质子能力强的是强酸,反之为弱酸。同样,接受质子能力强的碱是强碱,反之为弱碱。此外,在共轭酸碱中,酸的酸性越强,其共轭碱的碱性就越弱。例如,HCl 是强酸,而 Cl^- 则是弱碱。

$$HCl + H_2O \rightleftharpoons H_3O^+ + Cl^-$$

强酸   弱碱

酸碱反应是可逆反应,可用平衡常数 K_{eq} 来描述反应的进行。

$$HA + H_2O \rightleftharpoons H_3O^+ + A^-$$

$$K_a = K_{eq}[H_2O] = \frac{[H_3O^+][A^-]}{[HA]}$$

$$pK_a = -\lg K_a$$

酸性强度常用 pK_a 表示,$pK_a = -\lg K_a$。强酸具有较低的 pK_a,弱酸具有较高的 pK_a。
同理,碱的反应可表示为

$$B^- + H_2O \rightleftharpoons BH + OH^-$$

$$K_b = \frac{c(BH)c(OH^-)}{c(B^-)}$$

碱性强度常用 pK_b 表示,$pK_b = -\lg K_b$。强碱具有较低的 pK_b,弱碱具有较高的 pK_b。但有机碱也常用它的共轭酸的 pK_a 值来表示碱性的强弱,一种酸的酸性越强,其共轭碱的碱性越弱;反之,酸的酸性越弱,其共轭碱的碱性越强。

1.4.2 酸碱电子理论

酸碱电子理论又称为路易斯酸碱理论,该理论认为:能够接受未共用电子对者为路易斯酸,即酸是电子对的接受体;能够给出电子对者为路易斯碱,即碱是电子对的给予体。酸和碱的反应是通过配位键生成酸碱络合物。

$$A + :B \longrightarrow A:B$$

酸   碱   酸碱络合物

例如:

$$H^+ + :Cl^- \longrightarrow HCl$$

路易斯酸   路易斯碱

$$:Cl^- + AlCl_3 \longrightarrow AlCl_4^-$$

路易斯碱   路易斯酸

路易斯酸的结构特征是具有空轨道原子的分子或正离子。例如,H^+ 的空轨道,可以接受一对电子,故 H^+ 是酸。由此可见,路易斯酸包括全部布朗斯特酸。又如,BF_3 中的硼原子,价电子层有六个电子,可以接受一对电子,所以 BF_3 也是酸。路易斯碱的结构特征是具有未共用电子对原子的分子或负离子。例如,$:NH_3$ 和 $:OH^-$ 能够提供未共用电子对,它们是碱。

下面列举一些常见的路易斯酸碱。

路易斯酸：BF_3、$AlCl_3$、$SnCl_4$、$LiCl$、$ZnCl_2$、H^+、R^+、Ag^+ 等。

路易斯碱：H_2O、NH_3、CH_3NH_2、CH_3OH、CH_3OCH_3、X^-、OH^-、CN^-、NH^{2-}、RO^-，R^- 等。

路易斯碱就是布朗斯特碱，但路易斯酸则比布朗斯特酸范围广泛。布朗斯特酸碱理论和路易斯酸碱理论在有机化学中均有重要用途。

1.5　有机反应的类型

有机反应总是伴随着旧键的断裂和新键的生成，按照共价键断裂的方式可将有机反应分为相应的类型。共价键的断裂主要有两种方式，下面以碳与另一非碳原子之间共价键的断裂为例说明这一问题。

一种方式称为共价键的均裂，是成键的一对电子平均分给两个原子或基团。

$$C : Z \xrightarrow{\text{均裂}} C \cdot + Z \cdot$$

均裂生成的带单电子的原子或基团称为自由基或游离基，如 $\cdot CH_3$ 叫作甲基自由基。常用 $R \cdot$ 表示烷基自由基。

共价键经均裂而发生的反应叫自由基反应。这类反应一般在光和热的作用下进行。

另一种方式称为共价键的异裂，是共用的 1 对电子完全转移到其中的 1 个原子上。

$$C : Z \xrightarrow{\text{异裂}} \begin{cases} C^+ + :Z^- & \text{碳正离子} \\ :C^- + Z^+ & \text{碳负离子} \end{cases}$$

异裂生成了正离子或负离子，如 CH_3^+ 叫作甲基碳正离子，CH_3^- 叫作甲基碳负离子。常用 R^+ 表示碳正离子，R^- 表示碳负离子。

共价键经异裂而发生的反应叫离子型反应。这类反应一般在酸、碱或极性物质（包括极性溶剂）催化下进行。

1.6　有机化合物的分类

有机化合物的数量非常庞大，有机化合物的结构与其性质之间有着密切的关系，结构相似的化合物很多，其性质也相似。对有机化合物进行科学的分类对于学习和研究有机化学是十分必要的。为便于系统地研究，现将有机化合物按结构特征进行分类。常用的分类方法有两种：一种是根据分子中碳原子的连接方式（即按碳链骨架，carbon skeleton）分类；另一种是按官能团（functional group）的不同分类。

1.6.1 按碳链骨架分类

目前所涉及的有机化合物均是以碳元素为主体,因此按碳架分类是十分重要的。分子中的碳原子可以通过碳碳、碳氮、碳氧之间的连接来形成碳架。当然,在连接的过程中将按照它们各自的化合价进行。按碳链骨架进行分类,可将有机化合物分为以下几类。

1.6.1.1 开链化合物

这类化合物分子中的碳原子之间相互连接形成开放的碳链,其碳链可以是直链,也可以带有支链。由于脂肪中含有这种开链结构,所以开链化合物又称为脂肪族化合物。

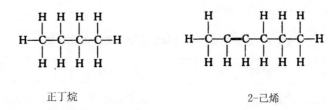

正丁烷   2-己烯

1.6.1.2 碳环化合物

分子两端的碳原子再各以一个价键相连接,此时就形成了各种形状的环,这类化合物分子中含有完全由碳原子连成的环,故称碳环化合物。它又可分成两类。

(1)脂环族化合物。这类化合物可看成是由链状化合物闭环而得,其性质和相应的脂肪族化合物相似。

环戊烷   环己烷

(2)芳香族化合物。这类化合物大多数都含有苯环,它们具有与开链化合物和脂环化合物不同的化学特性。这类化合物最初是从具有芳香气味的有机物——天然香树脂和香精油中提取出来的,因此称为芳香族化合物。芳环具有特殊的稳定性。

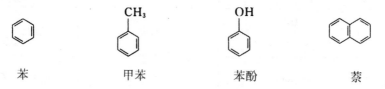

苯   甲苯   苯酚   萘

1.6.1.3 杂环化合物

这类化合物分子中,具有由碳原子和其他元素的原子(称为杂原子,如氧、硫、氮)所形成的环。

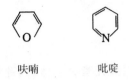

呋喃　　　吡啶

1.6.2　按官能团分类

有机化合物的化学性质主要取决于官能团。官能团是指有机化合物分子中性质比较活泼,容易发生化学反应的原子或原子团。一般来说,含有相同官能团的化合物,有相似的化学性质,因此可以将有机化合物按官能团来分类。表 1-1 列出一些常见的有机化合物官能团及有关的化合物。

表 1-1　常见的有机化合物官能团及有关的化合物

有机化合物类别	官能团	官能团名称	化合物举例
烯烃	$>C=C<$	碳碳双键	乙烯($H_2C=CH_2$)
炔烃	$-C\equiv C-$	碳碳三键	乙炔($H-C\equiv C-H$)
卤代烃	$-X(Cl,Br,I)$	卤素	氯乙烷(CH_3CH_2-Cl)
醇、酚	$-OH$	羟基	乙醇(CH_3CH_2-OH) 苯酚(⬡$-OH$)
醚	$-\overset{\|}{C}-O-\overset{\|}{C}-$	醚键	乙醚($CH_3CH_2-O-CH_2CH_3$)
醛、酮	$>C=O$	羰基	乙醛($CH_3-\overset{O}{\overset{\|\|}{C}}-H$) 丙酮($CH_3-\overset{O}{\overset{\|\|}{C}}-CH_3$)
羧酸	$-\overset{OH}{\underset{\|}{C}}=O$	羧基	乙酸($CH_3-\overset{O}{\overset{\|\|}{C}}-OH$)
硝基化合物	$-NO_2$	硝基	硝基苯(⬡$-NO_2$)
胺	$-NH_2$	氨基	乙胺($CH_3CH_2-NH_2$)
偶氮化合物	$-N=N-$	偶氮基	偶氮苯 ($C_6H_5-N=N-C_6H_5$)

续表

有机化合物类别	官能团	官能团名称	化合物举例
腈	$C\equiv N$	氰基	乙腈($CH_3-C\equiv N$)
硫醇	$-SH$	巯基	乙硫醇(CH_3CH_2-SH)
磺酸	$-SO_3H$	磺酸基	苯磺酸(⟨benzene⟩$-SO_3H$)

使用时,常将两种分类方法结合起来。

第2章 链 烃

2.1 烷 烃

由碳、氢两种元素组成的有机化合物称为碳氢化合物，简称烃。分子中碳原子连接成链状的烃，称为链烃，又称脂肪烃。根据分子中所含碳和氢两种原子比例的不同，链烃可分为烷烃、烯烃和炔烃，其中烷烃是饱和烃，烯烃和炔烃为不饱和烃。在脂肪烃分子中，如果碳和碳都以单键（C—C）相连，其余的价键都为氢原子所饱和，称为饱和烃，即烷烃。

2.1.1 烷烃的命名和结构

有机化合物种类繁多、数目庞大，同分异构体也多，因此，给每一种有机物一个科学而又不与其他物质重复的名称尤为重要。烷烃的命名法是其他有机物命名的基础。常用的烷烃命名法有普通命名法、衍生物命名法和系统命名法。但前两者只适用于较简单的烷烃，对结构复杂的烷烃则不适用。

2.1.1.1 烷烃的命名

（1）普通命名法。又称习惯命名法。对碳原子数不超过 10 个的烷烃，用甲、乙、丙、丁、戊、己、庚、辛、壬、癸表示碳原子数目，碳原子数超过 10 个的以中文数字十一、十二、十三等表示，称为"某烷"。

对有特定结构的同分异构体，在"某烷"前加词缀"正""异""新"来区别："正"表示直链烷烃，"异"表示在链端第二个碳原子上有一个甲基支链，"新"表示在链端第二个碳原子上有两个甲基支链。

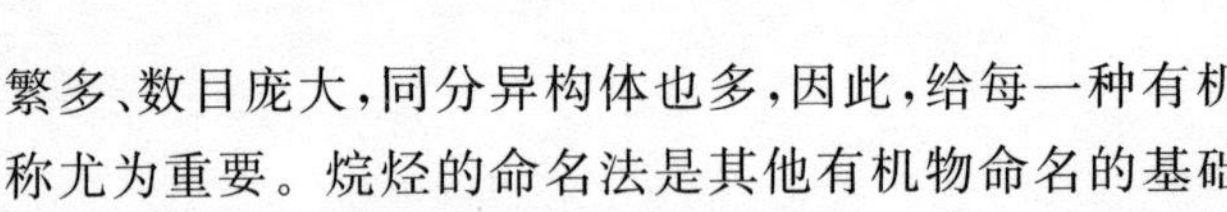

$CH_3CH_2CH_2CH_2CH_3$ $CH_3CH_2CHCH_3$ $\begin{matrix} CH_3 \\ | \\ CH_3-C-CH_3 \\ | \\ CH_3 \end{matrix}$

正戊烷   异戊烷   新戊烷

$\begin{matrix} CH_3 \\ | \\ CH_3-C-CH_2CH_3 \\ | \\ CH_3 \end{matrix}$ $CH_3(CH_2)_8CH_3$ $CH_3(CH_2)_{18}CH_3$

新己烷   正癸烷   正十二烷

(2)衍生物命名法。该法就是把所有的烷烃看作甲烷的烷基衍生物来命名。命名时把烷烃分子中含氢最少的碳原子作为甲烷的碳原子,与其相连的烃基作为甲烷氢原子的取代基。如乙烷可看作甲烷中的一个氢原子被甲基取代的产物,称为甲基甲烷。

$$CH_3CH_2CH_3 \quad (CH_3)_3CH \quad\quad (CH_3)_4C \quad\quad CH_3CH_2CH_2CH_3$$

二甲基甲烷　　三甲基甲烷　　四甲基甲烷　　甲基乙基甲烷

$$(CH_3)_2CHCH_2CH_3 \quad\quad CH_3CH_2C(CH_3)_2CH(CH_3)_2$$

二甲基乙基甲烷　　　　二甲基乙基异丙基甲烷

(3)系统命名法。又称为国际命名法,是我国根据 1892 年日内瓦国际化学会议首次拟定的系统命名原则、国际纯粹与应用化学联合会(简称 IUPAC)几次修改补充后的命名原则,结合我国文字特点而制定的命名方法。

系统命名法中的直链烷烃的命名与普通命名法一致,只是省去"正"字。

$$CH_3CH_2CH_2CH_3 \quad\quad CH_3CH_2CH_2CH_3 \quad\quad CH_3CH_2CH_2CH_2CH_3$$

丁烷　　　　　　　　　　戊烷　　　　　　　　　　己烷

对于结构复杂的烷烃,其命名也有步骤可循。

①选择分子中最长的碳链为主链,根据主链碳原子数目称为某烷,作为母体。

$$CH_3{-}CH_2{-}CH{-}CH_2{-}CH_2{-}CH_3 \equiv CH_3{-}CH_2{-}CH{-}CH_2{-}CH_3$$
$$\quad\quad\quad\quad | \quad\quad\quad\quad\quad\quad\quad\quad\quad\quad\quad\quad | $$
$$\quad\quad\quad\quad CH_2{-}CH_3 \quad\quad\quad\quad\quad\quad\quad CH_2{-}CH_3$$

主链6个碳原子,母体为己烷

②如果有几条碳链等长,选择含取代基最多的碳链为主链。

$$CH_3{-}CH_2{-}CH_2{-}CH{-}CH_2{-}CH_3 \quad\quad CH_3{-}CH_2{-}CH_2{-}CH{-}CH_2{-}CH_3$$
$$\quad\quad\quad\quad\quad\quad CH{-}CH_3 \quad\quad\quad\quad\quad\quad\quad\quad\quad CH{-}CH_3$$
$$\quad\quad\quad\quad\quad\quad | \quad\quad\quad\quad\quad\quad\quad\quad\quad\quad\quad\quad\quad CH_3$$
$$\quad\quad\quad\quad\quad\quad CH_3 \quad (正确) \quad\quad\quad\quad\quad\quad\quad\quad (错误)$$

③支链作为取代基。烷基是指烷烃分子中去掉一个氢原子后剩余的部分,通常用 R— 表示。

$$CH_3{-} \quad CH_3CH_2{-} \quad CH_3CH_2CH_2{-} \quad CH_3CH_2CH_2CH_2{-}$$

甲基　　　乙基　　　正丙基　　　　正丁基

④从靠近取代基的一端开始,将主链碳原子用阿拉伯数字编号,将取代基的位次、名称写在母体名称之前,阿拉伯数字与汉字之间用短线"-"隔开。

$$\overset{1}{CH_3}{-}\overset{2}{CH_2}{-}\overset{3}{CH}{-}\overset{4}{CH_2}{-}\overset{5}{CH_2}{-}\overset{6}{CH_3}$$
$$\quad\quad\quad\quad | $$
$$\quad\quad\quad CH_2CH_3$$

3-乙基己烷

⑤如果有相同取代基应合并,并用汉字"二"或"三"等表示出取代基的数目。各取代基位次数字之间要用逗号","隔开。

$$\overset{5}{C}H_3-\overset{4}{C}H_2-\overset{3}{C}H-\overset{2}{C}H-\overset{1}{C}H_3$$

与下方：CH₃ CH₃

2,3-二甲基戊烷

⑥如果主链有几种编号可能,按"最低系列"编号方法。即逐个比较两种编号的取代基位次数字,最先遇到位次较小者为"最低系列"。

2,3,7,7,8,10-六甲基十一烷(正确)
2,4,5,5,9,10-六甲基十一烷(错误)

逐个比较以上两种编号的每个取代基的位次,从右边编号和从左边编号第一个—CH₃ 都在 2 位,但第二个—CH₃ 从右边编号在 3 位,从左边编号在 4 位,故从右边编号为"最低系列"。

⑦主链上有几种不同取代基时,取代基在名称中的排列顺序按"次序规则",将"较优"基团列在后面。

$$\overset{1}{C}H_3-\overset{2}{C}H-\overset{3}{C}H_2-\overset{4}{C}H-\overset{5}{C}H_2-\overset{6}{C}H_3$$

2-甲基-4-乙基己烷

在 IUPAC 命名中,取代基的排列顺序是按取代基英文名称的首字母,以 a、b、c、…的顺序排列。例如,甲基英文名称为 methyl,乙基英文名称为 ethyl,根据首字母,乙基排在甲基之前。

⑧如果支链中还有取代基,即取代基较为复杂时,可将取代基再次编号。编号从与主链直接相连的碳原子开始,命名时支链全名用括号括上,也可用带"′"的数字编号,以示与主链编号有别。

2-甲基-5-1′,1′-二甲基丙基癸烷或 2-甲基-5-(1,1-二甲基丙基)癸烷

2.1.1.2 烷烃的结构

在学习烷烃结构之前,先来了解一下杂化轨道的相关概念。

(1)杂化轨道。鲍林(Pauling)提出了原子轨道杂化理论。在有机化合物中,碳原子的杂化方式主要有三种:sp^3、sp^2、sp 杂化。

①sp^3 杂化轨道。碳原子在基态时的电子构型为 $1s^2 2s^2 2p_x^1 2p_y^1 2p_z^0$ 在成键过程中,碳的 2s 轨道有一个电子被激发到 $2p_z$ 轨道,成为 $1s^2 2s^1 2p_x^1 2p_y^1 2p_z^1$ 激发态。价层的 3 个 2p 轨道与 1 个 2s 轨道重新混杂,组成 4 个能量、状态完全相同的 sp^3 杂化轨道,这 4 个 sp^3 杂化轨道之间

的夹角为 109°28′,形成正四面体构型。具体如图 2-1 和图 2-4 所示。

②sp² 杂化轨道。碳原子在激发态,价层的 2 个 2p 轨道与 1 个 2s 轨道重新混杂,组成 3 个能量、状态完全相同的 sp² 杂化轨道,这 3 个 sp² 杂化轨道之间的夹角为 120°,形成平面正三角形构型。还有 1 个 p 轨道没有参与杂化。如图 2-2 和图 2-5 所示。

③sp 杂化轨道。碳原子在激发态,价层的 1 个 2p 轨道与 1 个 2s 轨道重新混杂,组成 2 个能量、状态完全相同的 sp 杂化轨道,这 2 个 sp 杂化轨道之间的夹角为 180°,形成直线形构型。还有 2 个 p 轨道没有参与杂化。如图 2-3 和图 2-6 所示。

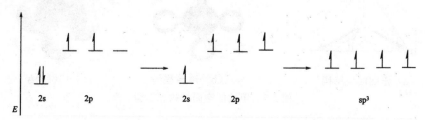

图 2-1   碳原子 2s 电子激发和 sp³ 杂化

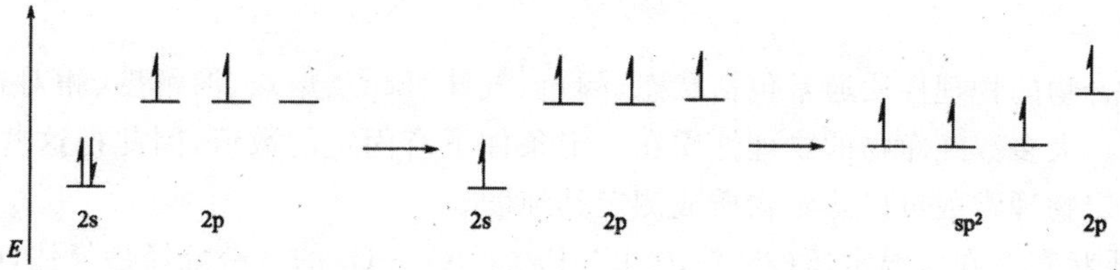

图 2-2   碳原子 2s 电子激发和 sp² 杂化

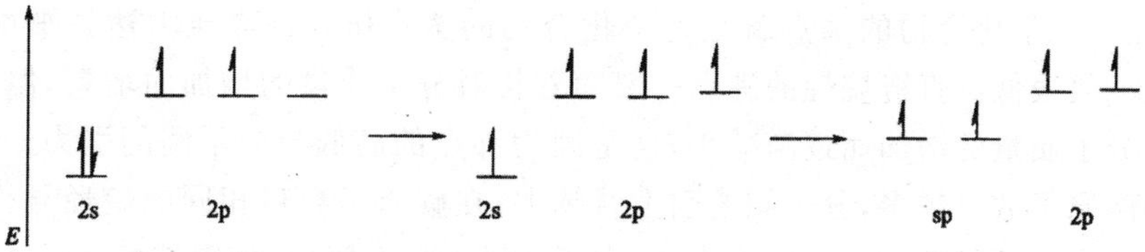

图 2-3   碳原子 2s 电子激发和 sp 杂化

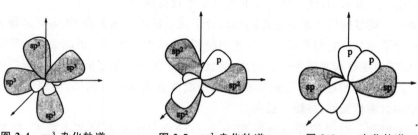

图 2-4   sp³ 杂化轨道   图 2-5   sp² 杂化轨道   图 2-6   sp 杂化轨道

价键法是总结了很多化合物的性质、反应,同时又运用量子力学对原子及分子进行研究而发展起来的,在认识化合物的结构与性能的关系上起了指导作用,对问题的说明比较形象、明了且易于接受。价键法发展较早,但此法的局限性在于它只能用来表示两个原子相互作用而形成的共价键,并对有些双原子分子的一些现象无法解释。例如,按价键法,电子配对后应呈反磁性,而氧分子却具有顺磁性;又如,对有机共轭分子中,单、双键交替出现的多原子形成的共价键也无法表示。这种情况下,分子轨道法受到重视而得到发展,对上述问题有比较满意的解释。

(2)甲烷的分子结构。用物理方法测得,甲烷分子是正四面体结构,碳原子位于正四面体的中心,四个氢原子位于正四面体的四个顶点上。四个碳氢键(C—H)键长都为 0.110 nm,所有 H—C—H 键角都是 109.5°。甲烷的空间结构和模型如图 2-7 所示。

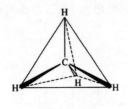 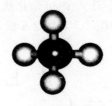 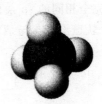

（a）正四面体结构　　　　（b）球棒模型　　　　（c）比例模型

图 2-7　甲烷的空间结构和模型

2.1.2　烷烃的物理性质

有机化合物的物理性质通常包括状态、颜色、气味、沸点、熔点、溶解度、相对密度、折射率和偶极矩等。大多数纯净物的物理性质在一定条件下有固定的数值,因此把这些数值称为物理常数。测定物理常数可以鉴定物质或测定其纯度。

(1)物质状态。在常温常压(25 ℃,0.1 MPa)下,$C_1 \sim C_4$ 的直链烷烃是气体,$C_5 \sim C_{16}$ 的烷烃是液体,C_{17} 以上的烷烃是固体。石蜡是固态高级烷烃(C_{20-40})混合物的俗名。

(2)沸点。一个化合物的沸点就是这个化合物的蒸汽压与外界压力达到平衡时的温度。烷烃的沸点一般很低。直链烷烃的沸点一般随着相对分子质量的增加而增高,但彼此间的差值随着相对分子质量的增加而逐渐减小,这是因为沸点的高低与分子间的引力——范德华力有关。烃的碳原子数目越多,分子间的引力就越大;在碳原子数目相同的烷烃异构体中,支链烷烃的沸点比直链烷烃的低。支链增多时,由于支链的空间阻碍,使得烷烃分子彼此间难以靠近,分子间引力大大减弱,使支链烷烃的沸点小于直链烷烃。

(3)熔点。烷烃的熔点基本也是随相对分子质量的增加而升高的,熔点是随分子对称性增加而升高,分子越对称它们在晶格中的排列越紧密,熔点也越高。因此含奇数碳原子的烷烃和含偶数碳原子的烷烃构成两条熔点曲线,偶数碳原子的烷烃熔点曲线在上,奇数碳原子的烷烃熔点曲线在下,随着相对分子质量的增加,两条曲线逐渐接近。例如,戊烷的三个同分异构体中,新戊烷因对称性最好,故熔点最高。

(4)相对密度。烷烃的相对密度都小于1,随着分子量的增加而增加,最后接近于 0.8(20 ℃)。

(5)溶解度。烷烃是非极性化合物,不溶于水,易溶于氯仿、四氯化碳、乙醚等有机溶剂中,且在非极性溶剂中的溶解度比在极性溶剂中的溶解度要大,符合"相似相溶"的经验规律。

常见直链烷烃的物理常数见表 2-1。

表 2-1 常见直链烷烃的物理常数

名称	分子式	沸点/℃	熔点/℃	相对密度 d_4^{20}
甲烷	CH_4	-161.7	-182.6	0.424
乙烷	C_2H_6	-88.6	-172.0	0.546
丙烷	C_3H_8	-42.2	-187.1	0.582
丁烷	C_4H_{10}	-0.5	-135.0	0.579
戊烷	C_5H_{12}	36.1	-129.7	0.626
己烷	C_6H_{14}	68.7	-94.0	0.659
庚烷	C_7H_{16}	98.4	-90.5	0.684
辛烷	C_8H_{18}	125.6	-56.8	0.703
壬烷	C_9H_{20}	150.7	-53.7	0.718
癸烷	$C_{10}H_{22}$	174.0	-29.7	0.730
十一烷	$C_{11}H_{24}$	195.8	-25.6	0.740
十二烷	$C_{12}H_{26}$	216.3	-9.6	0.749
十三烷	$C_{13}H_{28}$	230.0	-6.0	0.757
十四烷	$C_{14}H_{30}$	251.0	5.5	0.764
十五烷	$C_{15}H_{32}$	268.0	10.0	0.769
十六烷	$C_{16}H_{34}$	280.0	18.1	0.775
十七烷	$C_{17}H_{36}$	303.0	22.0	0.777
十八烷	$C_{18}H_{38}$	308.0	28.0	0.777
十九烷	$C_{19}H_{40}$	330.0	32.0	0.778
二十烷	$C_{20}H_{42}$	—	36.4	0.778
三十烷	$C_{30}H_{62}$	—	66.0	—
四十烷	$C_{40}H_{82}$	—	81.0	—

2.1.3 烷烃的化学性质

化合物的结构决定了其性质。从结构方面分析,在烷烃分子中,C—C 键和 C—H 键都是结合比较牢固的 σ 键(键能比较大),分子都没有极性,极化度也小,所以烷烃在常温下化学性质比较稳定,不与强酸、强碱、强氧化剂、强还原剂及金属钠等反应,因此,在通常情况下烷烃常用作反应中的溶剂、润滑油。但是,烷烃的这种稳定性是相对的,在一定条件下,如光照、加热或在催化剂等的作用下,烷烃也会显示出一定的反应能力。

2.1.3.1 卤代反应

在高温或光照条件下,烷烃与卤素(氯或溴)作用,烷烃中的氢原子能被卤原子取代生成卤代烷,这个反应称为烷烃的卤代反应。

烷烃与卤素在室温下不反应,但在光照或加热条件下,分子中的一个或几个氢原子可被卤素原子所取代,生成卤代烷烃,放出卤化氢。

$$R-H + X_2 \xrightarrow{\text{光照或加热}} R-X + HX$$

烷烃的卤代反应常用的是氯代和溴代反应,如甲烷在光照条件下与氯气反应得到四种氯甲烷的混合物。

$$CH_4 \xrightarrow[Cl_2]{\text{光}} CH_3Cl + HCl$$

$$CH_3Cl \xrightarrow[Cl_2]{\text{光}} CH_2Cl_2 \xrightarrow[Cl_2]{\text{光}} CH_3Cl \xrightarrow[Cl_2]{\text{光}} CCl_4$$

烷烃的卤代反应后,很难停留在某一步,最终生成几种卤代烷的混合物。由于这些产物分离比较困难,工业上常把反应所得的混合物直接作溶剂使用。

2.1.3.2 氧化反应

氧化反应分完全氧化和不完全氧化两种情况,燃烧属于完全氧化反应。

(1)燃烧。烷烃在空气中燃烧,生成二氧化碳和水,并放出大量的热能。就沼气、天然气、液化石油气、汽油、柴油等燃料燃烧的化学反应来说,主要是烷烃的燃烧,大量的热能被释放。烷烃常用作内燃机的燃料。

$$C_nH_{2n+2} + \frac{3n+1}{2}O_2 \xrightarrow{\text{燃烧}} nCO_2 + (n+1)H_2O + 热能(Q)$$

$$C_6H_{14} + 9\frac{1}{2}O_2 \longrightarrow 6CO_2 + 7H_2O + 4\ 138\ kJ/mol$$

(2)控制氧化。烷烃的不完全燃烧会产生有毒的 CO 和黑烟 C,是汽车尾气所造成的空气污染物之一。

$$CH_4 + O_2 \longrightarrow C + 2H_2O$$

在控制氧供给的情况下,使其氧化反应不彻底,就不会生成二氧化碳和水,而生成炭黑、甲醛、乙炔、合成气、羧酸等多种重要的化工原料。例如,甲烷氧化为甲醛的反应。

$$CH_4 + O_2 \xrightarrow[V_2O_5]{400\sim500\ ℃} HCHO + H_2O$$

再如,石蜡(含 20～40 个碳原子的高级烷烃的混合物)在特定条件下氧化得到高级脂肪酸。

$$RCH_2CH_2R' + O_2 \xrightarrow{MnO_2} RCOOH + R'COOH$$

有机化学中氧化的概念同无机化学中氧化的概念有所不同。在有机化学中,加氧去氢为氧化,加氢去氧为还原。(实际上,更广泛的概念为:加上的原子比去掉的原子的电负性强则为氧化,加上的原子比去掉的原子的电负性弱则为还原。)

2.1.3.3 裂化反应

在高温且没有氧气的情况下,分子中的 C—C 键和 C—H 键会发生断裂,形成较小的分子,这种烷烃在高温或无氧条件下进行的热分解反应称为裂化反应或者裂解反应。

$$CH_3—CH_3 \xrightarrow{600\ ℃} \begin{cases} CH_2 = CH_2 + H_2 \\ CH_4 + CH_4 + H_2 \end{cases}$$

$$CH_3—CH_2—CH_2—CH_3 \xrightarrow{500\ ℃} \begin{cases} CH_4 + CH_3—CH = CH_2 \\ C_2H_6 + CH_2 = CH_2 \\ CH_3—CH_2—CH = CH_2 + H_2 \end{cases}$$

从化学的观点来看,裂化和裂解的含义是相同的,但在石油工业中,这两个名词的含义是不同的。在炼油厂的石油炼制中,加热使大分子烃裂解成小分子烃的过程,称为裂化。温度一般为 500 ℃。其目的主要是由柴油或重油等生产轻质油或改善重油的质量。在石油化工厂中,将石油(烃)馏分在高于 700 ℃下进行深度裂解的加工过程,称为裂解。其目的是得到乙烯、丙烯和丁二烯等重要的化工原料。

2.1.4 重要的烷烃

2.1.4.1 甲烷

甲烷(CH_4)是一种可燃性、无色无嗅的气体,在自然界分布很广,是天然气和石油气的主要成分。甲烷的闪点为 −188 ℃,引燃温度 538 ℃,爆炸极限为 5.3%～14%。

甲烷的制备常采用菌分解法和合成法。菌分解法是在一定的温度和湿度下,利用甲烷菌分解有机质,产生甲烷、二氧化碳、氢、硫化氢、一氧化碳等,其中甲烷占 60%～70%。再经过低温液化,提纯出甲烷。合成法是将二氧化碳与氢在催化剂作用下,生成甲烷和氧,再进行提纯。

$$CO_2 + 2H_2 \xrightarrow{催化剂} CH_4 + 2O_2$$

实验室制备甲烷是利用无水乙酸钠(CH_3COONa)和氢氧化钠($NaOH$)反应。采用排水法或向下排空气法收集甲烷。

$$CH_3COONa + NaOH \xrightarrow{\triangle,CaO\ 干燥剂} Na_2CO_3 + CH_4$$

2.1.4.2 乙烷

乙烷(CH_3CH_3)是最简单的含碳碳单键的烃,具有易燃的特性,其引燃温度为 472 ℃,与空气混合能形成爆炸性混合物,其爆炸极限为 3.05%～16.0%。遇热源和明火有燃烧爆炸的危险。与氟、氯等接触会发生剧烈的化学反应。乙烷燃烧会产生有害产物一氧化碳、二氧化碳等。

$$2C_2H_6 + 7O_2 \xrightarrow{点燃} 4CO_2 + 6H_2O$$

乙烷存在于石油气、天然气、焦炉气及石油裂解气中,可利用深冷法分离制得。乙烷不溶于水,微溶于乙醇、丙酮,溶于苯。乙烷主要用于制备乙烯、氯乙烯、氯乙烷、冷冻剂等。

2.1.4.3　丙烷

丙烷($CH_3CH_2CH_3$)可作为生产乙烯和丙烯的原料或炼油工业中的溶剂使用,在有机合成中占有重要地位。通常条件下,丙烷为气体状态,为了满足运输和贮存的需要,经常会压缩成液态,因此丙烷也被称为液化石油气,其中混有少量的丙烯、丁烷和丁烯等,可作为民用燃料。丙烷主要来源于石油或天然气,可从油田气和裂化气中分离得到。

丙烷属于易燃气体,与空气混合形成爆炸性混合物(引燃温度450 ℃),遇热源和明火有燃烧爆炸的危险,与氧化剂接触猛烈反应。其蒸气比空气重,能在较低处扩散到相当远的地方,遇明火会燃烧回燃。

低温条件下,丙烷容易与水生成固态水合物,引起管道的堵塞。较高温度下,丙烷与过量氯气作用,可生成四氯化碳和四氯乙烯 $Cl_2C=CCl_2$;与硝酸作用,可生成硝基丙烷、硝基乙烷和硝基甲烷的混合物。

丙烷作为一种常用燃料,通常用于发动机中。丙烷具有价格低廉,且温度范围宽,燃烧只形成 CO_2 和 H_2O 的特点,是一种绿色燃料。但是产生的 CO_2 气体是典型的温室气体,可能造成全球环境变暖,引发自然灾害。

2.1.4.4　其他

石油醚是低级烷烃的混合物,透明无色的液体,含碳原子数5～8个,主要用作溶剂,它极易燃烧,使用和贮存时要特别注意防火措施。

固体石蜡是 C_{25}～C_{34} 烷烃的混合物,为白色蜡状固体,在医药上用于蜡疗和调节软膏的硬度,工业上是制造蜡烛的原料。液态石蜡是 C_{18}～C_{24} 烷烃的混合物,为无色透明的液体,不溶于水,易溶于醚和氯仿。医药上用作配制滴鼻剂和喷雾剂的基质,也可用作缓泻药。

凡士林是液体石蜡和固体石蜡的混合物,呈软膏状的半固体,不溶于水,溶于乙醚和石油醚。因为它不被皮肤吸收,化学性质稳定,不与软膏中的药物起变化,无刺激性,因此常用作软膏的基质。凡士林一般呈黄色,经漂白或用骨炭脱色,可得白色凡士林。

2.2　烯　烃

分子中含有碳碳双键的烃称为烯烃。含一个双键的烯烃为单烯烃,含有两个或两个以上双键的烯烃为多烯烃。通常所说的烯烃是指单烯烃,它比同碳数的烷烃少两个氢原子,是不饱和烃,通式为 C_nH_{2n}。

2.2.1 烯烃的命名和结构

2.2.1.1 烯烃的命名

(1)烯基及衍生物命名法。烯基指的是烯烃分子从形式上去掉一个氢原子后余下的基团。

$$CH_2\!=\!CH\!-\qquad CH_3CH\!=\!CH\!-\qquad CH_2\!=\!CH\!-\!CH_2\!-\qquad CH_2\!=\!\overset{\displaystyle CH_3}{\underset{}{C\!-}}$$

乙烯基　　　　　丙烯基　　　　　烯丙基　　　　　异丙烯基

将其他烯烃看成是乙烯的烷基取代物来命名的方法就是烯烃衍生命名法。衍生物命名法只适用于简单的烯烃。

$$(CH_3)_2C\!=\!C(CH_3)_2\qquad (CH_3)_2\!=\!CH_2\qquad CH_3CH\!=\!CHCH_2CH_3$$

四甲基乙烯　　　　不对称二甲基乙烯　　　对称甲基乙基乙烯

(2)普通命名法。与烷烃相似,该法仅适用于简单的烯烃。直链烯烃称为正某烯(某是指分子中的碳原子数),末端有甲基支链的称为异某烯。其他烯烃按系统命名法命名。

(3)系统命名法。该法是绝大多数的烯烃都采用的一种命名方法。由于烯烃分子中存在 $C\!=\!C$ 官能团,因此命名方法与烷烃有所不同。

①选主链,选择含有双键的最长碳链作为主链(母体),支链为取代基。按主链碳原子数称为"某烯"。

②编号,从靠近双键的一端将主链碳原子依次编号。如果双键恰好在主链的中间,从靠近取代基的一端开始对主链碳原子编号。

③书写名称,取代基在前、母体在后。取代基名称前面标出取代基的位次、数目,母体(某烯)前面标出双键位次。

$$CH_3\!-\!\underset{\underset{CH_3}{|}}{C}\!=\!CH\!-\!\underset{\underset{CH_3}{|}}{CH}\!-\!CH_3 \qquad\qquad CH_3\!-\!CH\!=\!CH\!-\!\underset{\underset{CH_3}{|}}{CH}\!-\!\underset{\underset{CH_3}{|}}{CH}\!-\!CH_3$$

2,4-二甲基-2-戊烯　　　　　　　　　　4,5-二甲基-2-己烯

$$CH_2\!=\!\underset{\underset{CH_2CH_3}{|}}{C}\!-\!\overset{\overset{CH_3\ \ CH_3}{|\qquad|}}{CH}\!-\!CH\!-\!CH_3 \qquad CH_3\!-\!CH\!=\!CH\!-\!\underset{\underset{CH_3}{|}}{C}\!=\!CH\!-\!CH_3$$

3,4-二甲基-2-乙基-1-戊烯　　　　　　2,3,5-三甲基-3-己烯

与烷烃不同的是,当烯烃主链上的含碳原子数多于 10 个时,命名时汉字与烯字之间应加一个"碳"字。而烷烃则没有"碳"字。

$$CH_3\!-\!(CH_2)_{12}\!-\!CH_3\qquad\qquad CH_2\!=\!CH\!-\!(CH_2)_{11}\!-\!CH_3$$

十四烷　　　　　　　　　　1-十四碳烯

当烯烃的碳碳双键在 C_1 和 C_2 之间,也即是碳碳双键处于端位时,统称为 α-烯烃。

$$CH_2=CH-CH_2-CH_2-CH_3$$

1-戊烯

$$CH_2=\overset{\overset{\displaystyle CH_3}{|}}{C}-CH_2-CH_2-CH_3$$

2-甲基-1-戊烯

$$CH_2=\overset{\overset{\displaystyle CH_3}{|}}{C}-CH_2-\overset{\overset{\displaystyle CH_3}{|}}{CH}-CH_2-CH_3$$

2,4-二甲基-1-己烯

(4)顺反异构体命名法。该法以每个双键上两个碳原子的取代基的关系进行命名,即只需在系统命名之前加上"顺"或"反"字。

顺-2-丁烯

反-2-丁烯

顺-2-戊烯

反-3,4-二甲基-3-庚烯

(5)Z、E 命名法。又称为 Z、E 标记法。规定按照次序规则,两个双键碳原子上次序较大的原子或基团在双键同一侧的称为 Z 型;两个双键碳原子上次序较大的原子或基团在双键两侧的称为 E 型。

下面介绍采用 Z、E 命名法的步骤。

首先,按一定的次序规则排序。

①与双键碳原子相连的原子按照其原子序数大小排列,同位素则按原子量的大小次序排列。

$$I>Br>Cl>S>F>O>N>C>D>H$$

②如果与双键碳原子直接相连的第一个原子相同,则应比较与第一个碳原子相连的原子序数,按照大小加以排列,如仍相同,则比较第三个、第四个,以此类推。常见的基团次序为

$$-C\equiv CH > CH_3-\overset{\overset{\displaystyle CH_3}{|}}{\underset{\underset{\displaystyle CH_3}{|}}{C}}- > CH_2=CH- > CH_3-\overset{\overset{\displaystyle }{}}{\underset{\underset{\displaystyle CH_3}{|}}{CH}}- > CH_3-CH_2-CH_2- > CH_3-$$

③如果与双键碳原子相连的是含有双键和三键的基团,则可以认为连有两个或三个相同的原子,以此排序。例如,$-OH>-CHO>-CH_2OH$。

然后,确定 Z、E 构型。两个原子序数大的原子或基团在双键的同一侧,称为 Z 式构型。两个原子序数大的原子或基团在双键的异侧,称为 E 式构型。

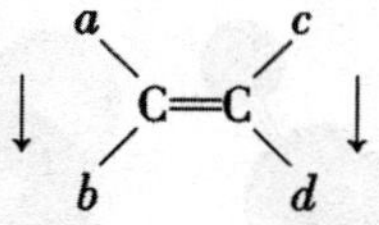

Z式 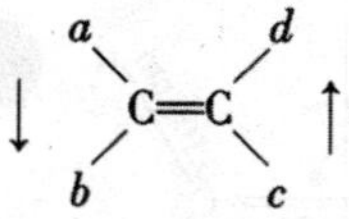　　　　　　　　E式

$(a>b, c>d)$

最后，确定构型后按系统命名法命名。

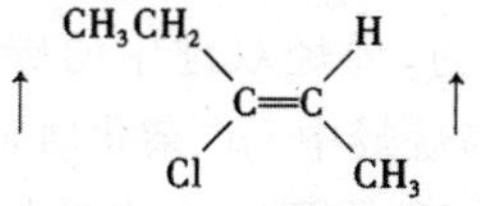

（Z）-3-氯-2-戊烯 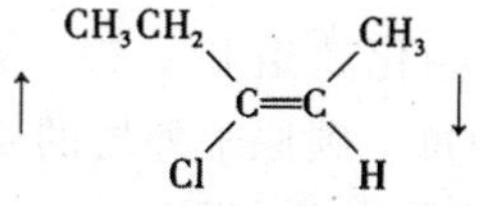　　　　　　　　　（E）-3-氯-2-戊烯

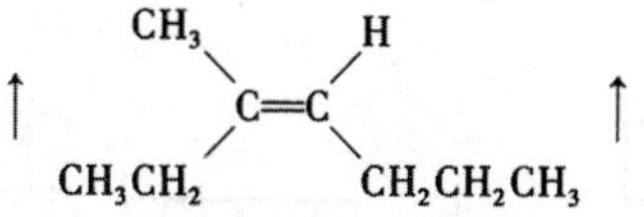

（Z）-3-甲基-3-庚烯 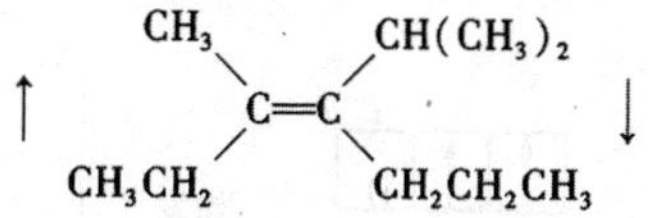　　　　　　　（E）-3-甲基-4-异丙基-3-庚烯

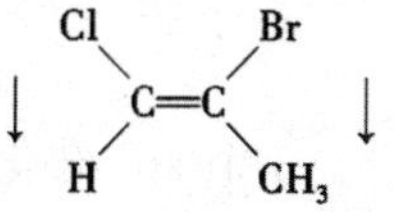

（Z）-1-氯-2-溴丙烯 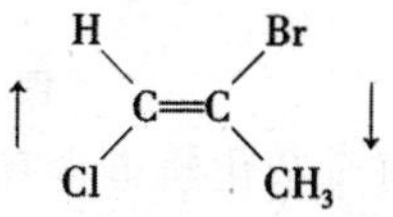　　　　　　　　（E）-1-氯-2-溴丙烯

需要注意的是，Z、E 命名法与顺反异构体命名法并不完全一致。Z 式不一定就是顺式，E式也不一定就是反式。

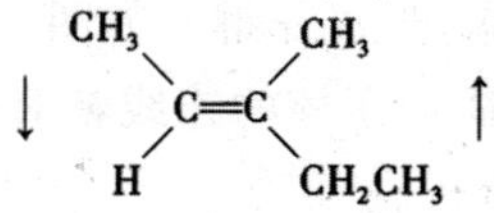

顺-3-甲基-2-戊烯

或（E）-3-甲基-2-戊烯

2.2.1.2　烯烃的结构

乙烯是最简单的烯烃，以乙烯为例说明烯烃的结构。

（1）乙烯的分子结构。乙烯的分子式为 C_2H_4，结构简式为 $CH_2=CH_2$。经现代物理方法测定，乙烯分子的所有碳原子和氢原子都分布在同一平面上，它的空间结构和模型如图 2-8所示。

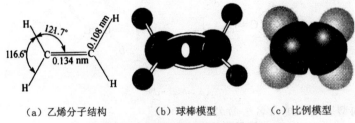

（a）乙烯分子结构　　　（b）球棒模型　　　（c）比例模型

图 2-8　乙烯的空间结构和模型

（2）碳原子的 sp^2 杂化轨道和 π 键。杂化轨道理论认为，烯烃双键中的碳原子为 sp^2 杂化。例如，乙烯分子中每个碳原子外层的 4 个电子的轨道与烷烃中 sp^3 杂化轨道不同，是由 2s 轨道与 $2p_x$、$2p_y$ 轨道进行杂化，形成 3 个等同的 sp^2 杂化轨道，剩下一个未参与杂化的 $2p_z$ 轨道。如图 2-9 所示。

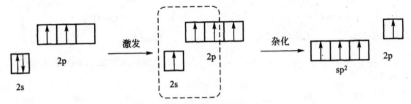

图 2-9　sp^2 杂化轨道的形成

杂化轨道中的每个杂化轨道含有 1/3s 成分和 2/3p 成分。3 个 sp^2 杂化轨道的对称轴处在同一个平面上，互为 120°夹角。余下的 p_z 轨道对称轴垂直于 sp^2 杂化轨道的对称轴所在的平面。当碳原子和氢原子形成乙烯分子时，两个碳原子的 sp^2 杂化轨道在对称轴方向相互交盖，构成 C_{sp2}—C_{sp2} σ 键，每个碳原子的 sp^2 杂化轨道又分别与两个氢原子的 1s 轨道在对称轴方向相互交盖，形成 C_{sp2}—H_s σ 键。构成 σ 键的电子称为 σ 电子。而未参与杂化的两个碳原子的 p_z 轨道之间侧面进行"肩并肩"交盖，形成 π 键。如图 2-10 所示，组成 π 键的电子云分布在分子平面的上下两侧，不是沿成键两碳原子核的连线轴对称重叠的，所以 π 键没有对称轴，不能自由旋转。构成 π 键的电子称为电子。

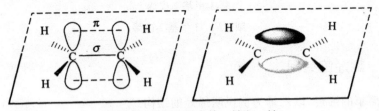

图 2-10　乙烯分子中的 σ 键和 π 键

从图 2-10 中可以看出，乙烯的双键由一个 σ 键和一个 π 键组成，组成乙烯分子的 2 个碳原子和 4 个氢原子在一个平面上。乙烯分子中碳碳双键键长约为 0.134 nm，比碳碳单键的键长 0.154 nm 要短一些，碳碳双键的键能为 610.9 kJ·mol^{-1}，比碳碳 σ 键键能的两倍要小一些（2×345.6 kJ·mol^{-1}）。从键能来看，碳碳双键不等于两个单键之和。

2.2.2 烯烃的物理性质

同烷烃相似,烯烃也是无色物质。在常温下,$C_2 \sim C_4$ 的烯烃为气体,$C_5 \sim C_{18}$ 的烯烃是液体,C_{18} 以上的高级烯烃为固体。烯烃一般不溶于水而溶于非极性有机溶剂。烯烃的熔点、沸点和相对密度都随分子量的增加而升高。直链烯烃的沸点比带有支链的同系物高一些。而对于顺反异构体,顺式异构体一般具有较大的偶极矩、密度、溶解度和较高的沸点;反式异构体有较高的熔点。相对密度小于1。表 2-2 列出了常见烯烃的物理常数。

表 2-2　常见烯烃的物理常数

名称	结构式	熔点/℃	沸点/℃	相对密度 d_4^{20}
乙烯	$CH_2\!=\!CH_2$	−169.1	−103.7	0.001 26(0 ℃)
丙烯	$CH_2\!=\!CHCH_3$	−185.2	−47.4	0.519 3
1-丁烯	$CH_2\!=\!CHCH_2CH_3$	−184.3	−6.3	0.595 1
(E)-2-丁烯	$(E)-CH_3CH\!=\!CHCH_3$	−106.5	0.9	0.604 2
(Z)-2-丁烯	$(Z)-CH_3CH\!=\!CHCH_3$	−138.9	3.7	0.621 3
异丁烯	$CH_2\!=\!C(CH_3)_2$	−140.3	−6.9	0.594 2
1-戊烯	$CH_2\!=\!CH(CH_2)_2CH_3$	−138.0	30.0	0.640 5
(E)-2-戊烯	$(E)-CH_3CH\!=\!CHCH_2CH_3$	−136.0	36.4	0.648 2
(Z)-2-戊烯	$(Z)-CH_3CH\!=\!CHCH_2CH_3$	−151.4	36.9	0.655 6
2-甲基-1-丁烯	$CH_2\!=\!C(CH_3)CH_2CH_3$	−137.6	31.1	0.650 4
3-甲基-1-丁烯	$CH_2\!=\!CHCH(CH_3)_2$	−168.5	20.7	0.627 2
2-甲基-2-丁烯	$(CH_3)_2C\!=\!CHCH_3$	−133.8	38.5	0.662 3
1-己烯	$CH_2\!=\!CH(CH_2)_3CH_3$	−139.8	63.3	0.673 1
2,3-二甲基-2-丁烯	$(CH_3)_2C\!=\!CH(CH_3)_2$	−74.3	73.2	0.708 0
1-庚烯	$CH_2\!=\!CH(CH_2)_4CH_3$	−119.0	93.6	0.697 0
1-辛烯	$CH_2\!=\!CH(CH_2)_5CH_3$	−101.7	121.3	0.714 9
1-壬烯	$CH_2\!=\!CH(CH_2)_6CH_3$	−81.7	146.0	0.730 0
1-癸烯	$CH_2\!=\!CH(CH_2)_7CH_3$	−66.3	170.5	0.740 8

2.2.3 烯烃的化学性质

烯烃的化学性质比烷烃活泼,因为烯烃分子中的碳碳双键中有 π 键,由于 π 键电子云分布于键轴上下,受原子核的束缚力弱易被极化,受反应试剂的进攻易断裂,故烯烃的反应主要发

生在 π 键上。

2.2.3.1 加成反应

双键中的 π 键断裂，试剂分子的两部分分别加到断开 π 键的两个碳原子上，形成新化合物的反应就称为加成反应。

(1)催化加氢。在催化剂作用下，烯烃与氢发生加成反应生成相应烷烃的反应称为催化加氢反应。催化加氢反应常用的催化剂为镍、钯、铂等。

$$CH_2\!=\!CH_2 + H_2 \xrightarrow{\ Ni\ } CH_3\!-\!CH_3$$

$$CH_3\!-\!CH\!=\!CH_2 + H_2 \xrightarrow{\ Pt\ } CH_3\!-\!CH_2\!-\!CH_3$$

不同的烯烃和催化剂发生催化加氢反应的条件各不相同。用 Pt 或 Pd 催化时，常温即可加氢。工业上用镍催化，要在 200～300 ℃进行加氢，目前主要采用 Raney 镍催化剂。这种催化剂是用铝镍合金由碱处理，滤去铝后余下多孔的镍粉（或海绵状物），具有表面积较大、催化活性较高、吸附能力较强和价格低廉等优点。

(2)与卤素加成。烯烃与卤素发生加成反应，生成邻二卤代烃。

$$CH_2\!=\!CH_2 + Cl_2 \longrightarrow \underset{\underset{Cl}{|}}{CH_2}\!-\!\underset{\underset{Cl}{|}}{CH_2} \qquad \text{1,2-二氯乙烷}$$

$$CH_2\!=\!CHCH_3 + Br_2 \longrightarrow \underset{\underset{Br}{|}}{CH_2}\!-\!\underset{\underset{Br}{|}}{CHCH_3} \qquad \text{1,2-二溴丙烷}$$

不同的卤素与烯烃加成的活性也不同，其顺序为：$F_2 > Cl_2 > Br_2 > I_2$。氟与烯烃加成时太剧烈，难以控制；碘与烯烃的加成又难以发生，故与烯烃加成的卤素主要是氯和溴。烯烃与溴的四氯化碳溶液或溴水加成时，溴的棕红色消失，这是检验烯烃的一种方法。

(3)与卤化氢加成。烯烃与卤化氢发生加成反应，生成相应的卤代烷烃。

$$CH_2\!=\!CH_2 + HCl \longrightarrow \underset{\underset{H}{|}}{CH_2}\!-\!\underset{\underset{Cl}{|}}{CH_2} \qquad \text{氯乙烷}$$

$$CH_3CH\!=\!CHCH_3 + HBr \longrightarrow CH_3\underset{\underset{H}{|}}{CH}\!-\!\underset{\underset{Br}{|}}{CHCH_3} \qquad \text{2-溴丁烷}$$

在这两个反应中，乙烯和 2-丁烯这样的对称烯烃，与卤化氢这样的不对称试剂加成时，只生成一种产物。但对于不对称的烯烃如丙烯，与卤化氢这样的不对称试剂发生加成反应，则可能产生两种加成物。

$$CH_2\!=\!CHCH_3 + HCl \begin{cases} \underset{\underset{Cl}{|}}{CH_2}\!-\!\underset{\underset{H}{|}}{CHCH_3} \quad \text{1-氯丙烷} \\[2ex] \underset{\underset{H}{|}}{CH_2}\!-\!\underset{\underset{Cl}{|}}{CHCH_3} \quad \text{2-氯丙烷} \end{cases}$$

对于该反应的主要产物，俄国化学家马尔可夫尼可夫根据大量实验事实，总结出一条经验规则：当不对称烯烃与不对称试剂发生加成反应时，不对称试剂中的带正电部分，主要加到含氢较多的双键碳原子上。这就是马尔可夫尼可夫规则，简称马氏规则。按此规律，以上反应主要产物为 2-氯丙烷。

（4）与硫酸加成。烯烃能与浓硫酸反应，生成硫酸氢酯（酸式硫酸酯），其活性顺序与卤化氢相同。不对称烯烃与硫酸加成也符合马氏规则。

$$CH_2{=}CH_2 + HO{-}\overset{\overset{O}{\|}}{\underset{\underset{O}{\|}}{S}}{-}OH \longrightarrow CH_3{-}CH_2{-}OSO_2OH$$

硫酸氢乙酯

$$CH_3CH{=}CH_2 + HO{-}\overset{\overset{O}{\|}}{\underset{\underset{O}{\|}}{S}}{-}OH \longrightarrow CH_3{-}\underset{\underset{OSO_2OH}{|}}{CH}{-}CH_3$$

硫酸氢异丙酯

硫酸氢酯易溶于硫酸，与水共热后水解生成相应的醇。工业上用这种方法合成醇，称为烯烃间接水合法。

$$CH_3{-}CH_2{-}OSO_2OH + H_2O \overset{\triangle}{\longrightarrow} CH_3{-}CH_2{-}OH + H_2SO_4$$

乙醇

$$CH_3{-}\underset{\underset{OSO_2OH}{|}}{CH}{-}CH_3 + H_2O \overset{\triangle}{\longrightarrow} CH_3{-}\underset{\underset{OH}{|}}{CH}{-}CH_3 + H_2SO_4$$

异丙醇

该反应也经常用来除去某些化合物中的烯烃。例如，石油工业中得到的烷烃中常含有烯烃，可将它们通过浓硫酸，烯烃与硫酸加成生成硫酸氢酯，并溶于硫酸中，烷烃不与硫酸反应保留在有机层中，从而得以分离。

$$\text{（烷烃+烯烃）混合物} \xrightarrow{\text{浓硫酸}} \begin{array}{l}\text{有机层（上层）：烷烃不反应}\\\text{酸层（下层）：硫酸氢酯}\end{array} \left.\right\}\text{分离即可}$$

（5）与水加成。在酸的催化作用下，烯烃可与水直接加成而得到醇。

$$\underset{\text{烯烃}}{\overset{\diagdown}{\diagup}C{=}C\overset{\diagup}{\diagdown}} + H_2O \xrightarrow{H^+} \underset{\underset{H\ OH}{|\ \ |}}{\overset{\overset{}{|\ \ |}}{-}C{-}C{-}}$$

醇

常用的催化剂是磷酸和硫酸。不同烯烃与水加成的活性次序和烯烃与卤化氢、卤素的加成次序一样。不对称烯烃与水的加成符合马氏规则。

$$CH_3CH_2{-}CH{=}CH_2 + H_2O \xrightarrow{\text{磷酸-硅藻土}} CH_3CH_2{-}\underset{\underset{OH\ H}{|\ \ |}}{CH{-}CH_2}$$

烯烃与水的加成反应在工业上的主要应用是制备乙醇、异丙醇等低级醇。例如，乙醇、异丙醇的制备。

$$CH_2=CH_2 + H_2O \xrightarrow[\text{磷酸-硅藻土}]{300\,℃,7\,MPa} \begin{array}{c} CH_2-CH_2 \\ | \quad\;\; | \\ OH \quad H \end{array}$$

$$CH_3-CH=CH_2 + H_2O \xrightarrow[\text{磷酸-硅藻土}]{195\,℃,2\,MPa} \begin{array}{c} CH_3-CH-CH_2 \\ | \quad\;\; | \\ OH \quad H \end{array}$$

(6)与次卤酸加成。烯烃与卤素(氯或溴)的水溶液作用,可生成邻卤代醇,相当于在双键上加了一分子次卤酸。

$$\mathopen{>}C=C\mathclose{<} + X_2 \xrightarrow{H_2O} \begin{array}{c} | \quad\; | \\ -C-C- \\ | \quad\; | \\ X \quad OH \end{array}$$

该反应也是分两步进行,第一步先生成卤鎓离子中间体,第二步 H_2O 分子从三元环的背面进攻形成质子化的醇,然后脱去质子,得到反式加成产物。这说明是 X^+ 和 OH^- 分别对双键进行加成,而不是先生成 HOX 再反应。

不对称烯烃与次卤酸加成,卤素原子加到含氢较多的双键碳原子上。该反应可能的副产物是邻二卤化物,为了减少其生成,可采取控制卤素在水溶液中的浓度或加入银盐除去 X^- 的办法。

$$(CH_3)_2C=CH_2 + Br_2 \xrightarrow{H_2O} \begin{array}{c} (CH_3)_2C-CH_2 \\ | \quad\;\; | \\ OH \quad Br \end{array}$$

碘很难与烯烃加成,但氯化碘(ICl)和溴化碘(IBr)比较活泼,可以定量地与烯烃加成,这些化合物称为卤间化合物。反应时 IX 中的 I 相当于次卤酸中的卤素。这一反应常用于测定油脂和石油中不饱和化合物的含量。

$$\mathopen{>}C=C\mathclose{<} + IX \longrightarrow \begin{array}{c} \mathopen{>}C-C\mathclose{<} \\ | \quad\; | \\ I \quad X \end{array}$$

(7)硼氢化反应。即烯烃与硼氢化物发生的加成反应。硼氢化反应是美国化学家 H.C.Brown 发现的极其重要而有广泛应用的有机反应,他因此获得了 1979 年诺贝尔化学奖。

最基本的硼氢化反应是烯烃和乙硼烷的加成反应,得到三烷基硼。乙硼烷由硼氢化钠和三氟化硼反应制得。

$$3NaBH_4 + 4BF_3 \longrightarrow 2B_2H_6 + 3NaBF_4$$

它实际上是甲硼烷的二聚体。乙硼烷在空气中会自燃,通常应用它的四氢呋喃溶液,在这种溶液中它以甲硼烷配合物的形式存在,它与烯烃的反应非常迅速。除非烯烃的位阻很大,否则不能分离得到单取代或双取代烷基硼烷的中间体,而只能分解出最终产物三烷基硼,氢接在一个双键碳上,硼接在另一个双键碳上。

烷基硼接着进行氧化反应,氧化剂一般是在碱性溶液中的过氧化氢,硼由—OH 取代,生成醇,这相当于烯烃与水的加成,但是,这个反应的加成方向与马氏规则正好相反,硼原子只加在取代基较少和位阻较小的双键碳原子上,因此,经氧化后得到的醇的位向与烯烃直接水合反应所得到的醇的位向正好相反。此反应的产率很高。

$$6R-CH=CH_2 + B_2H_6 \longrightarrow 2(R-CH_2CH_2)_3B \xrightarrow[H_2O_2]{NaOH} R-CH_2-CH_2-OH$$

反应的特点如下:

①顺式加成。烯烃的硼酸氢化反应是一个顺式加成过程,例如,1,2-二甲基环戊烯烃硼氢化反应后生成顺 1,2-二甲基环戊醇。

②反马氏规则。除了电子因素外,硼氢化反应中的立体位阻也是一个很重要的因素,硼原子较易和双键上不太拥挤的那个碳作用。在硼氢化反应中的电子效应和立体效应的作用方向正好又是一致的,因此,硼氢化反应表现出很好的位置选择性且与马氏规则所指出的方向相反。

③无重排产物。反应过程中并未检测到有重排产物生成,因此,碳正离子不是反应中间体。

(8)亲电加成反应历程。烯烃和卤素、卤化氢、硫酸等的加成反应都属于亲电加成反应,具有相似的反应历程。现以烯烃与溴的加成反应为例来说明亲电加成反应历程。

第一步是当溴分子与烯烃接近时,溴分子的电子受烯烃 π 电子的排斥,使溴分子极化,两端出现极性,极化了的溴分子带正电荷的一端,靠近 π 键,极化进一步加深,溴分子的共价键发生异裂,产生中间体环状溴鎓离子和溴负离子。

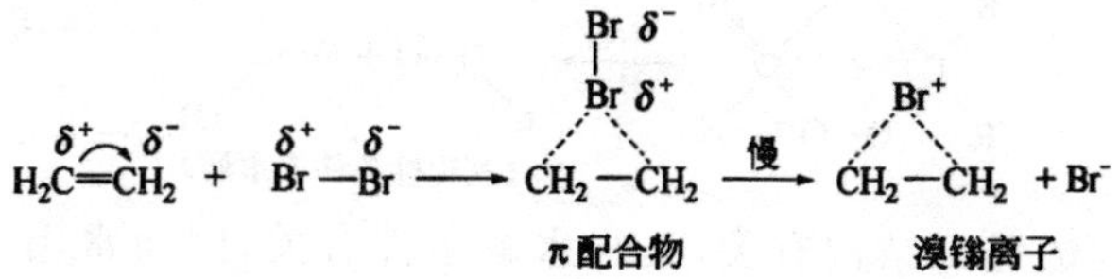

第二步是溴负离子从溴鎓离子的反面与碳原子结合而完成加成反应。

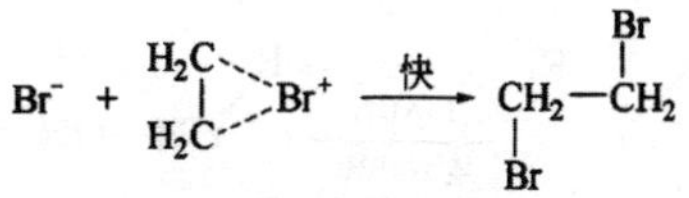

第一步反应时,π 键的断裂,溴分子共价键的异裂,都需要一定的能量,所以反应速率较慢;第二步反应,是正负离子间的反应,是放热反应,反应容易进行,速率快。在分步反应中整个反应的速率取决于最慢的一步。因此反应的第一步是主要的,这一步是试剂中带正电部分进攻烯烃分子中电子云密集的双键而引起的加成反应,称为亲电加成反应。进攻的试剂称为亲电试剂。卤素、卤化氢、硫酸等都是亲电试剂。亲电加成反应是由于试剂共价键异裂产生离子而出现的反应,因此属于离子型反应。

2.2.3.2 氧化反应

烯烃的双键很容易被氧化。在氧化剂作用下,首先是双键中的 π 键发生断裂,如果在强烈的氧化条件下,双键中的 σ 键也遭破坏,因此,在不同的氧化剂和反应条件下可得到不同的氧化产物。

(1)高锰酸钾的氧化反应。在中性或碱性溶液中,高锰酸钾氧化只能使双键中的 π 键断裂,生成二元醇。

$$R-CH=CH_2 +KMnO_4+H_2O \xrightarrow[\text{或中性}]{OH^-} R-\underset{\underset{OH}{|}}{C}H-\underset{\underset{OH}{|}}{C}H_2 + MnO_2 \text{(棕褐色)}$$

在酸性溶液中,高锰酸钾氧化可使烯烃的双键断裂,生成羧酸、酮、二氧化碳等。由于无论在 H^+、中性或 OH^- 条件下,烯烃都可以被 $KMnO_4$ 氧化,因而经常用此性质来检验不饱和烃。

$$R-CH=CH_2+KMnO_4 \xrightarrow{H^+} RCOOH+CO_2$$

(2)臭氧氧化。将臭氧通入液体烯烃或烯烃的溶液(如 CCl_4 溶液)时,臭氧与烯烃作用,生成相应的臭氧化物(该化合物具有爆炸性,所以不必分离出来),该反应称为臭氧化反应。臭氧化物在不同条件下水解,生成醛、酮、羧酸等。

由于水解产物既与烯烃的结构有关,又与水解条件有关,因而常用来推断原来烯烃的结构。此外,臭氧化物还可以被氢化锂铝($LiAlH_4$)或硼氢化钠($NaBH_4$)还原得到醇。

(3)催化氧化。烯烃在催化剂的存在下进行氧化,随着反应条件的不同,其产物也不相同。例如,工业上环氧乙烷的制备。

$$CH_2=CH_2 + O_2 \xrightarrow[\Delta]{Ag} \underset{O}{CH_2-CH_2}$$

由于氧化后产物是一个含氧的环状化合物,因此也称环氧化反应,是工业上生产环氧乙烷的方法之一。该反应必须严格控制反应温度,如果温度超过 300 ℃,则双键中的 π 键也会断裂,最后生成二氧化碳和水。改用 H_2O_2 或过氧酸催化氧化烯烃,可得到收率很高的环氧化物。

$$(CH_3)_2C = CHCH_3 + H_2O_2 \xrightarrow[n\text{-}C_4H_9OH]{SeO_2/吡啶} (CH_3)_2C \overset{O}{\underset{}{\triangle}} CHCH_3 + H_2O$$

乙烯或丙烯在氯化钯和氯化铜的水溶液中,也能被催化氧化,产物为乙醛或丙酮,它们都是重要的化工原料。

$$CH_2 = CH_2 + \frac{1}{2}O_2 \xrightarrow[PdCl_2\text{-}CuCl_2]{100\sim125\ ℃} CH_3CHO$$

$$CH_3CH = CH_2 + \frac{1}{2}O_2 \xrightarrow[PdCl_2\text{-}CuCl_2]{120\ ℃} CH_3COCH_3$$

2.2.3.3　α-H 的卤代反应

在有机化合物分子中,与官能团相连的碳原子称为 α-碳原子,其上所连的氢原子称为 α-氢原子(α-H)。烯烃分子中的 α 位也称为烯丙位,在烯烃分子中 α-H 受双键的影响,较其他位置上的氢原子活泼,在高温或光照条件下,可发生自由基型卤代反应。

(1)氧化反应。在一定条件下,烯烃 α-H 也可以被氧化。例如,丙烯采用氧化亚铜催化氧化而生成丙烯醛。

$$CH_3—CH = CH_2 + O_2 \xrightarrow[Cu_2O]{350\ ℃} CH_2 = CH—CHO$$
丙烯醛

如果采用邻钼酸铋作催化剂,则丙烯被氧化生成丙烯酸。

$$CH_3—CH = CH_2 + O_2 \xrightarrow[邻钼酸铋]{350\ ℃} CH_2 = CH—COOH$$
丙烯酸

如果有氨存在,则丙烯被氧化生成丙烯腈。

$$CH_3—CH = CH_2 + O_2 + NH_3 \xrightarrow[邻钼酸铋]{470\ ℃} CH_2 = CH—C\equiv N$$
丙烯腈

工业上已利用上述三个反应制备丙烯醛、丙烯酸和丙烯腈。这三个化合物都是十分重要的化工原料。

(2)氯化反应。烯烃与卤素(如 Br_2)既能发生离子型的亲电加成反应(室温下),又能发生自由基的 α-H 卤代反应(高温下),这说明有机反应的复杂性,即相同的原料在不同的条件下反应,其反应历程不同,所得的产物不同。因此,严格控制反应条件对于有机反应进行的方向十分重要。

N-溴代丁二酰亚胺(NBS)是实验室常用的针对烯烃分子中的 α-H 进行溴代的试剂(氯代则用 N-氯代丁二酰亚胺,NCS)。反应在光或引发剂(如过氧苯甲酰)作用下,在惰性溶剂中(如 CCl_4)中进行,选择性高,副反应(双键的加成)少。

$$\text{环己烯} + \underset{\text{N—Br}}{\overset{O}{\underset{O}{\|}}} \xrightarrow[\text{CCl}_4, \triangle]{(C_6H_5COO)_2} \text{3-溴环己烯} + \underset{\text{N—H}}{\overset{O}{\underset{O}{\|}}}$$

$$CH_3CH_2CH_2CH_2CH=CHCH_3 \xrightarrow[\text{CCl}_4, \triangle]{\text{NBS, RCOOOH}} CH_3CH_2CH_2\underset{\underset{Br}{|}}{C}HCH=CHCH_3$$

在反应中,首先 NBS 与体系中极少量的水汽或痕量酸作用,缓慢释放出溴,并使整个反应阶段始终保持低浓度的溴。引发剂的作用是引发溴产生自由基,然后按自由基机理发生溴代反应。

2.2.3.4　聚合反应

由小分子的有机物相互加成生成高分子化合物的反应称为聚合反应。其中小分子有机物称为单体,形成的高分子化合物称为聚合物。作为单体的小分子一般含有 π 键。聚合体是由小分子的 π 键断裂加合而成的。例如,聚乙烯塑料的生成。

$$n\,H_2C=CH_2 \xrightarrow[\text{TiCl}_4\text{-Al}(C_2H_5)_3]{60\sim75\ ℃} \{CH_2-CH_2\}_n(\text{聚乙烯})$$

2.2.3.5　自由基加成——过氧化物效应

在过氧化物(用 R—O—O—R 表示)存在时,不对称烯烃与溴化氢加成,得到的是违反马式规则的产物。

$$CH_3CH_2-CH=CH_2 \xrightarrow{\text{HBr}} \begin{cases} \overset{\text{无过氧化物}}{} CH_3CH_2-\underset{\underset{Br}{|}}{C}H-\underset{\underset{H}{|}}{C}H_2 \\ \underset{95\%}{\overset{\text{有过氧化物}}{}} CH_3CH_2-\underset{\underset{H}{|}}{C}H-\underset{\underset{Br}{|}}{C}H_2 \end{cases}$$

这种生成违反马氏规则产物的反应,称为反马氏加成反应。而由于过氧化物的存在引起烯烃加成取向的改变现象,称为过氧化物效应。溴化氢之所以会存在过氧化物效应,主要是由于过氧化物的存在影响到了溴化氢加成反应的机理。无过氧化物存在时,烯烃与溴化氢的加成是离子型亲电加成。而有过氧化物存在时,则是按自由基机理进行的,也是一个链反应,是自由基加成反应。反应机理如下所示。

(1)链引发。

$$C_6H_5COOCC_6H_5 \longrightarrow 2C_6H_5CO\cdot$$

$$C_6H_5CO\cdot + HBr \xrightarrow{\text{放热}} C_6H_5COH + Br\cdot$$

$$\text{或 } HBr \xrightarrow{\text{光照}} H\cdot + Br\cdot$$

（2）链增长。

$$CH_3—CH=CH_2+Br\cdot \rightarrow CH_3—\overset{\cdot}{CH}—CH_2—Br$$

$$CH_3—\overset{\cdot}{CH}—CH_2—Br+HBr \rightarrow CH_3—CH_2—CH_2—Br+Br\cdot$$

（3）链终止。在链增长阶段，若溴原子加到 CH_2 双键碳原子上，将生成仲烷基自由基，而加到 CH 双键碳原子上，则生成伯烷基自由基，反应历程如下：

$$CH_3—CH=CH_2+Br\cdot \begin{cases} \rightarrow CH_3\overset{\cdot}{CH}—\underset{\underset{Br}{|}}{CH_2} \xrightarrow[-Br\cdot]{HBr} CH_3—\underset{\underset{H}{|}}{CH}—\underset{\underset{Br}{|}}{CH_2} \quad 反马氏产物 \\ \rightarrow CH_3—\underset{\underset{Br}{|}}{CH}—\overset{\cdot}{C}H_2 \xrightarrow[-Br\cdot]{HBr} CH_3—\underset{\underset{Br}{|}}{CH_2}—\underset{\underset{H}{|}}{CH_2} \quad 马氏产物 \end{cases}$$

这样就有两种产物生成。而烷基自由基的稳定性与烷基正离子相同，即 $3°>2°>1°$。

$$CH_3\underset{\underset{CH_3}{|}}{\overset{\cdot}{C}}CH_3 > CH_3\overset{\cdot}{C}HCH_3 > CH_3\overset{\cdot}{C}H_2 > \overset{\cdot}{C}H_3$$

叔烷基自由基　仲烷基自由基　伯烷基自由基　甲基自由基

越稳定的自由基越容易生成，因此反应过程中主要生成了仲烷基自由基，后者与溴化氢反应，得到反马氏加成产物。氯化氢、碘化氢没有过氧化物效应，因为氯化氢键强，不易均裂成自由基；而碘化氢虽易均裂成自由基，但碘自由基不活泼，不能使链按传递顺利进行，因此不能发生自由基加成。它们与不对称烯烃的加成，只是亲电加成，产物符合马氏规则。

2.2.4　重要的烯烃

2.2.4.1　乙烯

乙烯是最简单的烯烃，也是最重要的烯烃之一。它是一种稍带甜味的无色气体，沸点为 -103.7 ℃，难溶于水，易溶于有机溶剂。乙烯在空气中易燃，呈明亮的光焰。乙烯主要来源于石油裂解，自然界中的植物体内有微量的乙烯存在。乙烯的产量是衡量石油化工水平与综合国力的重要指标。

由于乙烯的双键活泼，可与许多物质起反应，可以合成各种各样的有机产品。目前，乙烯用量最大的是用来制备聚乙烯（塑料）。此外，乙烯还可用作水果的催熟剂。在未成熟的果实中乙烯含量很少，而成熟的果实中含量较多，因此利用人工方法提高水果中乙烯的含量可以加速果实的成熟。

2.2.4.2　丙烯

常温下，丙烯是一种无色、无臭、低毒、稍带有甜味的气体。易燃，爆炸极限为 $2\%\sim11\%$。不溶于水，溶于有机溶剂。人吸入丙烯可引起意识丧失并引起呕吐。长期接触可引起头昏、乏力、全身不适、思维不集中，会使胃肠道功能发生紊乱。丙烯对环境有危害，对水体、土壤和大气可造成污染。

丙烯是三大合成材料的基本原料,主要用于生产丙烯腈、异丙烯、丙酮和环氧丙烷等。丙烯在硫酸或无水氢氟酸等存在下聚合,生成二聚体、三聚体和四聚体的混合物,可用作高辛烷值燃料。在齐格勒催化剂存在下丙烯聚合生成聚丙烯。丙烯与乙烯共聚生成乙丙橡胶。丙烯与硫酸可起加成反应,生成硫酸氢异丙酯,后者水解生成异丙醇;丙烯与氯和水起加成反应,生成1-氯-2-丙醇,后者与碱反应生成环氧丙烷,加水生成丙二醇;丙烯在酸性催化剂存在下与苯反应,生成异丙苯,它是合成苯酚和丙酮的原料。丙烯在催化剂存在下与氨和空气中的氧起氨氧化反应,生成丙烯腈,它是合成塑料、橡胶、纤维等高聚物的原料。丙烯在高温下氯化生成的烯丙基氯,是合成甘油的原料。在工业上大量地用丙烯来制备异丙醇和丙酮。另外,可用空气直接氧化丙烯生成丙烯醛。

2.3 二烯烃

分子中含有两个或两个以上碳碳双键的不饱和链烃称为多烯烃。多烯烃中最重要的是分子中含有两个碳碳双键的二烯烃。二烯烃的通式为 C_nH_{2n-2}。

2.3.1 二烯烃的分类、命名和结构

2.3.1.1 二烯烃的分类

根据分子中两个双键相对位置的不同,二烯烃可以分为以下三类。

(1)累积二烯烃。它是指两个双键与同一个碳原子相连接,即分子中含有 $\diagdown C{=}C{=}C\diagdown$ 结构。如丙二烯($H_2C{=}C{=}CH_2$)。其中中间碳原子为 sp 杂化,两侧碳原子为 sp^2 杂化。这类二烯烃势能较高,不稳定,数量少且实际应用也不多。

(2)孤立二烯烃。它是指两个双键被两个或两个以上的单键隔开,即分子骨架为 $\diagdown C{=}C{-}(CH_2)_n{-}C{=}C\diagdown$。如1,5-己二烯($H_2C{=}CH{-}CH_2CH_2{-}CH{=}CH_2$)。由于两个双键相距较远,相互影响较小,其性质与单烯烃相似。

(3)共轭二烯烃。它是指两个双键被一个单键隔开,即分子骨架为 $\diagdown C{=}C{-}C{=}C\diagdown$,如1,3-丁二烯($H_2C{=}CH{-}CH{=}CH_2$)。所谓共轭就是指单、双键相互交替的意思。共轭二烯烃具有特殊的结构和性质,它除了具有烯烃双键的性质外,还具有特殊的稳定性和加成规律,在理论研究和实际工业应用上都有重要地位。这里主要讨论共轭二烯烃的性质。

2.3.1.2 二烯烃的命名

二烯烃的系统命名法与烯烃相似。二烯烃命名时,首先选择含有两个双键的最长的碳链为主链,从距离双键最近的一端主链上的碳原子开始编号,以"某二烯"命名。两个双键的位置

用阿拉伯数字标明在前,中间用短线隔开。若有取代基时,则将取代基的位次和名称加在前面。

$$CH_2\!=\!CH\!-\!\underset{\underset{CH_3}{\mid}}{C}\!=\!CH_2 \qquad\qquad CH_3CH_2CH\!=\!CH\!-\!CH_2\!-\!CH\!=\!CHCH_2CH_2CH_2CH_2CH_3$$

2-甲基-1,3-丁二烯 　　　　　　　　3,6-十二碳二烯

二烯烃由于存在两个双键,因此,顺反异构现象较单烯烃更为复杂,在命名时要逐个标明其构型。例如,2,4-己二烯的三种顺反异构体如下:

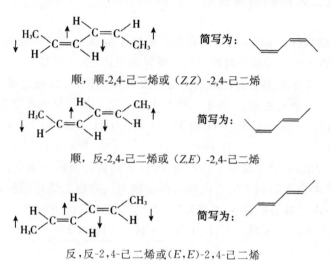

顺,顺-2,4-己二烯或(Z,Z)-2,4-己二烯

顺,反-2,4-己二烯或(Z,E)-2,4-己二烯

反,反-2,4-己二烯或(E,E)-2,4-己二烯

2.3.1.3 共轭二烯烃的结构

最简单的共轭二烯烃是 1,3-丁二烯,近代研究结果表明,它分子中的四个碳原子均是 sp^2 杂化,三个 C—C σ 键和六个 C—H σ 键都在同一平面上,每个碳原子上各有一个 p 轨道,它们与该平面垂直。分子中的两个 π 键是由 C_1 和 C_2 的两个 p 轨道及 C_3 和 C_4 的两个 p 轨道分别侧面重叠形成的。这两个 π 键靠得很近,在 C_2 和 C_3 间也可发生一定程度的重叠,这样使两个 π 键不是孤立存在,而是相互结合成一个整体,称为 π-π 共轭体系,通常也把这个整体称为大 π 键,如图 2-11 所示。从图中可看出,π 电子不再局限(定域)在 C_1 和 C_2 或 C_3 和 C_4 之间,而是在整个分子中运动,即 π 电子发生了离域,每个 π 电子不只受两个原子核而是受四个核的吸引,使分子内能降低。由于电子离域使分子降低的能量叫作离域能,离域能的大小可通过测定分子氢化热来衡量。

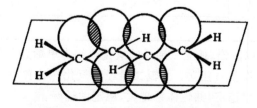

图 2-11　1,3-丁二烯分子中的 π 键

实验测得,1,3-丁二烯的氢化热为 239 kJ/mol,比 1-丁烯的氢化热(126.6 kJ/mol)的两倍

低 14.2 kJ/mol,说明 1,3-丁二烯的能量较低,较稳定。同样,1,3-戊二烯的氢化热为 226 kJ/mol,比 1,4-戊二烯的氢化热 254 kJ/mol 低 28 kJ/mol。这都说明共轭体系能量较低,较稳定。在共轭体系中,由于电子的离域也使得单、双键键长出现平均化趋势,如 1,3-丁二烯分子中,C—C 键长(146 pm)比乙烷的 C—C 键长(154 pm)短;C=C 双键键长(137 pm)比乙烯分子中 C=C(134 pm)长。

2.3.2 共轭二烯烃的物理性质

共轭二烯烃的物理性质和烷烃、烯烃相似。碳原子数较少的二烯烃为气体,例如,1,3-丁二烯为沸点−4 ℃的气体。碳原子数较多的二烯烃为液体,如 2-甲基 1,3-丁二烯为沸点 34 ℃的液体。它们都不溶于水而溶于有机溶剂。与一般的烯烃相比,共轭二烯烃的紫外吸收光谱会向长波方向移动。下面是乙烯、1,3-丁二烯及 1,3,5-己三烯的紫外吸收光谱数据。

$$CH_2=CH_2 \quad CH_2=CH-CH=CH_2 \quad CH_2=CH-CH=CH-CH=CH_2$$
$$185 \text{ pm} \qquad\qquad 217 \text{ pm} \qquad\qquad\qquad 258 \text{ pm}$$

从该数据可以看出,分子中增加了共轭双键,分子的紫外吸收光谱会向长波方向移动,共轭双键的数目越多,吸收光谱向长波方向移动得也越多。共轭二烯烃的折射率明显高于孤立二烯烃。例如,1,4-戊二烯的折射率 $n_D^{20}=1.388\ 8$,1,3-戊二烯的折射率 $n_D^{20}=1.428\ 4$。

$$CH_2=CH-CH_2-CH=CH_2 \quad CH_3-CH=CH-CH=CH_2$$
$$n_D^{20}=1.388\ 8 \qquad\qquad\qquad n_D^{20}=1.428\ 4$$

这是由于折射率是和分子的可极化性直接联系的,共轭二烯烃分子中的共轭作用使得其电子体系更容易被极化,因而折射率增大。此外,共轭二烯烃的这种特殊结构使其具有较高的热力学稳定性。这可以从它们的氢化热数据反映出来,具体可见表 2-3。

表 2-3　几种烯烃的氢化热数据

化合物	平均每个双键的氢化热/(kJ/mol)	分子的氢化热/(kJ/mol)
$CH_3CH=CH_2$	125.2	125.2
$CH_3CH_2CH=CH_2$	126.8	126.8
$CH_2=CH-CH=CH_2$	238.9	119.5
$CH_3CH_2CH_2CH=CH_2$	125.9	125.9
$CH_2=CH-CH_2-CH=CH_2$	254.4	127.2
$CH_3-CH=CH-CH=CH_2$	226.4	113.2

从表 2-3 中的数据可以看出,孤立二烯烃的氢化热约为单烯烃氢化热的两倍,因此孤立二烯烃中的两个双键可以看作各自独立。共轭二烯烃的氢化热比孤立二烯烃的氢化热低,这说明共轭二烯烃比孤立二烯烃稳定,共轭体系越大,稳定性越好。

2.3.3　共轭二烯烃的化学性质

共轭二烯烃具有烯烃的通性,但由于是共轭体系,因此,又具有自身的特性。

1,3-丁二烯(CH_2＝CH—CH＝CH_2)结构中的两个双键通过一个单键相连,这两个双键的电子云形成一个整体,产生了一些在孤立双键中所不存在的新的结构特征和性质,如单键呈现出部分双键的性质,体系的能量降低、稳定性增强,这种体系叫共轭体系。

共轭二烯烃在性质上除了同烯烃一样,容易发生加成、氧化和聚合反应外,还由于其结构的特点,表现出一些特殊性质。如1,3-丁二烯与卤素或卤化氢等试剂进行加成,不仅得到1,2-加成产物,同时还得到1,4-加成产物。

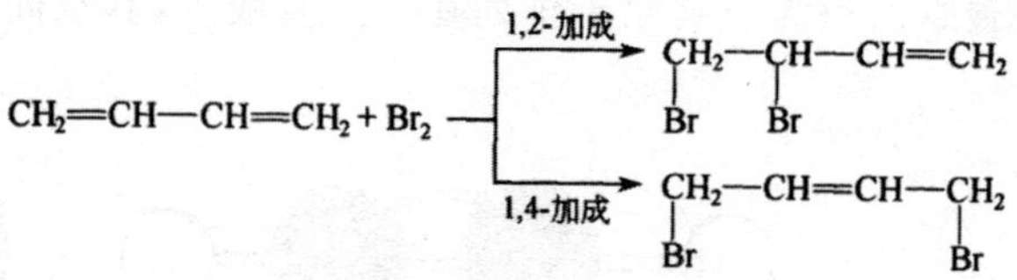

2.4　炔　烃

分子中含有碳碳三键(—C≡C—)的烃称为炔烃。碳碳三键是炔烃的官能团。炔烃比相应的单烯烃分子少两个氢原子。分子通式为C_nH_{2n-2}。

$$HC≡CH \quad CH_3—C≡CH \quad CH_3CH_2—C≡CH \quad CH_3C≡CCH_2CH_3$$

乙炔　　丙炔　　　　1-丁炔　　　　　2-戊炔

2.4.1　炔烃的命名和结构

2.4.1.1　炔烃的命名

类似于烯烃的命名方法,炔烃命名时首先要选择包含碳碳三键的最长碳链为主链。从距离三键最近的一端开始编号,同时还应注意要使取代基的编号最小。

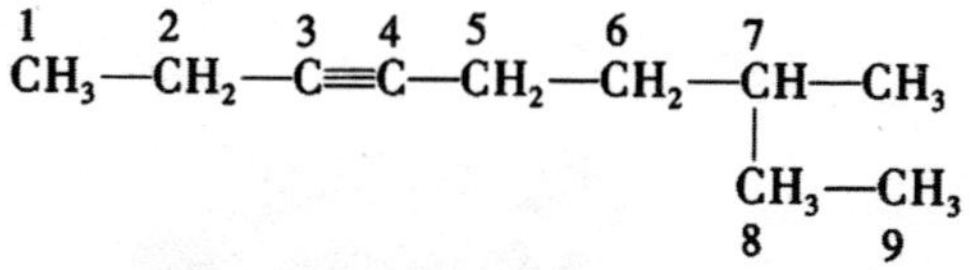

7-甲基-3-壬炔 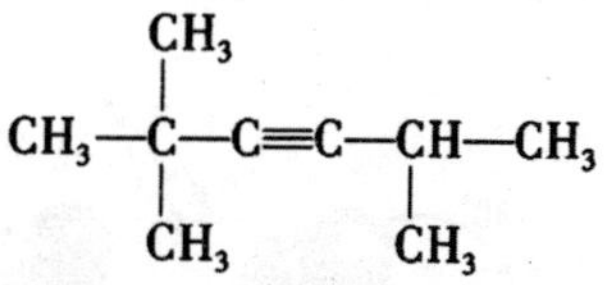　　　　　　2,2,5-三甲基-3-己炔

分子中同时含有双键和三键时,采用“烯炔”命名法,即命名时“烯”在前,“炔”在后。选取含有双键和三键最多的最长碳链为主链,从距离官能团最近的一端开始编号,编号时要使双键和三键的位次(编号)最小。如果双键和三键处于相同位号时,编号时应使双键的位号最小,即

从双键一端开始编号。

$$CH_3—C\equiv C—CH=CH_2 \qquad CH_3—CH=CH—C\equiv CH$$

1-戊烯-3-炔   3-戊烯-1-炔

$$HC\equiv C—CH=CH_2 \qquad H_2C=C—C\equiv C—CH_3$$
$$\underset{\qquad\qquad\qquad\quad CH_3}{}$$

1-丁烯-3-炔（不是 3-丁烯-1-炔）   2-甲基-1-戊烯-3-炔

2.4.1.2 炔烃的结构

乙炔是最简单的烯烃，以乙炔为例说明炔烃的结构。

（1）乙炔的分子结构。乙炔分子式 C_2H_2，结构式 $HC\equiv CH$。现代物理方法测定，乙炔是一个直线形分子，两个碳原子和两个氢原子排列在一条直线上，其空间结构和模型如图 2-12 所示。

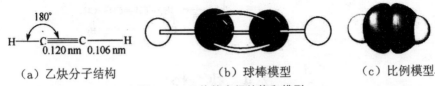

（a）乙炔分子结构   （b）球棒模型   （c）比例模型

图 2-12 乙炔的空间结构和模型

（2）碳原子的 sp 杂化轨道。杂化轨道理论认为，乙炔分子中的碳原子在成键时，是以激发态的 1 个 2s 轨道和 1 个 2p 轨道进行杂化，形成 2 个能量完全相同的 sp 杂化轨道，其 sp 杂化过程可表示为

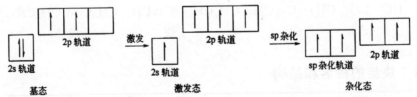

两个成键碳原子用 sp 杂化轨道以"头碰头"的方式重叠形成一个 σ 键，另外一个 sp 杂化轨道与其他原子形成一个 σ 键，碳原子上相互垂直的两个 p 轨道与另一个碳原子的两个 p 轨道经侧面重叠形成两个 π 键，从而形成了碳碳三键。例如，乙炔分子中，四个原子在一条直线上，碳碳之间形成的两个 π 键的电子云位于 σ 键上、下和前、后部位，如图 2-13 和图 2-14 所示。碳碳单键、双键、三键的比较如表 2-4 所示。

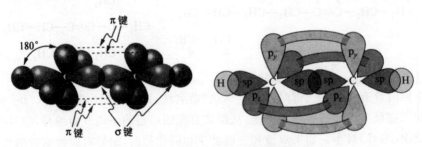

图 2-13 乙炔中 C≡C 的成键图

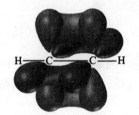

图 2-14 乙炔中 π 键的电子云图

表 2-4 碳碳单键、双键、三键的比较

碳碳键	键长/nm	键能/(kJ·mol^{-1})
C—C	0.154	345.6
C=C	0.134	610.9
C≡C	0.120	835

2.4.2 炔烃的物理性质

炔烃的物理性质与烷烃、烯烃相似。在常温常压下,低级炔烃是气体,中级炔烃是液体,高级炔烃是固体。炔烃的沸点、熔点随碳原子数的增加而升高。对于含相同数目碳原子的化合物而言,炔烃的沸点和熔点大于烯烃。三键在链端的炔烃比三键位于碳链中间的炔烃具有更低的沸点。炔烃不溶于水,易溶于有机溶剂。一些常见炔烃的物理常数见表 2-5。

表 2-5 常见炔烃的物理常数

名称	熔点/℃	沸点/℃	相对密度 d_4^{20}
乙炔	−80.8	−84.0(升华)	0.618 1(−32 ℃)
丙炔	−101.6	−23.2	0.706 2(−50 ℃)
1-丁炔	−125.7	8.1	0.678 4(0 ℃)
2-丁炔	−32.3	27.0	0.691 0
1-戊炔	−90.0	40.2	0.690 1
2-戊炔	−101.0	56.1	0.710 7
3-甲基-1-丁炔	−89.7	29.3	0.666 0
1-己炔	−132.0	71.3	0.715 5

2.4.3 炔烃的化学性质

炔烃分子中有 π 键,故与烯烃有相似的化学性质,例如,炔烃易发生催化加氢、亲电加成和氧化等反应。不同的是,炔烃还可以发生亲核加成反应,炔氢还具有微弱酸性等。

2.4.3.1 加成反应

(1)催化加氢。炔烃在 Pt、Ni 或 Pd 等催化剂的作用下,与两分子氢气加成,生成烷烃。

$$H-C\equiv C-H \xrightarrow{Pt,H_2} CH_2=CH_2 \xrightarrow{Pt,H_2} CH_3-CH_3$$

加氢是分步进行,但第二步烯烃的加氢非常快,采用一般的催化剂无法使反应停留在烯烃阶段。若采用特殊催化剂如林德拉(Lindlar)催化剂,则能使反应停留在烯烃阶段,得到收率较高的顺式加成产物。林德拉催化剂是将金属钯附着在碳酸钙(或硫酸钡)上,再用醋酸铅(或喹啉)处理。醋酸铅和喹啉的作用是降低钯的活性。

$$CH_3(CH_2)_7C\equiv C(CH_2)_7COOH \xrightarrow[\text{Pd/CaCO}_3\ \text{醋酸铅}]{H_2}$$

产物：CH₃(CH₂)₇—CH=CH—(CH₂)₇COOH（顺式结构）

硬脂炔酸 　　　　　　　　　　　　油酸（顺式）

炔烃在液氨中用金属钠还原,只加一分子氢可得到反式烯烃。

$$CH_3CH_2CH_2C\equiv CCH_3 + H_2 \xrightarrow{Na,NH_3\ 液}$$

产物：CH₃CH₂CH₂—CH=CH—CH₃（反式）

上述两种还原方法,可分别将炔烃还原成顺式和反式烯烃,在制备具有一定构型的烯烃时很有用。

(2)与卤素加成。炔烃与卤素发生加成反应先生成二卤化合物,继续反应得四卤化合物。

$$HC\equiv CH \xrightarrow{Br_2} \underset{\text{1,2-二溴乙烯}}{HC=CH(Br,Br)} \xrightarrow{Br_2} \underset{\text{1,1,2,2-四溴乙烷}}{HC-CH(Br,Br,Br,Br)}$$

乙炔　　　1,2-二溴乙烯　　1,1,2,2-四溴乙烷

炔烃与溴发生加成反应使溴很快褪色,以此可检验碳碳三键的存在。炔烃与氯、溴加成具有立体选择性,主要生成反式加成产物。

$$CH_3CH_2C\equiv CCH_2CH_3 + Br_2 \longrightarrow$$ 产物 90%

3-己炔　　　　　　　　　　　　　E-3,4-二溴-3-己烯

在与卤素加成时,碳碳三键没有碳碳双键活泼,因此,如果分子中同时存在三键和双键,卤素一般优先加到双键上。

(3)与卤化氢加成。乙炔与卤化氢的加成,加碘化氢、溴化氢容易进行,加氯化氢比较困

$$H_2C=C-\overset{H_2}{C}-C\equiv CH+Br_2\xrightarrow{\text{等物质的量}}H_2C-CH-CH_2-C\equiv CH$$
$$\underset{H}{|}\qquad\qquad\qquad\underset{Br}{|}\ \underset{Br}{|}$$

　　　　1-戊烯-4-炔　　　　　　　　　　　4，5-二溴-1-戊炔

难，须在 $HgCl_2$、Cu_2Cl_2 等催化剂存在下才能反应。不对称的炔烃加卤化氢时，要遵循马氏规则。

$$HC\equiv CH+HBr\longrightarrow CH_2=CH-Br\xrightarrow{HBr}CH_3-CHBr_2$$
　　　　　　　　　　　　　溴乙烯　　1,1-二溴乙烷

$$HC\equiv CH+HCl\xrightarrow[HgCl_2]{150\sim160\ ℃}CH_2=CH-Cl\xrightarrow{HCl}CH_3-CHCl_2$$
　　　　　　　　　　　　　　　　　氯乙烯　　1,1-二溴乙烷

　　(4)与水加成。炔烃在酸性条件下不能与水加成，需要汞盐催化。如乙炔与水加成是在 10% 硫酸和 5% 硫酸汞的水溶液中进行。首先水与三键加成生成乙烯醇，然后再通过异构化转变为乙醛。羟基直接连在双键碳原子上的化合物称为烯醇。烯醇很不稳定，会很快发生异构化形成稳定的羰基化合物(酮式)，烯醇式和酮式处于动态平衡中，两者互为互变异构体。

$$CH\equiv CH+H_2O\xrightarrow[H_2SO_4]{HgSO_4}\left[\begin{matrix}CH_2=CH\\|\\OH\end{matrix}\right]\xrightarrow{\text{分子重排}}CH_3CHO\quad\text{乙醛}$$

$$CH_3C\equiv CH+H_2O\xrightarrow[H_2SO_4]{HgSO_4}\left[\begin{matrix}CH_3-C=CH_2\\|\\OH\end{matrix}\right]\xrightarrow{\text{分子重排}}CH_3-\underset{O}{\overset{|}{C}}-CH_3\quad\text{丙酮}$$

　　(5)硼氢化反应。炔烃的硼氢化反应停留在含双键产物。

$$CH_3C\equiv CCH_3\xrightarrow{BH_2-THF}\left[\begin{matrix}H_3C\qquad CH_3\\ \diagup\!\diagdown\ \diagdown\\ H\end{matrix}\right]_3 B$$

产物用酸处理过的得到烯，氧化得到醛、酮。

$$CH_3C\equiv CCH_3\xrightarrow{BH_3-THF}\left[\begin{matrix}H_3C\quad CH_3\\\\H\end{matrix}\right]_3 B\xrightarrow{HOAc}\begin{matrix}H_3C\quad CH_3\\\\H\qquad H\end{matrix}$$

$$\Bigg\downarrow\begin{matrix}H_2O_2\\OH\end{matrix}$$

$$\begin{matrix}H_3C\quad CH_3\\\\H\quad OH\end{matrix}\rightleftharpoons CH_3CH_2CCH_3\ \underset{O}{}$$

2.4.3.2 氧化反应

炔烃被高锰酸钾氧化：

$$CH \equiv CH + KMnO_4 + H_2O \longrightarrow CO_2 + MnO_2 \downarrow + KOH$$

反应后高锰酸钾溶液的紫色褪去，生成褐色的二氧化锰沉淀。

$$CH_3 - C \equiv CH \xrightarrow[KMnO_4]{H_2O} CH_3COOH + CO_2$$

$$CH_3 - C \equiv C - CH_3 \xrightarrow[KMnO_4]{H_2O} 2CH_3COOH$$

$$CH_3 - C \equiv C - CH_2CH_3 \xrightarrow[KMnO_4]{H_2O} CH_3COOH + CH_3CH_2COOH$$

由于氧化产物保留了原来烃中的部分碳链结构，因此通过一定的方法，测定氧化产物的结构，便可推断炔烃的结构。

炔烃与烯烃相似，能被臭氧氧化裂解，水解产物是羧酸，根据生成的羧酸的结构可确定三键的位置。

$$RC \equiv CH \begin{cases} \xrightarrow[\textcircled{2}H_2O]{\textcircled{1}O_3} RCOOH + HCOOH \\ \xrightarrow{KMnO_4} RCOOH + CO_2 \uparrow \end{cases}$$

$$RC \equiv CR' \begin{cases} \xrightarrow[\textcircled{2}H_2O]{\textcircled{1}O_3} RCOOH + R'COOH \\ \xrightarrow{KMnO_4} RCOOH + R'COOH \end{cases}$$

烷烃、环烷烃不能被高锰酸钾氧化，这是区别烷烃、环烷烃与不饱和烃的一种方法。

2.4.3.3 聚合反应

乙炔在不同催化剂作用下，可选择性地聚合成链状或环状化合物。与烯烃不同，它一般不聚合成高聚物。

$$2CH \equiv CH \xrightarrow{Cu_2Cl_2, NH_4Cl} CH_2 = CH - C \equiv CH$$

$$3CH \equiv CH \xrightarrow[\text{催化剂}]{\text{高温}} \bigcirc$$

2.4.3.4 炔氢反应

在炔烃分子中，与三键碳原子直接相连的氢原子叫作炔氢，又叫作活泼氢。炔氢与炔烃分子中其他氢原子不同，它直接与电负性较大的 sp 杂化碳原子相连，碳氢键的极性比其他碳氢键的极性要大，因此，炔氢的性质比较活泼，具有一定的弱酸性，可以在强碱条件下，被金属原子取代生成金属炔化物。例如，炔氢能与碱金属 Li、Na、K 等氨基化物反应生成碱金属炔化物。

$$RC \equiv CH \xrightarrow[NaNH_2/\text{液 } NH_3]{\text{或 } Na/NH_3} RC \equiv CNa$$

$$HC \equiv CH + NaNH_2 \xrightarrow{\text{液 } NH_3} HC \equiv CNa + NH_3$$

$$HC \equiv CH + NaNH_2 \xrightarrow{\text{液 } NH_3} NaC \equiv CNa + NH_3$$

利用金属炔化物和卤代烃反应可得到碳链增长的炔烃,因此,炔化物是个很有用的有机合成中间体。

$$RC \equiv CH \xrightarrow{NaNH_2/\text{液 } NH_3} RC \equiv CNa \xrightarrow{R'X} RC \equiv CR'$$

含有炔氢的炔烃还可以与银和铜等过渡金属原子形成金属炔化物,这些炔化物都不溶于水,以沉淀的形式生成。例如,含有炔氢的炔烃分别与硝酸银的氨溶液或氯化亚铜的氨溶液作用,生成白色的炔化银沉淀或棕红色的炔化亚铜沉淀。利用这两个反应可鉴别炔烃,同时还可以鉴别末端炔烃和非末端炔烃。

$$RC \equiv CH \begin{cases} \xrightarrow{AgNO_3 + NH_4OH} RC \equiv CAg \downarrow + NH_4NO_3 + H_2O \\ \qquad\qquad\qquad\quad \text{白色沉淀} \\ \xrightarrow{Cu_2Cl_2 + NH_4OH} RC \equiv CCu \downarrow + NH_4Cl + H_2O \\ \qquad\qquad\qquad\quad \text{砖红色沉淀} \end{cases}$$

过渡金属炔化物在干燥状态下受热或受震动容易爆炸,实验后,要立即用稀酸分解。避免发生事故。

$$HC \equiv CH + 2AgNO_3 + 2NH_4OH \longrightarrow AgC \equiv CAg \downarrow + 2NH_4NO_3 + 2H_2O$$
$$\text{白色沉淀}$$

$$AgC \equiv CAg + 2HNO_3 \longrightarrow HC \equiv CH + 2AgNO_3$$

$$HC \equiv CH + Cu_2Cl_2 + 2NH_4OH \longrightarrow CuC \equiv CCu \downarrow + 2NH_4Cl + 2H_2O$$
$$\text{砖红色沉淀}$$

$$CuC \equiv CCu + 2HCl \longrightarrow HC \equiv CH + Cu_2Cl_2$$

2.4.4 重要的炔烃

乙炔是最简单的炔烃。煤、石油和天然气是生产乙炔的主要原料。生产乙炔的重要方法有碳化钙(电石)法、甲烷法(电弧法)和等离子法等。过去乙炔是重要的有机合成原料,但由于生产成本高,近年来已经逐步被其他原料(如乙烯、丙烯等)代替。纯净的乙炔是无色无味的气体,燃烧时能够产生明亮的火焰。乙炔在氧气中燃烧所形成的火焰温度高达 3 000 ℃,可用来焊接和切割金属材料。此外,乙炔也是制造乙醛和其他有机产品的重要化工原料。

第3章 环 烃

3.1 脂环烃

具有环状结构,性质与链烃相似的烃类,称为脂环烃。脂环烃及其衍生物广泛存在于自然界,如石油中含有的环戊烷、环己烷等,动植物体内含有的甾体化合物、萜类、激素等都具有脂环结构。

3.1.1 脂环烃的分类、命名和结构

3.1.1.1 脂环烃的分类

根据脂环烃的饱和程度不同分为环烷烃、环烯烃和环炔烃。

环戊烷　　　环戊烯　　　环辛炔

根据脂环烃中的碳环数目不同分为单环、双环和多环脂环烃。

单环脂环烃,根据成环碳原子数目不同可再分为小环(3～4个碳原子)、普通环(5～6个碳原子)、中环(7～12个碳原子)和大环(12个碳原子以上)。

小环脂环烃　　　普通环脂环烃　　　中环脂环烃　　　大环脂环烃

在双环和多环脂环烃中,根据分子内两个碳环共用的碳原子数目不同可再分为螺环烃、桥环烃和稠环烃。两个碳环共用一个碳原子的称为螺环烃;两个环共用两个碳原子的称为稠环烃;两个环共用两个以上碳原子的称为桥环烃。

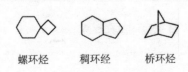

螺环烃　　　稠环烃　　　桥环烃

3.1.1.2 脂环烃的命名

(1)单环脂环烃的命名。单环脂环烃由于碳原子的首尾连接成环,分子中的氢原子比相应的链烃少两个,故环烷烃的通式为 C_nH_{2n},与单烯烃互为同分异构体。

环烷烃的命名与烷烃相似,只是在烷烃名称前加上"环"字。环上有取代基时,应使取代基所在碳原子的编号尽可能小。若有不同取代基时,以较小数字表示较小取代基的位次。

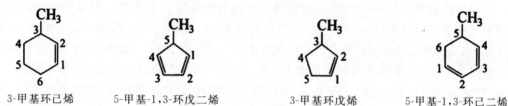

甲基环戊烷	1,2-二甲基环己烷	1-甲基-3-乙基环己烷	1-甲基-4-异丙基环己烷

环烯烃或环炔烃的命名与烯烃或炔烃相似,也是在相应的名称前冠上"环"字。

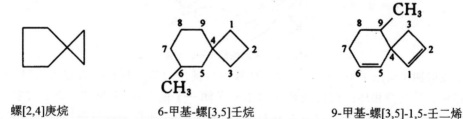

3-甲基环己烯	5-甲基-1,3-环戊二烯	3-甲基环戊烯	5-甲基-1,3-环己二烯

(2)螺环烃的命名。命名螺环烃时,按母体烃中碳原子总数称为"螺[ ]某烃",方括号中分别用阿拉伯数字标出两个碳环除螺原子外的碳原子数目,数字之间的右下角用圆点隔开,顺序是从小环到大环。有取代基时,要将螺环编号,编号从小环邻接螺原子的碳原子开始,通过螺原子绕到大环。

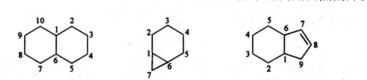

螺[2,4]庚烷	6-甲基-螺[3,5]壬烷	9-甲基-螺[3,5]-1,5-壬二烯

(3)桥环烃的命名。命名桥环烃时根据成环总碳原子数,称为"二环[ ]某烷",再把各"桥"所含的碳原子数目,按由大到小的顺序写在方括号中,数字之间用圆点隔开。

二环[4,4,0]癸烷	二环[4,1,0]庚烷	二环[4,3,0]-7-壬烯

环上如有取代基,可将环编号:从一个"桥头"开始,沿最长"桥"经第二个"桥头"到次长"桥",再回到第一个"桥头",最短的"桥"最后编号。

2-甲基-二环[3,2,1]辛烷

(4)稠环烃的命名。稠环烃可当作相应芳烃的氢化物来命名,或将其看作桥环烃的特例,按照桥环烃的方法命名。

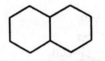

十氢萘或二环[4,4,0]癸烷

二环[4,1,0]庚烷

3.1.1.3 脂环烃的结构

环烷烃的碳原子是 sp^3 杂化,其杂化轨道之间的夹角应为 $109.5°$。但是环丙烷成环的三个碳原子组成平面三角形,夹角为 $60°$。因此每个 C—C 键就得向内扭转一定的角度,这就产生了张力,又称拜尔(baeyer)张力。经物理方法测定,环丙烷中两个碳原子的 sp^3 杂化轨道形成 σ 键时,C—C—C 单键之间的夹角为 $105.5°$,不能沿键轴方向最大重叠,只能弯曲着部分重叠形成“弯曲键”(见图 3-1)。分子内张力大,体系内能高,结构就不稳定,容易开环。

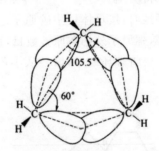

图 3-1 环丙烷的 C—C σ 键

环丁烷的四个碳原子不在同一平面,成“蝶”形,键角为 $90°$,所以也有较大的“角张力”而趋于不稳定。环戊烷和环己烷的成环碳原子不在同一平面上,碳碳键之间的夹角接近 $109.5°$,也就是说碳原子的 sp^3 杂化轨道形成 C—C σ 键时,不必扭偏而能沿键轴方向最大程度重叠,不存在角张力,环系稳定不易开环。

3.1.2 脂环烃的物理性质

脂环烃难溶于水,比水轻。环烷烃的熔点、沸点和相对密度均比含相同碳原子数的链烃高。其物理性质递变规律与烷烃相似,即随着成环碳原子数的增加,熔点和沸点升高。一般在常温下小环为气体,普通环为液体,中环、大环为固体。常见环烷烃的物理常数见表 3-1。

表 3-1 常见环烷烃的物理常数

名称	熔点/℃	沸点/℃	相对密度(20 ℃)
环丙烷	−127.6	−33	0.720
环丁烷	−80	13	0.703
环戊烷	−94	49	0.746
甲基环戊烷环己烷	−142.4 6.5	71.8 81	0.747 0.778
甲基环己烷	−126.6	101	0.769
环庚烷	−12	118	0.810
环辛烷	14	149	0.830

3.1.3 脂环烃的化学性质

脂环烃的化学性质与相应的脂肪烃相似,环烷烃性质类似烷烃,环烯烃性质类似烯烃。但小环的环烷烃即环丙烷和环丁烷因结构上存在角张力,不稳定,从而具有某些不同于烷烃的反应活泼性,容易发生开环加成反应。因而从结构上考虑,环烷烃的环越稳定,化学性质就越像烷烃。

3.1.3.1 环烷烃的反应

(1)取代反应。环烷烃与烷烃一样,都是饱和烃。在光照或热的引发下环烷烃可发生自由基型的卤代反应,生成相应的卤代物。

(2)开环加成反应。环烷烃中的小环化合物,特别是环丙烷,在和一些试剂作用时容易发生环破裂而与试剂相结合,这些反应常称为开环加成反应。

①催化加氢。在催化剂的作用下,环烷烃可以与氢加成生成相应的烷烃,环越小,反应越容易进行。

从催化加氢的反应条件可以看出,环丙烷和环丁烷比较容易开环加成,它们由于存在环张力,都不太稳定,尤其是环丙烷。

②加卤素。环丙烷在常温下、环丁烷在加热的条件下,可与卤素发生加成反应。环戊烷以上的环烷烃与卤素发生取代反应而不发生加成反应。

$$\triangleright + Br_2/CCl_4 \longrightarrow BrCH_2CH_2CH_2Br$$

$$\square + Br_2/CCl_4 \xrightarrow{\triangle} BrCH_2CH_2CH_2CH_2Br$$

$$\left.\begin{array}{c}\pentagon\\\hexagon\end{array}\right\} + Br_2/CCl_4 \xrightarrow{\triangle} \text{发生取代反应,} \\ \text{不发生加成反应}$$

③加卤化氢。环丙烷及其取代物能与卤化氢加成,生成卤代开链烃化合物。对于取代的环丙烷化合物,键的断裂一般发生在含氢最多和含氢最少的两个碳之间。氢加在含氢最多的碳上,卤素加在含氢最少的碳上。环丁烷以上的环烷烃一般不与卤化氢进行加成反应。

$$\triangle + HBr \xrightarrow{\text{常温}} CH_3CH_2CH_2Br$$

$$\begin{array}{c}CH_3\\CH_3\end{array}\!\!-\!\overset{}{C}\!-\!CH\!-\!CH_3 + HBr \longrightarrow \begin{array}{c}CH_3\ CH_3\\\\CH_3-C-CH-CH_2\\\\Br\ \ \ \ H\end{array}$$

(3)氧化反应。在常温下环烷烃与一般的氧化剂(如 $KMnO_4$ 等)不发生反应,但在高温和催化剂的作用下,某些环烷烃可和强氧化剂或被空气氧化生成各种含氧化合物,产物因氧化反应条件不同而不同。

$$\hexagon \xrightarrow[160\sim170\ ℃,1\ MPa]{\text{环烷酸钴}} \hexagon\!\!-\!OH + \hexagon\!\!=\!O$$

$$\hexagon \xrightarrow[\text{加热}]{HNO_3} \begin{array}{c}CH_2CH_2COOH\\\\CH_2CH_2COOH\end{array}$$

综上所述,环烷烃的性质存在以下规律:小环烷烃易加成,难氧化,似烯;常见环以上的环烷烃难加成,难氧化,易取代,似烷。

3.1.3.2 环烯烃和环二烯烃的反应

环烯烃、共轭环二烯烃,各自具有其相应烯烃的通性。

(1)环烯烃的加成反应。环烯烃同烯烃一样,不饱和碳碳键容易发生加氢、加卤素、加卤化氢、加硫酸等反应。

$$\hexagon + Br_2/CCl_4 \longrightarrow \overset{H\ Br}{\underset{BrH}{\hexagon}}$$

$$\underset{CH_3}{\hexagon} + HBr \longrightarrow \underset{CH_3}{\hexagon}\!\!-\!Br$$

(2)环烯烃的氧化反应。环烯烃中的不饱和碳碳键容易被高锰酸钾、臭氧等氧化断裂生成开链的氧化产物。

$$\text{CH}_3\text{-} \xrightarrow{\text{H}^+/\text{KMnO}_4} \text{HOOCCH}_2\text{CH}_2\text{CH}_2\text{CHCOOH}$$
$$\underset{\text{CH}_3}{|}$$

$$\xrightarrow{\text{O}_3\ \text{Zn/H}_2\text{O}} \text{H}_3\text{C-}\overset{\text{O}}{\underset{\|}{\text{C}}}\text{-CH}_2\text{CH}_2\text{CH}_2\text{CHO}$$

（3）共轭环二烯烃的双烯合成反应。具有共轭双键的环二烯烃具有共轭二烯烃的一般性质，能与某些不饱和化合物发生双烯合成反应。

环戊二烯的双烯合成反应，是合成含有六元环的双环化合物的好方法。

环戊二烯在常温下能聚合成二聚环戊二烯，这是两分子环戊二烯之间发生了双烯合成的结果。一分子环戊二烯作为双烯体，另一分子则作为亲双烯体参加了反应。二聚环戊二烯受热又分解成环戊二烯。

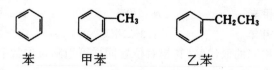

3.2　芳香烃

芳香烃简称芳烃，是芳香族化合物的母体。"芳香"两字的来源是由于最初从天然香树脂、香精油中提取的一些物质具有芳香气味，于是把这类化合物定名为"芳香"族化合物。后来发现芳香族化合物多数具有苯环结构，因而把含苯环的化合物称为芳香族化合物。实际上许多芳香族化合物并没有香气，有的还具有令人不愉快的臭气，所以"芳香"两字早已失去原来的涵义。

3.2.1　芳香烃的分类、命名和结构

3.2.1.1　芳香烃的分类

根据是否含有苯环以及所含苯环的数目和连接方式的不同，芳香烃分为如下几类。

（1）单环芳烃。单环芳烃是指分子中只包含一个苯环的烃类化合物。

苯　　　甲苯　　　　乙苯

（2）多环芳烃。多环芳烃是指分子中包含两个或两个以上独立苯环的烃类化合物。

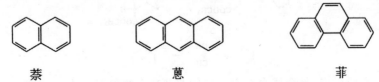

联苯　　　　　　　　　　　　三苯甲烷

（3）稠环芳烃。稠环芳烃是指分子中含有由两个或两个以上的苯环彼此间通过共用两个相邻的碳原子稠合而成的烃类化合物。

萘　　　　　　　　　　蒽　　　　　　　　　　菲

（4）非苯芳烃。分子中不包含苯环，但具有芳香性的烃类化合物称为非苯芳烃，非苯芳烃主要是一些芳香离子和轮烯类化合物。

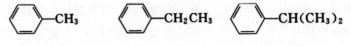

环戊二烯负离子　　环庚三烯正离子　　　　　薁

3.2.1.2　单环芳香烃的命名

苯是最简单的单环芳烃。单环芳烃包括苯、苯的同系物和苯基取代的不饱和烃。

苯是单环芳香烃的母体，苯分子中氢原子被烃基取代的衍生物就是苯的同系物。其通式为：$C_nH_{2n-6}(n \geqslant 6)$。

苯的同系物命名是以苯为母体，烷基作取代基，称为"某苯"。

　　　　　—CH₃　　　　　　—CH₂CH₃　　　　　—CH(CH₃)₂

甲苯　　　　　　　　　乙苯　　　　　　　　　异丙苯

如果苯环上有两个取代基，应使环上取代基的位次较小，用阿拉伯数字表示取代基的相对位置。取代基相同时，也可用邻（o）、间（m）、对（p）等表示。

邻二甲苯　　　　　　　间二甲苯　　　　　　　对二甲苯

o-二甲苯　　　　　　　m-二甲苯　　　　　　　p-二甲苯

1,2-二甲苯　　　　　　1,3-二甲苯　　　　　　1,4-二甲苯

如果苯环上有三个相同的取代基，其相对位置同样可用阿拉伯数字表示，也可用连、偏、均

等表示。

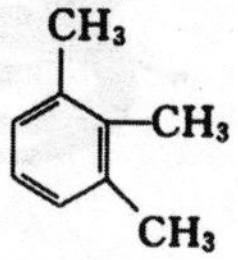

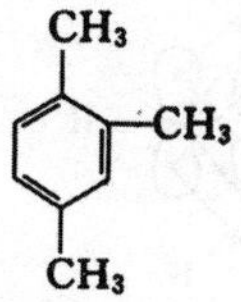

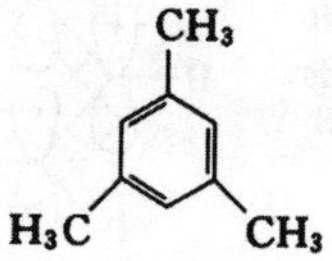

连三甲苯
1,2,3-三甲苯

偏三甲苯
1,2,4-三甲苯

均三甲苯
1,3,5-三甲苯

结构复杂或支链带有不饱和基团的芳香烃,可以把链烃作为母体,苯环视为取代基来命名。

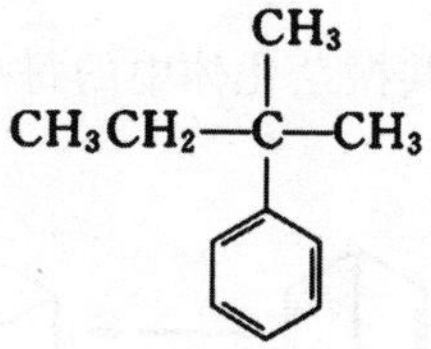

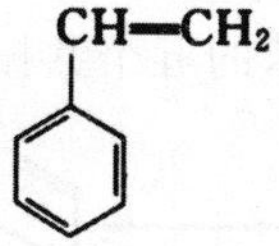

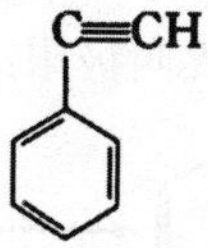

2-甲基-2-苯基丁烷

苯乙烯

苯乙炔

芳烃上去掉一个氢原子后剩下的基团叫芳基,常用—Ar 表示。常见的芳烃基有苯基、苯甲基。

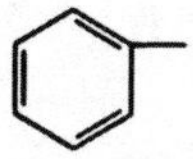

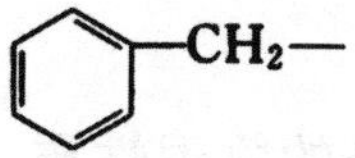

或 C_6H_5—

苯基

苯甲基(苄基)

3.2.1.3 苯的结构

苯是最简单的芳香烃,其分子式为 C_6H_6。从苯分子中碳与氢的比例 1∶1 来看,苯是一个高度不饱和的化合物。但实际上苯极为稳定,难进行加成反应,不易被氧化,不使高锰酸钾溶液退色,而容易发生取代反应。可见苯的性质与不饱和烃有很大的差别。

价键理论认为,苯分子中 12 个原子共平面,其中六个碳原子均采取 sp^2 杂化,每个碳原子上还剩下一个与 σ 平面垂直的 p 轨道,相互之间以肩并肩重叠形成 π_6^6 大 π 键。处于 π_6^6 大 π 键中的 π 电子高度离域,电子云完全平均化,像两个救生圈分布在苯分子平面的上下侧,在结构中并无单双键之分,是一个闭合的共轭体系,其共轭能为 150.6 kJ/mol,这个共轭体系很稳定,能量低,不易开环(即不易发生加成、氧化反应)。

苯分子为一个完全对称分子,所有 C—C 键长都是 0.140 nm,所有的键角都是 120°。苯分子的价键理论成键情况如下:

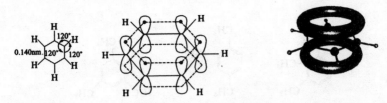

苯分子p轨道大π键（π_6^6）示意图　　苯分子p轨道大π键（π_6^6）电子云示意图

目前尚未有表现苯分子真实结构的表达式，一般都用如下两个结构式表示：

共振论认为，苯的结构是多个经典结构的共振杂化体，共振杂化体中的每一个结构式被称为共振结构式（或叫极限结构式），苯的五个共振结构式如下：

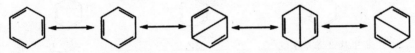

苯的真实结构不是上述结构中的任何一个，而是这些极限结构的共振杂化体。由于共振论认为一个分子的共振结构式越多，越稳定。苯分子有多达五个共振结构式，所以苯环是很稳定的。

3.2.2　单环芳烃的物理性质

苯及其低级同系物都是无色液体，不溶于水，而易溶于石油醚、醇、醚等有机溶剂。芳烃燃烧时产生带黑烟的火焰。苯及其同系物有毒，尤其是苯，长期吸入它的蒸气，会引起肝的损伤，损坏造血器官及中枢神经系统，并能导致白血病。甲苯也对中枢神经系统有抑制作用。表 3-2 列出了常见单环芳烃的物理常数。

表 3-2　常见芳烃的物理常数

名称	熔点/℃	沸点/℃	相对密度
苯	5.5	80.1	0.879
甲苯	−95	110.6	0.867
邻二甲苯	−25.2	144.4	0.880
间二甲苯	−47.9	139.1	0.864
对二甲苯	13.2	138.4	0.861
乙苯	−95	136.3	0.867
正丙苯	−99.6	159.3	0.862

名称	熔点/℃	沸点/℃	相对密度
异丙苯	−96	152.4	0.862
连三甲苯	−25.4	176.1	0.894
偏三甲苯	−43.8	169.4	0.876
均三甲苯	−44.7	164.7	0.864
苯乙烯	−30.6	145.2	0.906
苯乙炔	−44.8	142.4	0.928

3.2.3 单环芳烃的化学性质

由于苯环大 π 键的高度离域,使得苯环非常稳定,一般不易进行加成反应,也难起氧化反应,而容易发生取代反应。苯环的这种特殊性质称为芳香性,它是芳香族化合物的共性。

3.2.3.1 亲电取代反应

(1)卤代反应。在铁粉或三卤化铁的催化下,苯与卤素作用生成卤代苯。由于氟代反应太剧烈不易控制,而碘不活泼难以反应,所以苯的卤代反应通常是氯代和溴代。

$$+Cl_2 \xrightarrow[55\sim60℃]{FeCl_3} \text{—Cl} + HCl$$

甲苯发生卤代反应较苯容易,生成邻位和对位卤代产物。

$$\text{（甲苯）} +Cl_2 \xrightarrow{FeCl_3} \text{（邻氯甲苯）} + \text{（对氯甲苯）} + HCl$$

烷基苯的卤代反应条件不同,获得的产物则不同。在光照或加热的条件下,卤代反应发生在侧链上。

$$\text{CH}_3\text{—} +Cl_2 \xrightarrow{\text{光照}} \text{CH}_2\text{Cl—} + HCl$$

$$\text{CH}_2\text{CH}_3\text{—} +Cl_2 \xrightarrow{\text{光照}} \text{CHClCH}_3\text{—} + HCl$$

(2)硝化反应。有机化合物分子中的氢原子被硝基(—NO₂)取代的反应称为硝化反应。

苯与浓硝酸及浓硫酸的混合物(混酸)共热后,苯环上的氢原子被硝基取代,生成硝基苯。在此反应中,浓硫酸除了起催化作用外,还是脱水剂。

$$\text{苯} + HO-NO_2(\text{浓}) \xrightarrow[50\sim60℃]{\text{浓 } H_2SO_4} \text{苯}-NO_2 + H_2O$$

硝基苯不易继续硝化,若增加硝酸的浓度,并提高反应温度,可得间二硝基苯。

$$\text{苯}-NO_2 + HNO_3(\text{发烟}) \xrightarrow[100℃]{\text{浓 } H_2SO_4} \text{间二硝基苯} + H_2O$$

显然,当苯环上带有硝基时,再引入第二个硝基到苯环上就比较困难。或者说,硝基苯进行硝化反应比苯要难。此外,第二个硝基主要是进入苯环上原有硝基的间位。

烷基苯的硝化反应比苯容易进行。例如甲苯在 30 ℃ 就可以反应,主要生成邻硝基甲苯和对硝基甲苯。

$$\text{甲苯} + HNO_3(\text{浓}) \xrightarrow[30℃]{\text{浓 } H_2SO_4} \text{邻硝基甲苯} + \text{对硝基甲苯} + H_2O$$

邻硝基甲苯（58%）　　　　对硝基甲苯（38%）

(3)磺化反应。苯与浓硫酸共热,苯环上的氢原子被磺酸基（—SO_3H）取代,生成苯磺酸的反应称为磺化反应。

$$\text{苯磺酸} + H_2SO_4 \cdot SO_3 \xrightarrow{200\sim220℃} \text{间苯二磺酸}$$

苯磺酸是强酸性有机化合物,易溶于水。在药物合成中通常利用此特性在药物中引入磺酸基以增大其水溶性。苯磺酸的进一步磺化比较困难,需要在高温下进行,主要产物为间位取代物。

$$\text{苯磺酸} + H_2SO_4 \cdot SO_3 \xrightarrow{200\sim220℃} \text{间苯二磺酸}$$

而甲苯的磺化比苯容易得多,主要产物是邻、对位取代产物。

$$\text{甲苯} + 2H_2SO_4 \longrightarrow \text{邻甲苯磺酸} + \text{对甲苯磺酸} + 2H_2O$$

(4)傅-克反应。1877 年法国化学家傅列德尔(C. Friede)和美国化学家克拉夫茨(J. M. Crafts)发现了制备烷基苯和芳酮的反应,简称为傅-克(F-C)反应。前者称为傅-克烷基化反应,后者称为傅-克酰基化反应。

①烷基化反应。凡在有机化合物分子中引入烷基的反应,称为烷基化反应。反应中提供烷基的试剂叫做烷基化剂,它可以是卤代烷、烯烃和醇。芳烃与烷基化剂在催化剂作用下,芳

环上的氢原子可被烷基取代。

$$\text{（苯）} + C_2H_5Br \xrightarrow{AlCl_3} \text{（苯—}C_2H_5\text{）} + HBr$$

$$\text{（苯）} + CH_2\!=\!CH_2 \xrightarrow{AlCl_3} \text{（苯—}C_2H_5\text{）}$$

当烷基化剂含有 3 个或 3 个以上碳原子的直链烷基时,容易获得碳链异构化产物。

$$\text{（苯）} + CH_3CH_2CH_2Cl \xrightarrow{AlCl_3} \text{（苯—}\underset{\overset{|}{CH_3}}{CHCH_3}\text{）} + HCl$$

在烷基化反应中,当苯环上引入 1 个烷基后,反应可继续进行,得多烷基取代物。只有当苯过量时,才以一元取代物为主。但当苯环上已有硝基等吸电子基团时,苯的烷基化反应不再发生。

芳烃的烷基化反应传统上使用的催化剂是无水氯化铝,但由于氯化铝在使用时还需加入盐酸作助催化剂,腐蚀性较大,目前使用了一些固体催化剂,如分子筛、离子交换树脂等。此外 $FeCl_3$、$SnCl_4$、$ZnCl_2$、BF_3、HF、H_2SO_4 等均可作为该反应的催化剂。

②酰基化反应。凡在有机化合物分子中引入酰基($R\!-\!\overset{\displaystyle O}{\underset{|}{C}}$)的反应,称为酰基化反应。反应中提供酰基的试剂叫作酰基化剂,常用的酰基化剂主要是酰卤和酸酐。

$$\text{（苯）} + CH_3\overset{O}{\underset{|}{C}}Cl \xrightarrow{AlCl_3} \text{（苯—}\overset{}{\underset{O}{C}}CH_3\text{）} + HCl$$
$$\text{苯乙酮}$$

$$\text{（苯—}CH_3\text{）} + \overset{CH_3\overset{O}{C}}{\underset{CH_3\underset{O}{C}}{O}} \xrightarrow{AlCl_3} CH_3\!-\!\text{（苯）}\!-\!\overset{}{\underset{O}{C}}CH_3 + CH_3COOH$$
$$\text{甲基对甲苯基酮}$$

酰基化反应不能生成多元取代物,也不发生异构化。当苯环上已有硝基等吸电子基团时,酰基化反应也不能发生。所以硝基苯是傅-克反应很好的溶剂。

(5)氯甲基化反应。在无水氯化锌的存在下,芳烃与甲醛和氯化氢作用,苯环上的一个氢被氯甲基取代(—CH_2Cl),这个反应称为氯甲基化反应。在氯甲基化反应中通常是用三聚甲醛来代替甲醛。

$$\text{（苯）} + (CH_2O)_3 + HCl \xrightarrow[60℃]{\text{无水 } ZnCl_2} \text{（苯—}CH_2Cl\text{）} + H_2O$$
$$\text{三聚甲醛} \qquad\qquad \text{氯化苄}$$

当苯环上连有推电子基团时,氯甲基化反应效果较好,当苯环上连有强吸电子基团时,氯甲基化反应效果很差,甚至不发生反应。

3.2.3.2 加成反应

由于苯环具有特殊的稳定性,难以发生加成反应。只有在特殊的条件下(如光照、高温、高压、催化剂等)才能发生加成反应。与烯烃相比,苯不易发生加成反应。但在高温、高压等特殊条件下也能与氢气、氯气等物质加成,分别生成环己烷、六氯环己烷等。

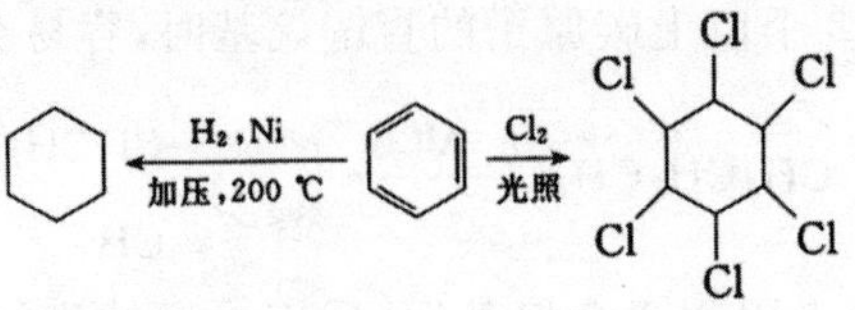

环己烷　　　　　　　六氯环己烷

六氯环己烷俗称"六六六",曾是一种杀虫剂,由于不易分解、残存毒性大、污染环境,现已禁用。

3.2.3.3 氧化反应

(1)苯环的氧化。通常情况下,苯环很难被氧化,只有在高温和特殊催化剂的存在下才能发生苯环被破坏的氧化反应。例如,在高温和五氧化二钒作催化剂的条件下,苯可以被空气中的氧氧化成顺丁烯二酸酐(也叫马来酸酐)。

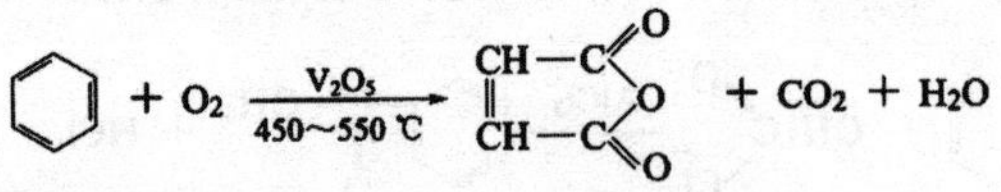

顺丁烯二酸酐(马来酸酐)

(2)侧链的氧化。对于侧链含有 α-氢原子的芳烃,由于 α-氢原子受苯环影响比较活泼,因此烷基苯比苯容易被氧化,且通常是烷基被氧化,苯环则比较稳定。反应条件不同,产物也不同。在强氧化剂如 $KMnO_4$、$K_2Cr_2O_7$、HNO_3 的氧化下,或在催化剂的作用下,用空气或氧气氧化,含 α-H 原子的烷基被氧化成羧基,而且不论烷基的碳链长短,一般都生成苯甲酸。若含有两个侧链,则较长的侧链先被氧化;若芳环与烷基的叔碳原子相连,则此烷基不被氧化,而被氧化的是苯环。

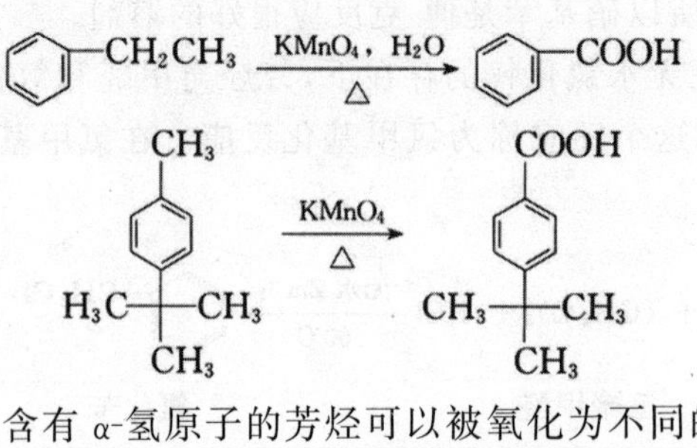

在较弱的氧化条件下,含有 α-氢原子的芳烃可以被氧化为不同的化合物。

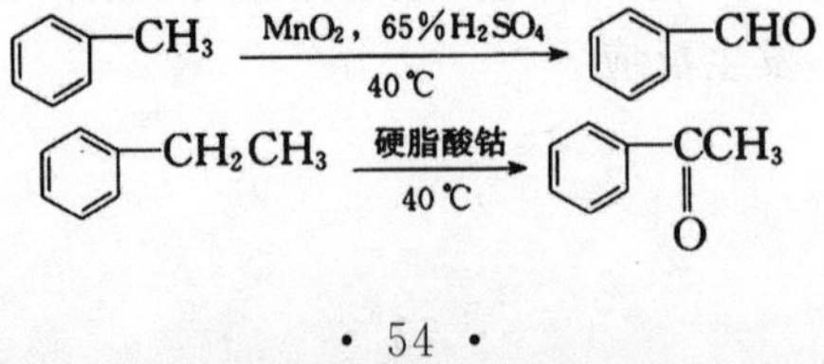

异丙苯在碱性条件下,很容易被空气氧化生成氢过氧化异丙苯,后者在稀酸作用下,分解为苯酚和丙酮。

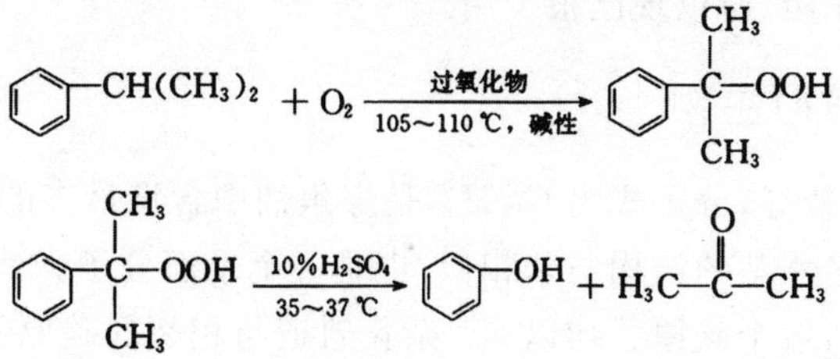

当两个烷基处于邻位时氧化的最终产物是酸酐。

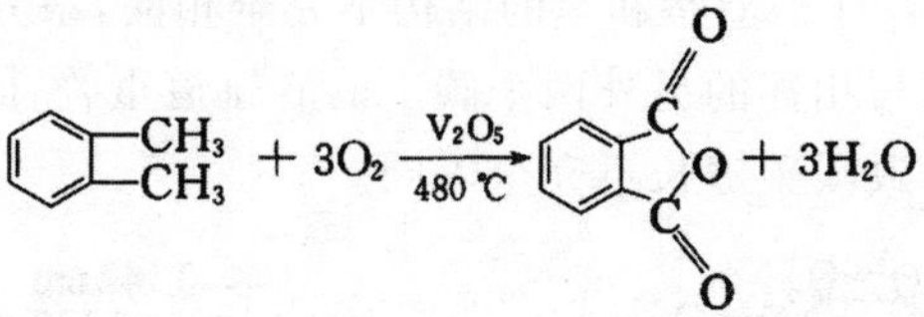

此外,烷基苯的烷基也可进行脱氢反应。

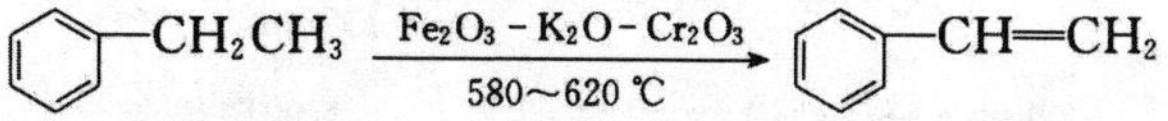

苯乙烯主要用于制造树脂、塑料及合成橡胶等,因此,此反应常用于工业上制备苯乙烯。

3.2.4 多环芳烃和稠环芳烃

3.2.4.1 联苯及其衍生物

分子中含有两个苯环或多个苯环以环上一个碳原子直接相连而成芳烃。命名时以"联"作为词头,用中文字一、二、三等表示所连苯环的数目称为联×苯。如有必要,需标明单键所在位置。

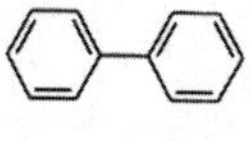

联二苯 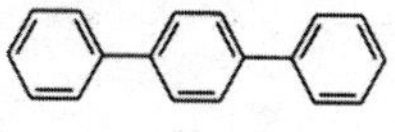　　　　　对联三苯 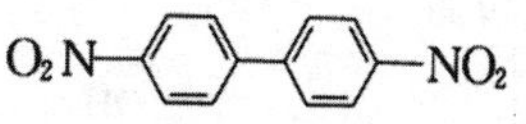　　　　　4,4'-二硝基联苯

联苯为无色晶体,熔点为70 ℃,沸点为254 ℃,不溶于水而溶于有机溶剂。联苯的化学性质与苯相似,进行亲电取代反应时,由于苯基是邻、对位定位基,因此,主要生成对位产物,同时也有少量的邻位产物生成。以联苯硝化为例。

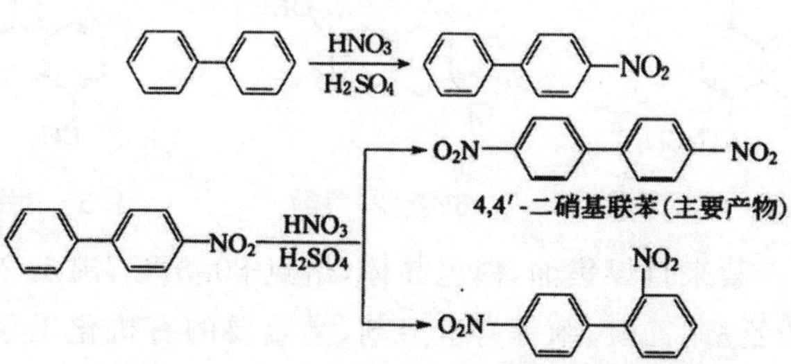

4,4'-二硝基联苯(主要产物)

2,4'-二硝基联苯

联苯最重要的衍生物是 4,4'-二氨基联苯,也称联苯胺。可由 4,4'-二硝基联苯还原得到。联苯胺是无色晶体,熔点 127 ℃。它曾是许多合成染料的中间体,由于该化合物对人体有较大的毒性,且可能有致癌作用,所以现已很少用。

3.2.4.2 萘及其衍生物

萘是最简单的稠环芳烃,分子式为 $C_{10}H_8$,是煤焦油中含量最多的化合物,约占 6%。

(1)萘的结构和命名。萘的结构与苯相似,也是一个平面分子。萘分子中所有的碳原子和氢原子都在同一个平面,每个碳原子均以 sp^2 杂化轨道与相邻的碳原子形成碳碳 σ 键,每个碳原子还有一个未参与杂化的 p 轨道,这些对称轴平行的 p 轨道侧面重叠形成一个闭合共轭大 π 键,因此和苯一样具有芳香性。但萘和苯的结构不完全相同,萘分子中两个共用碳上的 p 轨道除了彼此重叠外,还分别与相邻的另外两个碳上的 p 轨道重叠,因此闭合大 π 键的电子云在萘环上不是均匀分布的,导致碳碳键长不完全等同。

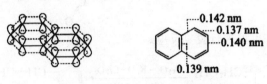

萘的 π 分子轨道   萘的键长

萘分子中不仅各个键的键长不同,各碳原子的位置也不完全相同,其中 1、4、5、8 四个碳原子的位置是等同的,称为 α-位;2、3、6、7 四个碳原子的位置也是等同的,称为 β-位。因此萘的一元取代物有两种:α-取代物(1-取代物)和 β-取代物(2-取代物)。

萘的一元取代物可用 α、β 来命名;二元或多元取代物的异构体很多,必须用阿拉伯数字标明取代基的位置。

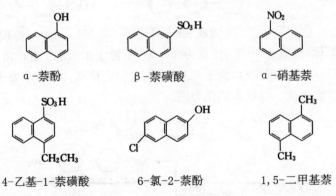

α-萘酚   β-萘磺酸   α-硝基萘

4-乙基-1-萘磺酸   6-氯-2-萘酚   1,5-二甲基萘

(2)萘的物理性质。萘来自煤焦油,白色晶体,熔点 80.5 ℃,沸点 218 ℃,有特殊气味,易升华,不溶于水,易溶于乙醇、乙醚、苯等有机溶剂,是重要的有机化工原料。过去曾用它做卫生球以防衣物虫蛀,因毒性大现已禁止使用。

（3）萘的化学性质。萘的化学性质活泼，容易发生亲电取代反应、氧化反应和还原反应。

1）亲电取代反应。萘能发生卤代、硝化、磺化和傅-克酰基化等亲电取代反应。

①卤代反应。由于萘分子中 α 碳的电子云密度大于 β 碳，因此，萘环上的亲电取代反应总是首先发生在 α 位，得到 α-取代物。例如，在三氯化铁的存在下，将氯气通入萘的溶液中，得到 α-氯萘。

②硝化反应。萘的 α 位硝化反应比苯的硝化反应要快几百倍，用混酸硝化萘，在室温下即可进行，主要得到 α-硝基萘。

③磺化反应。萘的磺化反应与苯相似也是一个可逆反应，低温磺化时，主要生成 α-萘磺酸，高温磺化主要生成 β-萘磺酸。

这是因为 α 位磺化的活化能低，较易进行，但 β-萘磺酸的稳定性好。在高温下稳定性较差的。α-萘磺酸也可以经可逆反应转变成稳定性好的 β-萘磺酸。由于磺酸基容易被其他的基团取代，所以高温磺化制备 β-萘磺酸可以用来当作制备某些萘的 β-取代物的桥梁。

α-萘磺酸，相邻基团空间拥挤　　　　β-萘磺酸，相邻基团相互.
相互作用大，稳定性小　　　　　　　作用小，稳定性号

④傅-克酰基化反应。萘环发生烷基化反应生成多取代产物。酰基化产物可以控制为单取代产物。傅-克酰基化反应在非极性溶液中进行，产物以 α 位取代产物为主，但难以与 β 位取代产物分离。

在极性溶剂中，产物以 β 位取代产物为主。

2)氧化反应。萘比苯容易被氧化,不同条件下,得到不同的氧化产物。例如,在低温下用弱氧化剂氧化得 1,4-萘醌。若在强烈条件下氧化,则一个环破裂,生成邻苯二甲酸酐,这是工业上生产邻苯二甲酸酐的一种方法。

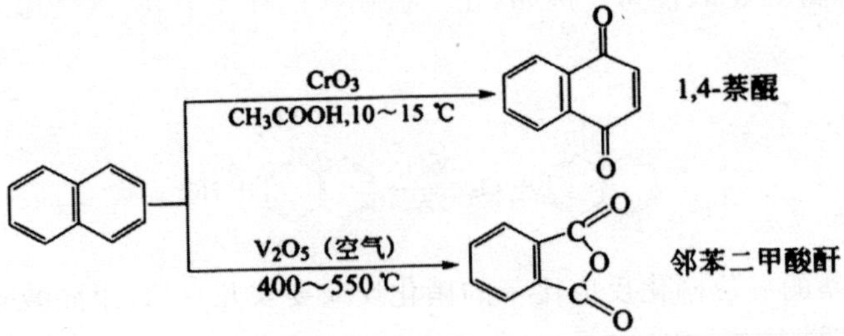

3)还原反应。萘的还原反应可以在金属钠和醇的共同作用下实现,也可以通过催化加氢的方法实现。

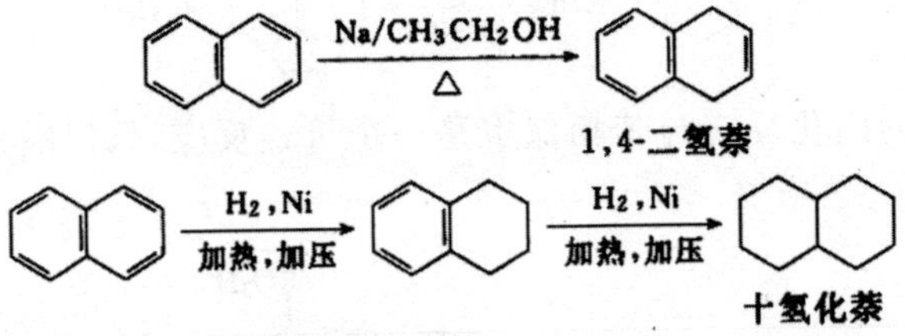

3.2.4.3 蒽和菲

蒽和菲都是由 3 个苯环稠合而成的稠环芳烃。其中,蒽的 3 个苯环直线稠合排列,菲的 3 个苯环角式稠合排列。两者的分子式均为 $C_{14}H_{10}$,互为同分异构体。它们的构造式及分子中碳原子的编号如下:

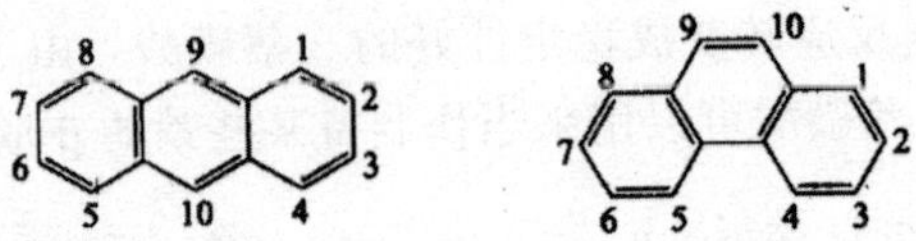

在蒽分子中,1,4,5,8 四个位置相等,称为 α 位;2,3,6,7 四个位置相等,称为 β 位;9,10 两个位置相等,称为 γ 位(或中位)。因此,蒽的一元取代物有 3 种。在 3 个位置中,γ 位比 α 位和 β 位都活泼,所以反应通常发生在 γ 位。在菲分子中有 5 对相互对应的位置,即 1 与 8,2 与 7,3 与 6,4 与 5,9 与 10,因此,菲的一元取代物有 5 种异构体。其中 9,10 位比较活泼。

蒽为白色晶体,具有蓝色的荧光,熔点为 216 ℃,沸点为 340 ℃。它不溶于水,难溶于乙醇和乙醚,能溶于苯。菲是白色片状晶体,熔点为 100 ℃,沸点为 340 ℃,易溶于苯和乙醚,溶液呈蓝色荧光。

蒽和菲的芳香性都比萘差,所以蒽和菲的化学性质比萘更活泼。对于蒽和菲来说,无论是取代反应、氧化反应还是还原反应,通常都发生在 9、10 位,这样在产物中可以保留两个完整的苯环,所得产物的稳定性最大。

蒽还可以作为双烯体,发生狄尔斯-阿尔德(Diels-Alder)反应。

3.2.5 非苯香烃

非苯芳烃是指分子中不含苯环,而且有一定程度芳香性的碳氢化合物。这些分子都具有环状平面结构和闭合共轭离域大π键,构成环状结构的化学键的键长趋于平均化,分子的稳定性较高,容易发生亲电取代反应而难以发生氧化反应和加成反应,自提出芳香性的概念以来,人们对芳香性的属性及评价标准做了大量的工作,特别应该提出的是休克尔(E. Hückel)的工作。

3.2.5.1 休克尔规则

休克尔规则也称 $4n+2$ 规则。1931 年,德国化学家休克尔利用量子力学的简化分子轨道法(HMO)计算单环交替多烯体系的 π 电子能级分布时,发现含有 $4n+2$ 个 π 电子的体系其价电子全部填充在成键的分子轨道中,并且刚好填满形成了闭壳层结构,这样的体系具有一定的稳定性,性质与苯的相似,称之为芳香体系;含有不是 $4n+2$ 个 π 电子的体系,π 电子除了填充在成键轨道外,有的还填充在非键轨道和反键轨道上,因此体系不够稳定,性质似链状多烯的,不具有芳香性,称之为非芳香体系。因此,休克尔提出了芳香体系的规则,即 $4n+2$ 规则($n=0,1,2,3,\cdots$)。

这个规则可概括地描述为:环状交替多烯化合物分子中,环上 π 电子数符合 $4n+2$ 通式,可望是芳香体系,此体系具有一定的芳香性。也就是说,单环多烯烃要有芳香性,必须满足三个条件:①成环原子共平面或接近于平面,平面扭转不大于 0.1 nm;②环状闭合共轭体系;③环上 π 电子数为 $4n+2(n=0,1,2,3,\cdots)$。这就是所谓的休克尔规则。

3.2.5.2　重要的非苯芳烃

(1)轮烯。通常将 $n\geqslant10$ 的单环共轭多烯(C_nH_n)称为轮烯。命名时将成环碳原子的数目写在方括号中,如[10]轮烯、[14]轮烯、[18]轮烯。

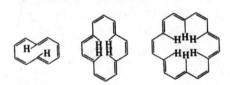

[10]轮烯　　　[14]轮烯　　　[18]轮烯

上述轮烯的 π 电子数都符合 $4n+2$ 规则,但并不都具有芳香性。这是因为[10]轮烯和[14]轮烯的环比较小,环内氢原子之间距离近,相互干扰作用大,这样就使环碳原子不能处于同一平面上,破坏了共轭体系,所以[10]轮烯和[14]轮烯没有芳香性。[18]轮烯的环比较大,环内氢原子之间排斥作用小,整个分子基本上处于同一平面上,所以[18]轮烯有芳香性。

和环辛四烯相似,[16]轮烯和[20]轮烯的 π 电子数也是 $4n$ 个,也是非平面分子,因而都是非芳香性化合物。

(2)芳香离子。有些环状烃类化合物虽然没有芳香性,但在某些条件下转变成离子(正离子或负离子)后就显示出芳香性。通常将一种物质转变成芳香离子的反应是较容易发生的。环丙基正离子、环丁二烯二价负离子和二价正离子、环辛四烯二价负离子、环庚三烯正离子、环戊二烯负离子等为一些常见芳香离子。

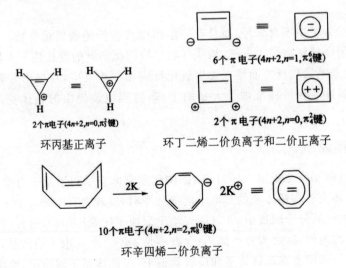

6个 π 电子($4n+2,n=1,\pi_6^6$ 键)

2个 π 电子($4n+2,n=0,\pi_3^2$ 键)

环丙基正离子

2个 π 电子($4n+2,n=0,\pi_4^2$ 键)

环丁二烯二价负离子和二价正离子

10个 π 电子($4n+2,n=2,\pi_8^{10}$ 键)

环辛四烯二价负离子

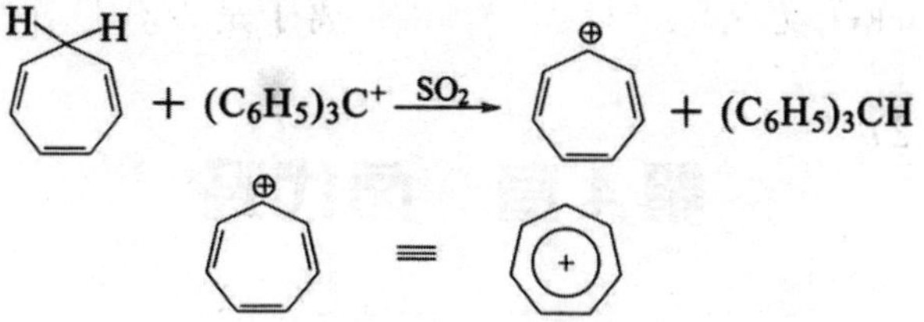

6个 π 电子($4n+2, n=1, \pi_7^6$ 键)

环庚三烯正离子

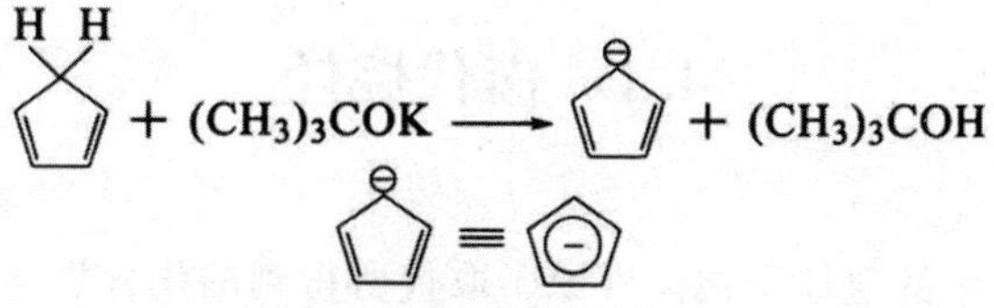

6个 π 电子($4n+2, n=1, \pi_5^6$ 键)

环戊二烯负离子

(3)并联环系。与苯相似,萘、蒽、菲等稠环芳烃的成环碳原子都在同一平面上,且 π 电子数都符合休克尔 $4n+2$ 规则,具有芳香性。虽然萘、蒽、菲是稠环芳烃,但构成环的碳原子都处在最外层的环上,可以看成是单环共轭多烯,故可用休克尔规则来判断其芳香性。

对于非苯系的稠环化合物,也可考虑其成环原子外围 π 电子,运用休克尔规则判断其芳香性。蓝烃——薁,是萘的同分异构体,有一个五元环和一个七元环稠合而成,其成环原子的外围 π 电子数为 10,符合 $4n+2$ 规则($n=2$),也具有芳香性。

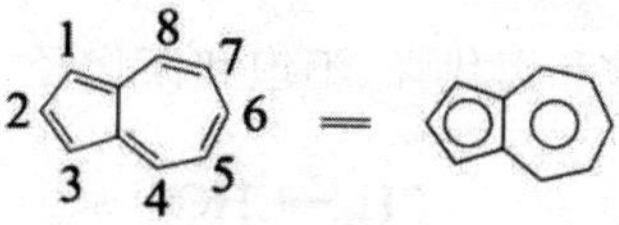

薁因为具有芳香性,也可以发生卤化、硝化等同苯类似的亲电取代反应。由于薁的五元环具有较高的电子云密度,因此它不仅比较活泼,而且亲电取代反应主要发生在五元环的 1 位和 3 位上。

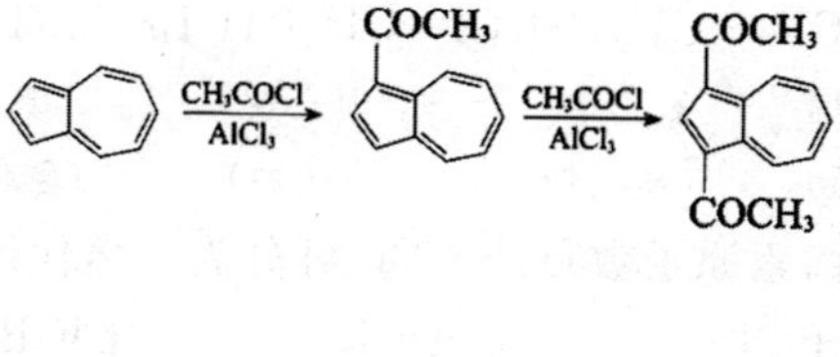

第4章 卤代烃

4.1 卤代烷烃

卤代烃是指烃分子中的氢原子被卤素原子取代所得到的化合物。卤代烃的结构通式可用(Ar)R—X 表示，X 代表卤素原子，是卤代烃的官能团。卤代烃的性质比烃活泼得多，能发生多种化学反应，转化成其他类型的化合物。所以，烃分子中引入卤素原子，在有机合成中是非常有用的。自然界中极少存在含有卤素的化合物，它们主要分布于海洋生物中，而绝大多数是人工合成的。

4.1.1 卤代烃的分类和命名

4.1.1.1 卤代烃的分类

根据烃基结构的不同，分为饱和卤代烃、不饱和卤代烃、卤代芳烃。

$$CH_3-CH_2-Cl \qquad CH_2=CHCl \qquad$$

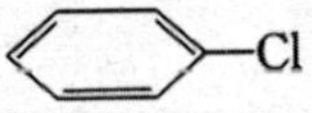

卤代烷　　　　　　　　　卤代烯烃　　　　　　　　　卤代芳烃

（饱和卤代烃）　　　　　　（不饱和卤代烃）

根据卤代烃分子中所含卤素原子的种类，可分为氟代烃、氯代烃、溴代烃和碘代烃。

$$CF_2=CF_2 \quad CH_3CH_2Cl \quad CH_3CH_2Br \quad CH_3CH_2I$$

四氟乙烯　　　　氯乙烯　　　　　溴乙烷　　　　碘乙烷

（氟代烃）　　　（氯代烃）　　　（溴代烃）　　　（碘代烃）

根据卤代烃分子中所含卤素原子数目的不同，可分为一卤代烃、二卤代烃和多卤代烃。

$$CH_3Cl \qquad\qquad CH_2Cl_2 \qquad\qquad CF_2Br_2$$

一卤代烃　　　　　　二卤代烃　　　　　　多卤代烃

根据卤代烃分子中与卤素原子相连的碳原子的种类，可将卤代烃分为伯卤代烃（1°卤代烃）、仲卤代烃（2°卤代烃）和叔卤代烃（3°卤代烃）。

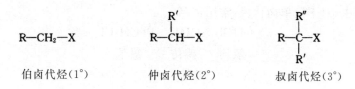

伯卤代烃(1°)　　　　仲卤代烃(2°)　　　　叔卤代烃(3°)

4.1.1.2　卤代烃的命名

(1)普通命名法。普通命名法是按与卤素原子相连的烃基的名称来命名的,称为"某基卤"的命名方法。该法常用于烃基结构较简单的卤代烃。

CH_3CH_2-Cl　　　　乙基氯

叔丁基氯

环戊基溴

也可在母体烃名称前面加上"卤代",称为"卤代某烃","代"字常省略。

氯代叔丁烷　　　　溴代异丙烷　　　　溴乙烯　　　　溴苯

多卤代烃有沿留下来的特殊名称。

$$CHX_3 \quad CHCl_3 \quad CHBr_3 \quad CHI_3 \quad CCl_4$$

卤仿　　　氯仿　　　溴仿　　　碘仿　　　四氯化碳

(2)系统命名法。复杂卤代烃的命名,采用系统命名法。命名卤代烷时选择含有卤素原子所连碳原子在内的最长碳链为主链,按取代基及卤素原子"序号和最小"原则给主链碳原子编号;当出现卤素原子与烷基的位次相同时,应给予烷基以较小的位次编号;不同卤素原子的位次相同时,给予原子序数较小的卤素原子以较小的编号。

$CH_3CHCH_2CH_2Cl$　　　$CH_3CH-CHCH_3$　　　$CH_3CH-CHCH_3$

3-甲基-1-氯丁烷　　　2-甲基-3-氯丁烷　　　2-氯-3-溴丁烷

不饱和卤代烃应选择含有不饱和键和卤素原子所连碳原子在内的最长碳链作为主链,编号时使不饱和键的位次最小。

$$CH_2=CH-CH_2CH_2Cl \qquad ClCH_2CH=CHCH_3$$

4-氯-1-丁烯　　　　　　　1-氯-2-丁烯

芳香卤代烃一般以芳香烃为母体,卤素原子作为取代基。

2-溴甲苯

在实际应用中,对于简单卤代烃,常用俗名。

$$CHCl_3 \quad CHI_3 \quad PhCH_2Cl$$

氯仿　　碘仿　　氯苄

4.1.2 卤代烃的物理性质

在常温常压下,除氯甲烷、溴甲烷、氯乙烷、氯乙烯为气体外,其余多为液体,高级或一些多元卤代烃为固体。多数卤代烃是无色的,但碘代烃见光易产生游离的碘而常带红棕色,因此储存需用棕色瓶并且要避光。不少卤代烃带香味,但其蒸气有毒,应防止吸入。

在卤素原子相同的同一系列的卤代烃中,沸点随着碳原子数的增加而升高。在烃基相同的一元卤代烷中,沸点的变化规律是:RI>RBr>RCl。在相同碳数的卤代烷中,与烷烃相似,支链愈多的卤代烷沸点愈低。此外,由于卤代烃中的 C—X 键有极性,因此其沸点比相对分子质量相近的烃要高。

卤代烃的相对密度是值得注意的物理性质。一氟代烃和一氯代烷烃的相对密度小于1,其余卤代烃的相对密度多数大于1。此外,在一卤代烷烃的同系列中,相对密度随着碳原子数的增加反而降低,这是由于卤素在分子中所占比例逐渐减小的缘故。

多数卤代烃分子难溶于水,而易溶于醇、醚、烃等有机溶剂中。氯代烷和氯代烯对多数有机物有很强的溶解性,而且有高蒸气密度(低挥发性)和理想的低沸点及低可燃性,因此是性能良好的有机溶剂,如 $CHCl_3$、CCl_4、$CHCl=CCl_2$ 等。

卤代烃有一定毒性,尤其是对肝脏。氯代烷和碘代烃的蒸气可通过皮肤吸收而对人体造成损害,所以应尽量避免这类化合物与人体的直接接触。

如果将卤代烃放在铜丝上灼烧,会出现绿色的火焰,可作为鉴别卤代烃的简单方法。常见卤代烃的物理常数见表 4-1。

表 4-1 常见卤代烃的物理常数

名称	结构式	熔点/℃	沸点/℃	相对密度 d_4^{20}
氯甲烷	CH_3Cl	−97.6	−23.76	0.920
溴甲烷	CH_3Br	−93	3.59	1.732
碘甲烷	CH_3I	−66.1	42.5	2.279
氯乙烷	C_2H_5Cl	−138.7	13.1	0.902 8
溴乙烷	C_2H_5Br	−119	38.4	1.461 2
碘乙烷	C_2H_5I	−111	72.3	1.933
1-氯丙烷	$CH_3CH_2CH_2Cl$	−123	46.4	0.890
1-溴丙烷	$CH_3CH_2CH_2Br$	−110	71.0	1.353
1-碘丙烷	$CH_3CH_2CH_2I$	−101	102.5	1.747
2-氯丙烷	$CH_3CHClCH_3$	−117.6	34.8	0.859 0

名称	结构式	熔点/℃	沸点/℃	相对密度 d_4^{20}
2-溴丙烷	$CH_3CHBrCH_3$	—	59.4	1.310
2-碘丙烷	CH_3CHICH_3	—	89.5	1.705
氯仿	$CHCl_3$	63.5	61.2	1.491 6
溴仿	$CHBr_3$	8.3	149.5	2.889 9
碘仿	CHI_3	119	在沸点升华	4.008
氯乙烯	$CH_2{=}CHCl$	−160	−13.9	0.912 1
溴乙烯	$CH_2{=}CHBr$	−138	15.8	1.517
3-氯丙烯	$CH_2{=}CHCH_2Cl$	−134.5	45.0	0.938 2
3-溴丙烯	$CH_2{=}CHCH_2Br$	−119	70.0	—
3-碘丙烯	$CH_2{=}CHCH_2I$	−99	102.0	1.848
氯苯	C_6H_5Cl	−45	132	1.106 4
溴苯	C_6H_5Br	−30.6	155.5	1.499
碘苯	C_6H_5I	−29	188.5	1.832
邻氯甲苯	$o\text{-}CH_3{-}C_6H_4Cl$	−36	159	1.081 7
邻溴甲苯	$o\text{-}CH_3{-}C_6H_4Br$	−26	182	1.422
邻碘甲苯	$o\text{-}CH_3{-}C_6H_4I$	—	211	1.697
间氯甲苯	$m\text{-}CH_3{-}C_6H_4Cl$	−48	162	1.072 2
间溴甲苯	$m\text{-}CH_3{-}C_6H_4Br$	−40	184	1.409 9
间碘甲苯	$m\text{-}CH_3{-}C_6H_4I$	—	204	1.698
对氯甲苯	$p\text{-}CH_3{-}C_6H_4Cl$	7	162	1.069 7
对溴甲苯	$p\text{-}CH_3{-}C_6H_4Br$	28	184	1.389 8
对碘甲苯	$p\text{-}CH_3{-}C_6H_4I$	35	211.5	—
苄基氯	$C_6H_5CH_2Cl$	−43	179.4	1.100

4.1.3 卤代烃的化学性质

卤代烃的化学性质主要是由官能团卤素原子决定的。由于卤素原子的电负性比碳原子强，C—X 键为极性共价键，容易断裂，所以卤代烃的化学性质比较活泼。在外界电场的影响下，C—X 键可以被极化，极化性强弱的顺序为 C—I＞C—Br＞C—Cl。极化性强的分子在外界条件影响下，更容易发生化学反应，所以卤代烃发生化学反应的活性顺序为：R—I＞R—Br＞R—Cl。

4.1.3.1 亲核取代反应

亲核取代反应是卤代烷的一类重要的反应。卤原子带部分负电荷,与卤原子相连的 α-碳原子带部分正电荷,这样,当亲核试剂(带未共用电子对或负电荷的试剂)进攻 α-碳原子时,卤素带着一对电子离去,进攻试剂就与 α-碳原子结合,发生亲核取代反应(nucleophilic substitution reaction),用 S_N 表示。

(1)水解反应。卤代烷与水作用,卤素原子被羟基取代生成醇,这个反应称为卤代烷的水解反应。在一般情况下卤素与水的反应速度很慢,并且是一个可逆反应,通常加入少量碱(如NaOH)来加快反应的进行。

$$R\!-\!X + HOH \rightleftharpoons ROH + HX$$
$$\underset{OH^-}{\big\lfloor} \rightarrow H_2O + X^-$$

加入碱后卤代烷的水解速度大大加快可解释为:加入碱后,OH^- 的浓度大大增加,OH^- 的亲核性比水大,OH^- 进攻卤代烷比水更有利,同时 OH^- 还能中和反应中生成的 HX,这也可使反应向生成醇的方向移动。

(2)醇解反应。卤代烷和醇反应生成醚,称为卤代烷的醇解反应。醇解反应和卤代烷水解反应相似,也是可逆反应,比较难进行。如果采用醇钠代替醇作为亲核试剂,醇为溶剂,则反应可以顺利进行。

$$RX + R'O^-Na^+ \xrightarrow[R'OH]{\Delta} R\!-\!O\!-\!R' + NaX$$
$$醚$$

$$CH_3CH_2CH_2CH_2Br + NaOCH_2\!-\!CH_3 \xrightarrow[C_2H_5OH]{\Delta} CH_3CH_2CH_2CH_2OCH_2CH_3 + NaBr$$
$$乙醇钠 \qquad\qquad 乙丁醚$$

该方法常用来制备醚,特别是制取 $R\!-\!O\!-\!R'$ 型醚,该方法更加方便。此方法称为威廉森(Williamson)合成法。采用本方法制备混醚时,一般都是用伯卤烷为原料。因为在强碱性条件下,仲卤烷和叔卤烷在反应过程中往往容易脱去卤化氢而生成烯烃。

$$CH_3\!-\!\underset{\underset{CH_3}{|}}{\overset{\overset{CH_3}{|}}{C}}\!-\!Cl + C_2H_5\!-\!ONa \xrightarrow{\Delta} CH_2\!=\!\underset{\underset{}{}}{\overset{\overset{CH_3}{|}}{C}}\!-\!CH_3 + C_2H_5OH + NaCl$$

在制备乙基叔丁基醚时,往往不用叔丁基氯和乙醇钠为原料,而是选用氯乙烷和叔丁醇钠为原料。

$$C_2H_5\!-\!Cl + Na\!-\!O\!-\!\underset{\underset{CH_3}{|}}{\overset{\overset{CH_3}{|}}{C}}\!-\!CH_3 \longrightarrow C_2H_5\!-\!O\!-\!\underset{\underset{CH_3}{|}}{\overset{\overset{CH_3}{|}}{C}}\!-\!CH_3 + NaCl$$

(3)氰解反应。伯或仲卤代烷与氰化钠(或氰化钾)在醇溶液中加热反应生成腈(RCN)。生成的腈比原来的卤代烷增加了一个碳原子,这是有机合成中增长碳链的重要方法之一。腈中的氰基(—CN)可以进一步转化为其他官能团,如羧基(—COOH)等。

$$R—X+NaCN \longrightarrow RCN+NaX$$

该反应中的 NaCN 是以 CN^- 负离子作为亲核试剂。叔卤代烷与氰化钠(或氰化钾)反应时,主要产物是烯烃。如叔丁基氯和氰化钠反应主要生成 2-甲基-1-丙烯。

$$\underset{\underset{CH_3}{|}}{\overset{\overset{CH_3}{|}}{H_3C—C—Cl}} \xrightarrow{NaCN} \underset{\underset{CH_3}{|}}{\overset{\overset{CH_2}{||}}{H_3C—C}} +HCl$$

氰化物是剧毒物质,使用时应注意安全,并严格遵守国家相关法律规定。

(4)氨解反应。卤代烷与氨作用,卤原子被氨基取代生成胺,称为卤代烷的氨解。

氨的亲核能力比水或醇强,可以和卤代烷作用生成伯胺,伯胺进一步和卤代烷反应生成仲胺,仲胺再和卤代烷作用生成叔胺,叔胺与卤代烷反应得到季铵盐,反应式如下。

$$RX \xrightarrow{NH_3} RNH_2 \xrightarrow{RX} R_2NH \xrightarrow{RX} R_3N \xrightarrow{RX} R_4N^+$$

卤代烷的氨解很难停留在一取代阶段,为了获得伯胺,可以采用卤代烷与过量的氨作用获得。

$$R—X+NH_3 \longrightarrow [RNH_2 \cdot HX] \xrightarrow{NH_3} RNH_2+NH_4X$$

(5)与硝酸银醇溶液反应。卤代烷和硝酸银的醇溶液反应,生成硝酸酯和卤化银沉淀,由于卤代烷不溶于水,所以用醇作溶剂。卤代烷与硝酸银醇溶液的反应常用于各类卤代烃的鉴别。

$$R—X+AgNO_3 \longrightarrow RONO_2+AgX\downarrow$$

其他类型的卤代烃与卤代烷一样也能反应,它们的反应活性不相同。实验表明,反应时各类卤代烃的活性次序为

$$R—I>R—Br>R—Cl$$

叔卤代烃>仲卤代烃>伯卤代烃>CH_3X

(6)亲核取代反应机理。用不同卤代烷进行碱性水解反应,其在动力学上的表现不同。如叔丁基溴水解速度只与叔丁基溴本身的浓度成正比,与碱(OH^-)的浓度无关,在动力学上称为一级反应;而溴甲烷碱性水解的速度不仅与自身浓度有关,还与碱(OH^-)的浓度有关,在动力学上称为二级反应。

$$\underset{\underset{CH_3}{|}}{\overset{\overset{CH_3}{|}}{CH_3—C—Br}}+NaOH \xrightarrow{H_2O} \underset{\underset{CH_3}{|}}{\overset{\overset{CH_3}{|}}{CH_3—C—OH}}+NaBr \quad v=K\left[\underset{\underset{CH_3}{|}}{\overset{\overset{CH_3}{|}}{CH_3—C—Br}}\right]$$

$$CH_3Br+NaOH \xrightarrow{H_2O} CH_3OH+NaBr \quad \boxed{v=K[CH_3Br][OH^-]}$$

为了解释这种现象,英国伦敦大学休斯(Hughes)和英果尔德(Ingold)教授通过研究在 20 世纪 30 年代指出,卤代烷的亲核取代反应是按两种历程进行的,即单分子亲核取代反应(简称 S_N1 反应)和双分子亲核取代反应(简称 S_N2 反应)。

①单分子亲核取代反应(S_N1)。实验证明,叔卤代烷在碱性溶液中水解反应的历程为 S_N1,反应分两步进行。下面介绍叔丁基溴的水解反应历程。

第一步:叔丁基溴的碳溴键发生异裂,生成叔丁基碳正离子和溴负离子,此步反应的反应

速率很慢。

$$(CH_3)_3C—Br \xrightarrow{慢} (CH_3)_3C^+ + Br^-$$

第二步:生成的叔丁基碳正离子很快地与进攻试剂结合生成叔丁醇。

$$(CH_3)_3C^+ —OH^- \xrightarrow{快} (CH_3)_3C—OH$$

该反应在动力学上属于一级反应,决定整个反应速率的是第一步,反应速率只与叔丁基溴的浓度有关,反应速率表达为:$v = k[(CH_3)_3CBr]$,所以称为单分子亲核取代反应。

S_N1 反应机理的特点如下:反应速率只与卤代烷的浓度有关,不受亲核试剂浓度的影响;反应分步进行;决定反应速率的一步中有活性中间体碳正离子生成。

不同结构的卤代烷按 S_N1 反应时的活性顺序为:叔卤代烷＞仲卤代烷＞伯卤代烷＞卤代甲烷。

②双分子亲核取代反应(S_N2)。实验证明,溴甲烷水解反应的机理为 S_N2,反应是一步完成的。

$$CH_3Br + OH^- \longrightarrow CH_3OH + Br^-$$

该反应动力学上属于二级反应,反应速率与溴甲烷和碱的浓度有关,反应速率表达式为 $v = k[CH_3Br][OH]^-$,所以称为双分子亲核取代反应。在该反应过程中,OH^- 从 Br 的背面进攻带部分正电荷的 α-碳原子,形成一个过渡状态。C—O 键逐渐形成,C—Br 键逐渐变弱:

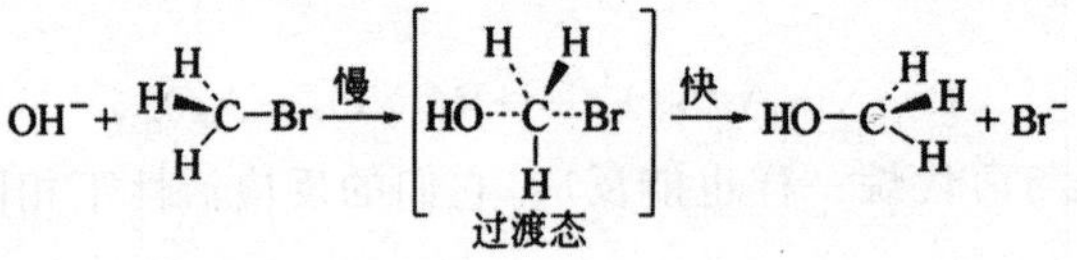

S_N2 反应机理的特点如下:反应速率与卤代烷及亲核试剂的浓度均有关;旧键的断裂与新键的形成同时进行,反应一步完成。

不同结构的卤代烷按 S_N2 反应时的活性顺序为:卤代甲烷＞伯卤代烷＞仲卤代烷＞叔卤代烷。

通常情况下,这两种机理总是同时并存,并相互竞争,只是在某一特定条件下哪个占优势的问题。一般伯卤代烷主要按 S_N2 机理进行,叔卤代烷主要按 S_N1 机理进行,仲卤代烷则可按两种机理进行。反应条件(催化剂、溶剂的极性及亲核试剂的亲核性等)的改变对反应机理都有一定的影响,甚至起决定性作用。例如,由于银离子的催化作用,使得所有卤代烃与 $AgNO_3$ 的反应均按 S_N1 机理进行。通常来说,强极性溶剂、亲核试剂的弱亲核性有利于 S_N1 反应;反之,有利于 S_N2 反应。例如,各种溴代烃与 KI/丙酮作用生成 RI 的反应均按 S_N2 机理进行。

4.1.3.2　消除反应

卤代烷分子中脱去一个小分子,同时形成不饱和键的反应称为消除反应,简称 E。脱去的小分子有 H_2O、NH_3、HX 等。

(1)脱卤化氢。含有 β-氢原子的卤代烷在强碱作用下,发生分子内消去一分子卤化氢,同时形成烯烃,由于这个反应是脱去卤原子和 β-氢原子,因此也叫做 β-消除反应。

$$R-\underset{\underset{H}{|}}{\overset{\beta}{C}H}-\underset{\underset{X}{|}}{\overset{\alpha}{C}H_2} + NaOH \xrightarrow{醇} R-CH=CH_2 + NaX + H_2O$$

β-消除反应活性：$(3°)R_3C-X>(2°)R_2CH-X>(1°)RCH_2-X$

当卤代烷分子中含有不同的 β-氢原子时，卤代烷消去卤化氢时，氢原子总是优先从含氢较少的 β-碳上脱去，得到双键上连有最多取代基的烯烃，这个经验规则叫 Saytzeff 规则。卤代烷在碱性条件下的消除反应都符合 Saytzeff 规则。

$$CH_3-\overset{\beta}{C}H-\underset{\underset{Br}{|}}{C}H-\overset{\beta'}{C}H_2 \xrightarrow[乙醇]{KOH} CH_3CH=CHCH_3 + CH_3CH_2CH=CH_2$$
$$\qquad\qquad \underset{H}{|}\quad\quad\underset{H}{|} \qquad\qquad\qquad 81\% \qquad\qquad\qquad 19\%$$

$$CH_3CH_2-\underset{\underset{Br}{|}}{\overset{\overset{CH_3}{|}}{C}}-CH_3 \xrightarrow[乙醇]{KOH} CH_3CH=C(CH_3)_2 + CH_3CH_2-\overset{\overset{CH_3}{|}}{C}=CH_2$$
$$\qquad\qquad\qquad\qquad\qquad\qquad 71\% \qquad\qquad\qquad 29\%$$

（2）脱卤素。邻二卤化物除了能够脱卤化氢生成炔烃或稳定的共轭二烯烃外，在锌粉的作用下，邻位二卤化物能够脱去卤素生成烯烃。

$$R-\underset{\underset{X}{|}}{C}H-\underset{\underset{X}{|}}{C}H-CH_3 + Zn \xrightarrow[\triangle]{醇} R-CH=CH-CH_3 + ZnX_2$$

邻二碘化物在加热下可脱去碘分子生成烯，这也是烯烃难和碘发生加成反应的原因之一。

$$R-\underset{\underset{I}{|}}{C}H-\underset{\underset{I}{|}}{C}H-CH_3 \xrightarrow[\triangle]{醇} R-CH=CH-CH_3 + I_2$$

（3）消除反应的机理。从反应物的碳原子上消除两个原子或基团，形成新化合物的过程称为消除反应。消除反应有三类。

$$\underset{\underset{R}{|}\ \underset{H}{|}}{\overset{\overset{R}{|}\ \overset{R}{|}}{C-C}}\longrightarrow \underset{\underset{R}{|}\ \underset{R}{|}}{\overset{\overset{R}{|}\ \overset{R}{|}}{C=C}} +HL$$

$$L=X, \quad -\overset{+}{N}R_3, \quad -\overset{+}{O}H_2 \ 等$$

1，2-消降反应（β-消除反应）

$$R-\underset{\underset{H}{|}}{\overset{\overset{H}{|}}{C}}-\underset{\underset{H}{|}}{\overset{\overset{H}{|}}{C}}-\underset{\underset{H}{|}}{\overset{\overset{X}{|}}{C}}-R \longrightarrow \underset{\triangledown}{R\ R} +HX$$

1，3-消降反应（γ-消除反应）

$$\underset{\underset{R}{|}\ \underset{B}{|}}{\overset{\overset{R}{|}\ \overset{A}{|}}{C}}\longrightarrow \underset{R}{\overset{R}{|}}C: +A+B$$

1，1-消降反应（α-消除反应）

绝大部分消除反应为 β-消除反应。同亲核取代反应相似，卤代烷的 β-消除反应机理也有两种：双分子消除反应，常用 E2 来表示；单分子消除反应，常用 E1 表示。

①单分子消除反应（E1）。E1 反应机理的动力特征为：$v=kc(反应物)$。

第一步，C—X 键断裂形成碳正离子，为慢反应。

第二步碳正离子在碱作用下失去 β-H 并在 α、β 两碳原子间形成 π 键。

$$(CH_3)_3CBr \xrightarrow{慢} (CH_3)_3C^+ + Br^-$$

$$(CH_3)_3C^+ + C_2H_5O^- \xrightarrow{快} CH_2=C(CH_3)_2 + C_2H_5OH$$

其消除活性顺序为:叔卤代烷>仲卤代烷>伯卤代烷。

②双分子消除反应(E2)。E2 反应机理的动力学特征为:$v=kc(反应物)\cdot c(碱)$。在反应中碱性试剂进攻 β-H 原子,形成过渡状态,然后形成产物。

$$OH^- + \underset{\underset{R}{|}}{H-CH}-CH_2-Br \longrightarrow [\ HO\cdots H\cdots \underset{\underset{R}{|}}{CH}\cdots CH_2\cdots Br\ ]\longrightarrow$$

$$H_2O + R-CH=CH_2 + Br^-$$

消除反应中,卤代烷向生成多支链的烯烃方向进行,这是因为支链越多,对形成过渡态越有利。

E2 反应的活性顺序是:叔卤代烷>仲卤代烷>伯卤代烷。

4.1.3.3 还原反应

卤代烃可还原成烃,主要还原方法如下所示。

(1)催化氢化。

$$R-X + H_2 \xrightarrow{催化剂} R-H + HX$$

反应中断裂的是 C—X 键,并在碳原子和卤原子上各加上一个氢原子的反应称为氢解。常用的催化剂是 Pd、Ni 等。催化氢化是氢解卤代烃最常用的方法,Pd 为首选催化剂,相比之下,Ni 易受卤离子的毒化,一般需增大用量比。氢解后的卤素离子,特别是氟离子,可使催化剂中毒,故通常不用催化氢化的方法氢解氟代烃。

R 相同时,X 的活性顺序为:I>Br>Cl>F。烃基的结构对反应活性也有很大影响,烯丙基型和苯甲基型卤代烃更易氢解,如 C—F 键较难氢解,但苯甲基型氟代烃可被氢解。

(2)氢化锂铝(LiAlH₄)。氢化锂铝作为还原剂提供氢负离子,具有很强的还原性,所有卤代烃均可被还原为相应的烃,包括乙烯型卤代烃。X 相同时,各种卤代烷的活性顺序如下:

$$1° > 2° > 3°$$

$$n\text{-}C_8H_{17}-Br + LiAlH_4 \xrightarrow[回流,\ 1h]{THF} n\text{-}C_8H_{18} + AlH_3 + LiBr$$

$$\underset{\underset{H}{|}}{\overset{\overset{H}{|}}{H-Al}}-H + CH_2-Br \longrightarrow CH_4 + AlH_3 + Br^-$$

LiAlH$_4$ 是一种白色固体,对水特别敏感,遇水放出氢气,反应很剧烈。

$$LiAlH_4 + H_2O \longrightarrow H_2 \uparrow + Al(OH)_3 + LiOH$$

LiAlH$_4$ 只能在无水介质中使用,如 Et$_2$O、THF、CH$_3$—OCH$_2$CH$_2$O—CH$_3$ 等,贮藏时必须密封防潮,实际操作起来比较困难,而且 LiAlH$_4$ 的还原性极强,卤烃分子中如同时含有其他不饱和基团,也会被还原(但 C—C 保留)。

4.1.3.4 与金属的反应

卤代烷与某些活泼金属反应,生成有机金属原子与碳原子直接相连的化合物,这种化合物称为有机金属化合物,也称金属有机化合物。有机金属化合物性质活泼,在有机合成中具有重要用途。近年来有机金属化合物在有机化学和有机化工中日益发挥着重要作用,已发展成为有机化学的一个重要分支。

(1)与金属镁的反应。卤代烷与金属镁反应,生成有机镁化合物 RMgX,由法国化学家格利雅(Grignard)在 1900 年发现,于是 RMgX 就被人们命名为格利雅试剂,简称格氏试剂。RMgX 的性质非常活泼,可与水、二氧化碳、羰基化合物反应,通常需保存在无水乙醚中。制取格氏试剂时,不同卤代烷的反应活性次序为:RI>RBr>RCl。

$$RX + Mg \xrightarrow[\text{干醚}]{\triangle} RMgX$$

在格氏试剂中,碳的电负性比镁大,碳原子带有负电荷,是良好的亲核试剂,其性质非常活泼,可与许多含活泼氢的化合物反应。

由于碘代烷昂贵,氯代烷生成速度慢,实验室常用溴代烷制备格氏试剂。格氏试剂是有机合成中常用的试剂,因碳—镁键极性很强,化学性质非常活泼,能和多种化合物作用生成烃、醇、醛、酮、羧酸等物质。例如格氏试剂与 CO$_2$ 作用,经水解后可制得羧酸。

格氏试剂能与许多含活泼氢的物质作用,使其遭到破坏,因此在制备格氏试剂时必须避免与水、醇、酸、氨等物质接触。常在无水乙醚和四氢呋喃(THF)等非质子性溶剂中制备和使用格氏试剂。

(2)有机金属化合物的形成。卤代烃能与金属(M)直接化合,生成具有 C—M 键的有机化合物,称有机金属化合物。对有机金属化合物的研究已是当今有机化学中极为活跃的领域。它们在有机合成和药物合成中的重要作用引起人们越来越大的关注,其中有机锂和有机镁应用最多。表 4-2 是常见的一些有机金属化合物。

表 4-2　常见的有机金属化合物

名称	结构简式
乙基钠	CH_3CH_2Na
苯基锂	C_6H_5Li
三甲基铝	$(CH_3)_3Al$
二甲基汞	$(CH_3)_2Hg$
四乙基铅	$(CH_3CH_2)_4Pb$
乙醇钠	CH_3CH_2ONa
叔丁基锂	$(CH_3)_3CLi$
二丙基镉	$(CH_3CH_2CH_2)_2Cd$
二乙基锌	$(CH_3CH_2)_2Zn$
乙基镁溴化物	CH_3CH_2MgBr
二甲基铜锂	$(CH_3)_2CuLi$
二乙基镁	$(CH_3CH_2)_2Mg$
甲基铜	CH_3Cu
四甲基硅	$(CH_3)_4Si$
甲基汞氯化物	CH_3HgCl

上述有机金属化合物很多可以从卤代烃与金属直接反应获得。

$$CH_3X + 2Li \xrightarrow{己烷} CH_3Li + LiX$$

$$CH_3CH_2Cl + 2Na \longrightarrow CH_3CH_2Na + NaCl$$

或由有机金属化合物与无机盐交换反应获得。

$$CH_3Li + 2Na \longrightarrow CH_3Cu + LiX$$

$$2CH_3Li + CuX \longrightarrow (CH_3)_2CuLi + LiX$$

有机锂非常活泼，$R^- - Li^+$ 键具有高度极化性，R^- 为强亲核试剂，遇到空气中的水也会水解，生成相应的烃。

$$CH_3Li + H_2O \longrightarrow CH_4 + LiOH$$

烃基钠 RNa 一般由 1°RX 制备，可进一步与 RX 作用，生成烃。该反应称为武兹（Wurtz）反应，用于 R—R 型烃的制备，不适合 R—R′ 型烃的合成。由于 RNa 也是一个碱性很强的有机碱，2°、3°RX 在碱性条件下更易发生消除反应，不宜用于制备相应的烷烃。

$$CH_3CH_2Na + CH_3CH_2Cl \longrightarrow CH_3CH_2CH_2CH_3$$

4.1.4　重要的卤代烃

4.1.4.1　三氯甲烷

三氯甲烷（$CHCl_3$）俗称氯仿，为一种无色透明易挥发液体，稍有甜味，沸点为 $61.2\ ℃$，d_4^{20} 为 1.484 2，微溶于水，溶于乙醇、乙醚、苯、石油醚等，不易燃烧，是一种良好的不燃性溶剂，能溶解油脂、蜡、有机玻璃和橡胶等，常用作脂肪酸、树脂、橡胶、磷及碘等的溶剂和精制抗生素，还广泛用作合成原料。它有麻醉作用，可以从甲烷氯化或四氯化碳还原制备。

$$CH_4 \xrightarrow{Cl_2} CH_3Cl \xrightarrow{Cl_2} CH_2Cl_2 \xrightarrow{Cl_2} CHCl_3$$

光作用下，氯仿能被空气中的氧氧化成氯化氢和有剧毒的光气。

$$2CHCl_3 + O_2 \xrightarrow{日光} 2\ \underset{Cl}{\overset{Cl}{C}}{=}O + 2HCl$$

光气

加入 $1\% \sim 2\%$ 乙醇，可以使生成的光气与乙醇作用而生成碳酸二乙酯，以消除其毒性。

$$\underset{Cl}{\overset{Cl}{C}}{=}O + 2C_2H_5OH \longrightarrow O{=}C\underset{OC_2H_5}{\overset{OC_2H_5}{}} + 2HCl$$

碳酸二乙酯

因此试剂级氯仿要保存在棕色瓶中，装满到瓶口加以封闭，防止与空气接触。工业级氯仿采用内层镀锌或衬酚醛涂层铁桶包装，加 5% 无水乙醇作为稳定剂。置于干燥阴凉处。为防止生成光气应避光、隔热储存。

4.1.4.2　氟利昂

氟利昂（Freon）是多种含氟含氯的烷烃衍生物的总称，常见的有氟利昂-11（$CFCl_3$）、氟利昂-12（CF_2Cl_2）等。它们无色，无臭，无毒，易挥发，化学性质极稳定，被大量用于制冷剂和烟雾分散剂等。但在大量使用氟利昂后，由于它们性质稳定，挥发后漂流聚积于大气层的上部，在日光辐射下，C—Cl 键可被均裂产生氯原子，生成的氯原子能破坏臭氧的循环反应，后果是严重破坏了能吸收紫外辐射的臭氧层，使太阳对地球上紫外线辐射增强，从而对动植物的生存与生长引起一系列的问题。所以，现在世界各地已纷纷立法禁止使用氟利昂。

4.1.4.3　氯化苄

氯化苄（$C_6H_5CH_2Cl$）也称苄基氯或氯苯甲烷。苄基氯是重要的医药化工中间体，可制备苯甲醇、苯甲胺、苯乙腈等。工业上可由甲苯的侧链取代及苯的氯甲基化制得。

$$\underset{\text{(苯甲基)}}{\bigcirc}\!\!-\!\!CH_3 + Cl_2 \xrightarrow{\text{光}} \bigcirc\!\!-\!\!CH_2Cl + HCl$$

$$\bigcirc + (HCHO)_3 + HCl \xrightarrow{ZnCl_2} \bigcirc\!\!-\!\!CH_2Cl + H_2O$$

4.1.4.4　氟烷

氟烷(F_3C—$CHClBr$)又称为三氟氯溴乙烷,是无色流动性液体,沸点为 49～51 ℃,无刺激性,性质稳定,用于全身麻醉和诱导麻醉。它的蒸气对黏膜无刺激,麻醉的诱导时间短,苏醒快,麻醉作用强。氟烷在长期光照下能分解生成卤化氢(溴化氢、氯化氢、氟化氢),因此应盛于棕色瓶中,密闭置于阴凉处(30 ℃以下)保存。

4.1.4.5　二氟二氯甲烷

二氟二氯甲烷(CCl_2F_2),无色无臭气体,沸点为 -29.8 ℃,易压缩为液体,无毒、无腐蚀、不燃烧、性质稳定,在过去的很长时间被广泛用作制冷剂,是氟利昂的代表物。20 世纪 80 年代后被认为会破坏臭氧层,已逐渐被禁止使用。其可由四氯化碳和三氟化锑制备。

$$CCl_4 + SbF_3 \xrightarrow{SbCl_5} CCl_2F_2 + SbCl_3$$

生成的 $SbCl_3$,可被 HF 还原为 SbF_3,重新使用。

$$SbCl_3 + HF \longrightarrow SbF_3 + HCl$$

4.1.4.6　氯乙烷

氯乙烷是带有甜味的气体,沸点为 12.2 ℃,低温时可液化为液体;工业上用作冷却剂,在有机合成上用以进行乙基化反应;施行小型外科手术时,用作局部麻醉剂,将氯乙烷喷洒在要施行手术的部位。因氯乙烷的沸点低,能很快蒸发,吸收热量,温度急剧下降,使局部暂时失去知觉。

4.2　卤代烯烃和卤代芳烃

4.2.1　卤代烯烃和卤代芳烃的分类和命名

4.2.1.1　卤代烯烃和卤代芳烃的分类

卤代烯烃和卤代芳烃分子中含有卤素原子及双键(或芳环)。卤素原子和双键(或芳环)的相对位置不同时,相互影响也不同,从而使卤素原子的活泼性也有显著的差别。通常根据它们的相对位置把常见的一元卤代烯烃和卤代芳烃分为三类。

(1)乙烯(苯基)型卤代烃。卤素原子直接与双键碳原子(或芳环)相连的卤代烯烃(芳烃)。

这类化合物的卤素原子很不活泼,在一般条件下不发生取代反应。

$$RCH=CH-X \quad 如:\quad CH_2=CH-X \quad \text{（苯环）}Br$$

(2)烯丙基(苄基)型卤代烃。卤素原子与双键(或芳环)相隔一个饱和碳原子的卤代烯烃(芳烃)。这类化合物的卤素原子很活泼,很容易进行亲核取代反应。

$$RCH=CH-CH_2Cl \quad 如:\quad CH_2=CH-CH_2Cl \quad \text{（苯环）}CH_2Cl$$

(3)孤立型卤代烯(芳)烃。卤素原子与双键(或芳环)相隔两个或两个以上饱和碳原子的卤代烯烃(芳烃)。这类化合物的卤素原子活泼性基本和卤烷中的卤素原子相同。

$$RCH=CH(CH_2)_nX \quad n \geqslant 2$$

4.2.1.2　卤代烯烃和卤代芳烃的命名

卤代烯烃通常采用系统命名法命名,即以烯烃为母体,编号时使双键位置最小。

$$CH_2=CHCH_2Cl \qquad CH_3\underset{Br}{CH}CH=\underset{CH_3}{C}CH_3 \qquad \text{（环己烯）}Cl$$

3-氯丙烯　　　　2-甲基-4-溴-2-戊烯　　　　3-氯环己烯

卤代芳烃的命名有两种方法:一是卤素原子连在芳环上时,把芳环当作母体,卤素原子作为取代基;二是卤素原子连在侧链上时,把侧链当作母体,卤素原子和芳环均作为取代基。

$$Cl\text{—（苯环）}—CH_3 \qquad \text{（萘环）}Br \qquad \text{（苯环）}—CH_2Cl \qquad \text{（苯环）}—CH_2\underset{Br}{CH}CH_3$$

4-氯甲苯　1-溴萘（α-溴萘）　氯化苄（苄基氯）　1-苯基-2-溴丙烷

4.2.2　双键位置对卤原子活泼性的影响

在卤代烯烃分子中同时含有碳碳双键和卤原子(X)两个官能团,因此它们同时具有烯烃和卤代烃的性质。但由于碳碳双键和卤原子的相对位置不同,它们之间的相互影响也不一样,也表现出化学性质的差异。不同结构的卤代烯烃其卤原子的活性次序为:

$$RCH=CHCH_2X > RCH=CH(CH_2)_nX > RCH=CHX$$

烯丙型　　　　　　　　　孤立型　　　乙烯型

例如,以 $AgNO_3$ 为亲核试剂与不同结构的卤代烯烃进行 S_N1 反应,反应如下:

$$\left.\begin{array}{l} CH_2=CHCl \\ CH_2=CHCH_2Cl \\ CH_2=CHCH_2CH_2Cl \end{array}\right\} +AgNO_3 \xrightarrow{醇} \left\{\begin{array}{l} 不反应 \\ AgCl\downarrow(快) + CH_2=CHCH_2ONO_2 \\ AgCl\downarrow(慢) + CH_2=CHCH_2CH_2ONO_2 \end{array}\right.$$

结果表明,烯丙型的卤代烯烃在室温下能够很快和硝酸银作用生成卤化银沉淀;孤立型卤代烯烃生成卤化银沉淀速度较慢,一般要在加热情况下才能顺利进行;乙烯型卤代烯烃即使在加热情况下也不和硝酸银的醇溶液发生反应。

不仅和硝酸银反应有如此情况,不同类型的卤代烯烃与氢氧化钠水溶液作用,其反应速率也存在明显的差异。

$$CH_2=CHCH_2X \xrightarrow[\text{NAOH}]{H_2O} CH_2=CHCH_2OH(反应速率快于饱和卤代烃)$$

$$CH_2=CHCH_2CH_2X \xrightarrow[\text{NAOH}]{H_2O} CH_2=CHCH_2CH_2OH(反应速率与饱和卤代烃相当)$$

$$CH_2=CHX \xrightarrow[\text{NAOH}]{H_2O} (难反应)$$

下面就三种类型的卤代烯烃进行讨论。

(1)乙烯(苯基)型卤代烃。这类卤代烃的结构特点是卤素原子直接与不饱和碳原子相连,分子中存在 p-π 共轭体系。例如,氯乙烯和氯苯分子中存在的 p-π 共轭体系,如图 4-1 所示。

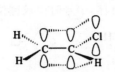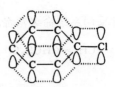

(a)氯乙烯的p-π共轭体系　　　　　(b)氯苯的p-π共轭体系

图 4-1　乙烯型和苯基型卤代烃的 p-π 共轭体系

共轭效应使 C—Cl 键的键长缩短,键能增大,C—Cl 键难以断裂,卤素原子的反应活性显著降低。因此,乙烯型和苯基型卤代烃中的卤素原子的活性比相应的卤代烷的弱,在通常情况下,它们不与 NaOH、C_2H_5ONa、NaCN 等亲核试剂发生取代反应,甚至与硝酸银的醇溶液共热也不生成卤化银沉淀。

另外,在乙烯型卤代烃分子中,由于卤素原子的诱导效应较强,C=C 键上的电子云密度有所下降,所以在进行亲电加成反应时速度较乙烯的慢。

(2)烯丙型卤代烯烃。当卤原子连接在烯烃的 α-C 原子上时,卤原子的活泼性非常高,C—X 键易断。例如,烯丙基氯在碱性中水解速率要比正丙基氯快约 80 倍。

$$CH_2=CHCH_2Cl \xrightarrow[\text{NAOH}]{H_2O} CH_2=CHCH_2OH(快)$$

$$CH_3CH_2CH_2Cl \xrightarrow[\text{NAOH}]{H_2O} CH_3CH_2CH_2OH(慢)$$

这类卤代烃的结构特点是卤素原子与不饱和碳原子之间相隔一个饱和碳原子,无论是按 S_N1 还是按 S_N2 机理进行取代反应,由于共轭效应使 S_N1 反应的碳正离子中间体或 S_N2 反应的过渡态势能降低而稳定,使反应易于进行。所以烯丙基型和苄基型卤代烃的卤素原子反应活性比相应的卤代烷的要高,室温下即能与硝酸银的醇溶液作用生成卤化银沉淀。烯丙基型卤代烃的碳正离子和 S_N2 反应过渡态如图 4-2 所示。

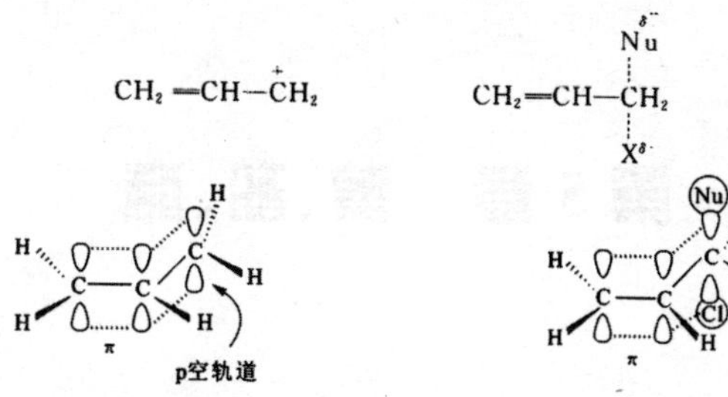

$$CH_2=CH-\overset{+}{C}H_2$$

（a）烯丙基碳正离子的p-π共轭体系　（b）烯丙基卤代烃的S_N2反应过渡态

图 4-2　烯丙基型卤代烃的碳正离子和 S_N2 反应过渡态

（3）孤立型卤代烯烃。孤立型卤代烯烃分子中的碳碳双键和卤原子相隔较远，相互之间的影响较弱，所以显示出各自官能团的性质，即显示出烯烃和卤代烷的性质。

4.2.3　卤原子在苯环不同位置的活泼性

卤代芳烃中，卤原子的位置不同，其化学活性也存在较大差异。不同类型卤代芳烃和硝酸银醇溶液反应，呈现出不同的反应速率。

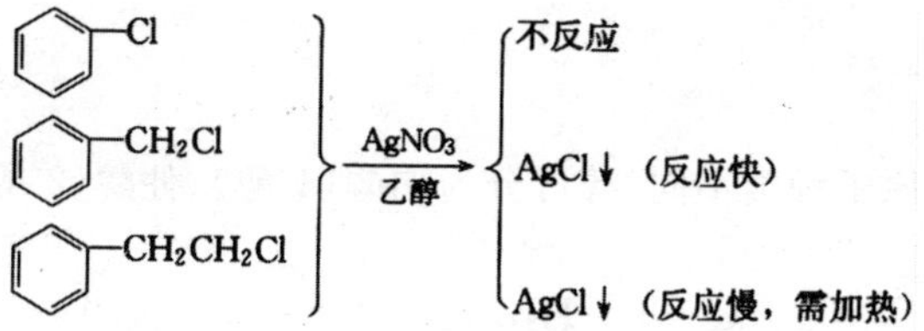

$$
\begin{array}{c}
\text{Cl} \\
\text{CH}_2\text{Cl} \\
\text{CH}_2\text{CH}_2\text{Cl}
\end{array}
\xrightarrow[\text{乙醇}]{\text{AgNO}_3}
\begin{array}{l}
\text{不反应} \\
\text{AgCl↓（反应快）} \\
\text{AgCl↓（反应慢，需加热）}
\end{array}
$$

其中，卤苯型卤代芳烃即使加热也不反应，这和乙烯型卤代烯烃相似；孤立型卤代芳烃要在加热情况下才有氯化银沉淀，这和孤立型卤代烯烃相似；苄基型卤代芳烃在室温下很快就有卤化银沉淀产生，这和烯丙型卤代烯烃相似。

苄基型卤代芳烃中卤原子具有较大的活泼性，S_N1 和 S_N2 反应都易于进行。如苄基氯中氯原子具有相当高的活性，是因为在进行 S_N1 反应时，苯氯甲烷易于离解成较稳定的苄基碳正离子。这时亚甲基上的碳正离子是 sp^2 杂化，它的空 p 轨道与苯环上的 π 轨道发生交盖（图 4-3），造成电子离域，使得正电荷得到分散，因而这个离子趋于稳定。

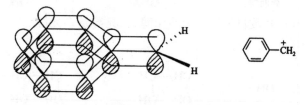

图 4-3　苄基碳正离子 p 轨道的交盖

苄基型卤代芳烃除了容易和硝酸银醇溶液反应外，还可发生水解、醇解、氨解等反应，也容易生成格氏试剂。

第5章 醇、酚、醚

5.1 醇

烃分子中一个(或几个)氢原子被羟基取代后的化合物,称为醇。羟基是醇的官能团,醇的通式用 R—OH 表示。羟基与不饱和碳原子直接相连的化合物称为烯醇。

5.1.1 醇的分类、命名和结构

5.1.1.1 醇的分类

按羟基所连接的碳原子种类不同,醇可分为伯醇(1°醇)、仲醇(2°醇)和叔醇(3°醇)。

$$CH_3CH_2OH \qquad \begin{array}{c} H_3C \\ CH-OH \\ H_3C \end{array} \qquad \begin{array}{c} H_3C \\ H_3C-C-OH \\ H_3C \end{array}$$

伯醇 　　　　　　　　　　 仲醇 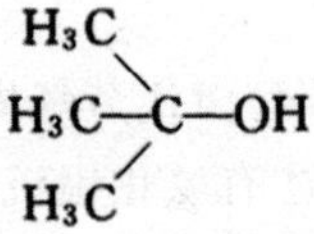 　　　　　　　　　　 叔醇

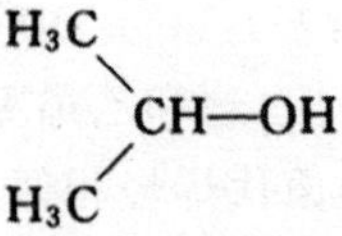

根据羟基所连烃基的结构不同,醇可分为脂肪醇、脂环醇和芳香醇。

$$CH_3CH_2CH_2OH$$

脂肪醇 　　　　　　　　 脂环醇 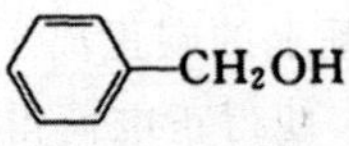 　　　　　　　　 芳香醇

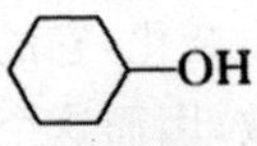

根据醇分子中所含羟基数目可以分为一元醇、二元醇及多元醇。一般分子中含两个以上羟基的醇称为多元醇。

$$CH_3CH_2-OH \qquad \begin{array}{c} CH_2-CH_2 \\ | \quad\quad | \\ OH \quad OH \end{array} \qquad \begin{array}{c} CH_2-CH-CH_2 \\ | \quad | \quad | \\ OH \; OH \; OH \end{array}$$

一元醇 　　　　　　　　 二元醇 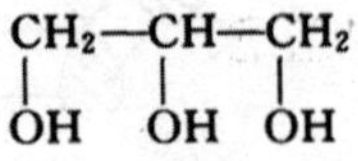 　　　　　　　　 多元醇

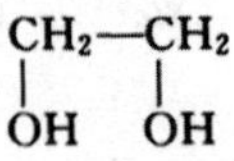

5.1.1.2 醇的命名

(1)普通命名法。主要用于结构简单的醇。命名时在烃基的名称后面加上"醇"字,"基"字

一般省去。

$$CH_3CH_2CH_2OH$$

$$CH_3CH—OH$$
$$|$$
$$CH_3$$

$$CH_3CH_2CH_2CH_2OH$$

$$CH_3CHCH_2—OH$$
$$|$$
$$CH_3$$

正丙醇　　　　　　异丙醇　　　　　　正丁醇　　　　　　异丁醇

$$CH_3CH_2CHCH_3$$
$$|$$
$$OH$$

$$CH_3$$
$$|$$
$$CH_3—C—OH$$
$$|$$
$$CH_3$$

仲丁醇　　　　　　叔丁醇　　　　　　苄醇

（2）系统命名法。适用于各种结构醇的命名。选择含羟基的最长碳链为主链，从靠近—OH 端的链端碳原子开始编号，根据主链所含碳原子数称为某醇，并在"醇"字前面标出—OH 的位次。

$$(CH_3)_2CHCH(OH)CH_3$$

$$CH_2=CHCH(OH)CH_3$$

$$CH_2OH$$
$$|$$
$$HOCH_2—C—CH_2OH$$
$$|$$
$$CH_2OH$$

3-甲基-2-丁醇　　　　3-丁烯-2-醇　　　　2,2-二羟甲基-1,3-丙二醇

3-甲基环己醇　　　　2,4-环戊二烯醇　　　　4-对甲苯基-2-丁醇

5.1.1.3　醇的结构

醇分子中，羟基的氧原子和与羟基相连的碳原子都是 sp^3 杂化。氧原子的两个 sp^3 杂化轨道分别与碳原子和氢原子结合形成 C—O 键和 H—O 键。此外，氧原子还有两对未共用电子对分别占据其他两个杂化轨道。由于醇分子中有未共用电子对，可以看作是路易斯碱，能溶于浓的强酸中。醇的分子结构如图 5-1 所示。

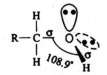

图 5-1　醇的分子结构

5.1.2　醇的物理性质

低级饱和一元醇为无色透明液体，有特殊气味，醇分子中的—OH 能与水形成氢键，故能与水互溶；十二个碳原子以上的高级醇为蜡状固体，随着烷基的增大，阻碍了醇羟基与水分子形成氢键，故难溶于水。

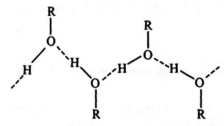

高级醇不溶于水,这是因为烃基越大,醇羟基形成氢键的能力越弱,越不易与水形成氢键的缘故。低级醇能溶解有机物,所以乙醇是一种常用的有机溶剂;醇也能溶于多种有机溶剂中。此外,低级醇还能与一些无机盐(如 $MgCl_2$、$CuSO_4$、$BaCl_2$ 等)形成结晶状的分子化合物(也称醇化合物或结晶醇)。这些分子化合物不溶于有机溶剂,能溶于水,利用这一性质使醇与其他有机物分开或从混合物中去除醇。

低级醇的沸点都比相应的烷烃高,这是因为液态醇可通过形成分子间氢键而缔合,要使液态醇变为蒸汽(单分子状态),不仅要克服分子间的范德华引力,还要消耗一定的能量破坏氢键,因此沸点较高。

低级醇还能与某些无机盐($MgCl_2$、$CaCl_2$、$CuSO_4$ 等)形成结晶醇,如 $CaCl_2 \cdot 4C_2H_5OH$,$MgCl_2 \cdot 6CH_3OH$。因此,上述无机盐不能作为低级醇的干燥剂。常见醇的物理常数见表5-1。

表 5-1　常见醇的物理常数

名称	结构式	熔点/℃	沸点/℃	相对密度 d_4^{20}	溶解度/$[g \cdot (100\ g\ H_2O)^{-1}]$
甲醇	CH_3OH	−97.8	64.7	0.791 4	∞
乙醇	CH_3CH_2OH	−117.3	78.3	0.789 3	∞
1-丙醇	$CH_3CH_2CH_2OH$	−126.0	97.4	0.803 5	∞
2-丙醇	$(CH_3)_2CHOH$	−88.5	82.4	0.785 5	∞
1-丁醇	$CH_3CH_2CH_2CH_2OH$	−89.5	117.2	0.809 8	7.9
2-丁醇	$CH_3CH_2CHOHCH_3$	−115	99.5	0.808 0	9.5
2-甲基-1-丙醇	$CH_3CH(CH_3)CH_2OH$	−108	108	0.801 8	12.5
2-甲基-2-丙醇	$(CH_3)_2CHOH$	25.5	82.3	0.788 7	∞
1-戊醇	$CH_3(CH_2)_3CH_2OH$	−79	137.3	0.814 4	2.7
1-己醇	$CH_3(CH_2)_3CH_2OH$	−46.7	158	0.813 6	0.59
1-庚醇	$CH_3(CH_2)_5CH_2OH$	−34.1	175	0.821 9	0.2
1-辛醇	$CH_3(CH_2)_6CH_2OH$	16.7	194.4	0.827 0	0.05

续表

名称	结构式	熔点/℃	沸点/℃	相对密度 d_4^{20}	溶解度/$[g \cdot (100\ g\ H_2O)^{-1}]$
1-十二醇	$CH_3(CH_2)_{10}CH_2OH$	26	259	0.830 9	—
烯丙醇	$CH_2=CH-CH_2OH$	−129	97.1	0.854 0	∞
环己醇	⬡—OH	25.1	161.1	0.962 4	3.6
苯甲醇	$Ph-CH_2OH$	15.3	205.3	1.041 9	4
乙二醇	CH_2OHCH_2OH	11.5	198	1.108 8	∞
丙三醇	$CH_2OHCHOHCH_2OH$	20	290(分解)	1.261 3	∞

5.1.3　醇的化学性质

醇的化学性质由羟基决定。$R-O-H$ 分子中的 $C-O$ 键和 $O-H$ 键都是极性键,易断裂,反应中究竟哪个键断裂,取决于烃基的结构及反应条件。

5.1.3.1　与活泼金属的反应

醇羟基中的氢原子可以被活泼金属钠(如 K、Mg、Al 等都可以)取代生成氢气与醇钠。

$$ROH + Na \longrightarrow RONa + H_2$$

醇羟基中氢原子不如水分子的活泼,因而经常用无水乙醇处理残余的金属钠。醇钠是极易溶于水、可溶于醇、不溶于乙醚的白色固体,比 NaOH 的碱性还要强,在有机合成中用作碱性试剂。不同类型的醇中,烃基越大,和金属钠反应的速度越慢。各种醇的反应活性顺序为:

$$CH_3OH > RCH_2OH(伯醇) > R_2CHOH(仲醇) > R_3COH(叔醇)$$

5.1.3.2　与 HX 的反应

醇分子中的羟基容易被卤素原子取代,生成卤代烃和水。这是制备卤代烃的重要方法之一。

$$R-OH + HX \longrightarrow R-X + H_2O$$

醇与 HX 反应的速率与 HX 的类型及醇的结构有关。氢卤酸的活性顺序是:烯丙式醇(苄醇)>叔醇>仲醇>伯醇>甲醇。利用不同类型的醇与 HX 反应速率的不同,可以区别伯醇、仲醇、叔醇。无水 $ZnCl_2$ 溶于浓盐酸称为卢卡斯(H. J. Lucas)试剂,它与叔醇反应很快发生,与仲醇反应较慢,与伯醇在常温下不发生反应。

$$(CH_3)C-OH \xrightarrow{\text{ZnCl}_2+\text{浓盐酸}} (CH_3)C-Cl$$
（叔醇）　　　　　　　　　　（溶液立即分层）

$$CH_3CH_2CHOHCH_3 \xrightarrow{\text{ZnCl}_2+\text{浓盐酸}} CH_3CH_2CHClCH_3$$
（仲醇）　　　　　　　　　（净置片刻才变浑浊）

$$CH_3CH_2CH_2CH_2OH \xrightarrow{ZnCl_2+浓盐酸} CH_3CH_2CH_2CH_2Cl$$
（伯醇）　　　　　　　　　　　　　　　　（加热才反应）

有些醇与氢卤酸反应时，能发生烷基的重排；醇与 PBr_3 或 PI_3 反应生成卤代烃，很少发生分子重排。

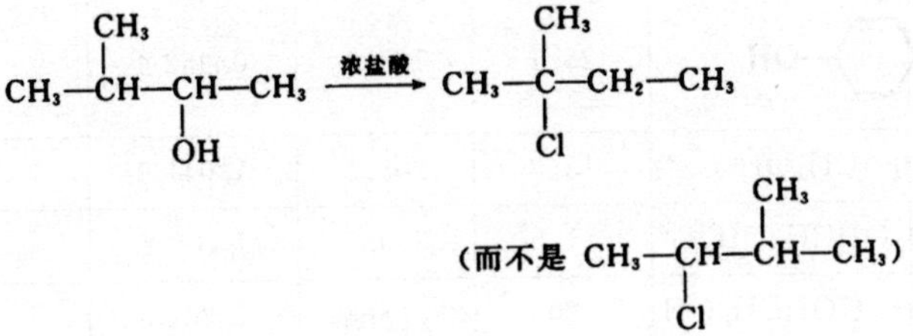

$$CH_3CH_2CH_2CH_2OH+PBr_3 \longrightarrow CH_3CH_2CH_2CH_2Br$$

5.1.3.3　与无机盐的酯化反应

醇与酸作用，脱去一分子水所得的产物为酯，这种反应称为酯化反应。醇与含氧无机酸（如硝酸、亚硝酸、硫酸和磷酸等）反应，则生成无机酸酯。

（1）与硫酸反应。

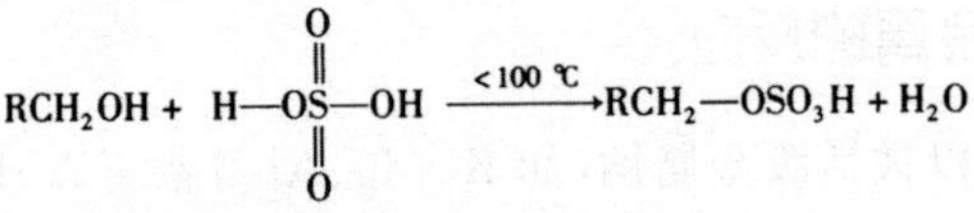

伯醇　　　　　　　　　　　　　　硫酸氢酯

硫酸氢甲酯和硫酸氢乙酯在减压下蒸馏变成中性的硫酸二甲酯和硫酸二乙酯，是很好的烷基化试剂，但因其剧毒（对呼吸器官和皮肤都有强烈刺激作用），使用范围已越来越小。

$$2CH_3OSO_3H \xrightarrow{减压蒸馏} (CH_3)_2SO_4 + H_2SO_4$$

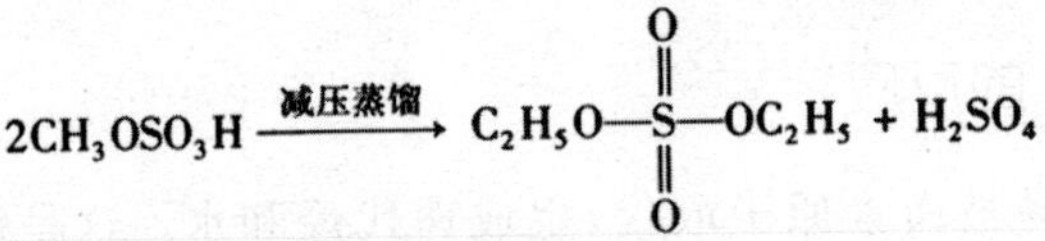

十二醇的硫酸氢酯的钠盐是一种合成洗涤剂。

$$C_{12}H_{25}OH+H_2SO_4（浓）\xrightarrow{40\sim55\ ℃} C_{12}H_{25}OSO_3H + H_2O$$
$$C_{12}H_{25}OSO_3H + NaOH（浓）\longrightarrow C_{12}H_{25}OSO_3Na + H_2O$$
十二烷基硫酸钠

（2）与硝酸反应。伯醇与硝酸作用生成酯，与叔醇作用生成烯。硝酸酯受热会发生爆炸，是烈性炸药。

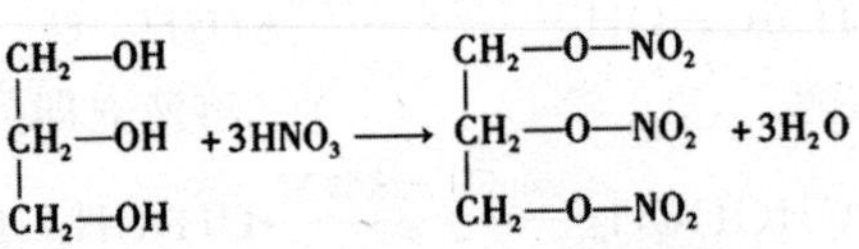

三硝酸甘油酯（炸药）

5.1.3.4 脱水反应

醇和浓硫酸一起加热发生脱水反应。根据醇的结构和反应条件的不同,脱水方式有分子内脱水和分子间脱水两种。

(1)分子内脱水。就像卤代烃的消除反应一样,醇分子中的羟基与 β-C 上脱去氢原子脱去一分子水得到烯烃,这是制备烯烃的常用方法之一。

$$CH_3CH_2OH \xrightarrow[\text{浓 } H_2SO_4]{170\ ℃} CH_2{=}CH_2 + H_2O$$

与卤代烃的消除反应一样,仲醇和叔醇分子内脱水时,遵循扎依采夫规则。

$$\underset{\underset{OH}{|}}{CH_3CH{-}CH_2CH_3} \xrightarrow[\triangle]{H_2SO_4,\ -\ H_2O} \begin{cases} CH_3CH{=}CHCH_3 & \text{主要产物} \\ CH_3CH_2CH{=}CH_2 & \text{次要产物} \end{cases}$$

(2)分子间脱水。乙醇与浓硫酸加热到 140 ℃,或将乙醇的蒸气在 260 ℃下通过氧化铝,可经分子间脱水生成乙醚。该反应是制备醚的一种方法,一般用于制备简单醚。

$$2CH_3CH_2OH \xrightarrow[H_2SO_4]{\text{或 } Al_2O_3,\ 260\ ℃} CH_3CH_2OCH_2CH_3 + H_2O$$

在上面反应中,相同的反应物,相同的催化剂,反应条件对脱水方式的影响很大。在较高温度时,有利于分子内脱水生成烯烃,发生消除反应;而相对较低的温度则有利于分子间脱水生成醚。此外,醇的脱水方式还与醇的结构有关,在一般条件下,叔醇容易发生分子内脱水生成烯烃。

如果使用两种不同的醇进行反应,产物为三种醚的混合物,无制备意义。

$$ROH + R'OH \longrightarrow ROR + ROR' + R'OR'$$

5.1.3.5 氧化和脱氢

在伯醇、仲醇分子中,与羟基直接相连的碳原子上的氢原子,因受羟基的影响,比较活泼,能被氧化剂氧化或在催化剂(Cu)作用下脱氢。醇可被多种氧化剂氧化。醇的结构不同,氧化剂不同,氧化产物也各异。

(1)被 $K_2Cr_2O_7$-H_2SO_4 或 $KMnO_4$ 氧化。伯醇首先被氧化成醛,醛比醇更容易被氧化,最后生成羧酸。

$$RCH_2OH \xrightarrow[\text{或 } KMnO_4]{K_2CrO_7\text{-}H_2SO_4} \underset{\text{醛}}{R{-}CHO} \xrightarrow[\text{或 } KMnO_4]{K_2CrO_7\ -\ H_2SO_4} \underset{\text{酸}}{RCOOH}$$

仲醇被氧化成酮。酮较稳定,在同样条件下不易继续被氧化,但用氧化性更强的氧化剂,在更高的反应的条件下,酮亦可继续被氧化,且发生碳碳键断裂。

$$\underset{}{\overset{OH}{\bigcirc}} \xrightarrow[\triangle]{Na_2Cr_2O_7,\ H_2SO_4} \underset{}{\overset{O}{\bigcirc}} \xrightarrow[\triangle]{KMnO_4,\ H^+} \underset{CH_2CH_2COOH}{\overset{CH_2CH_2COOH}{|}}$$

醇的氧化反应,可能与 α-H 有关。叔醇因无 α-H,所以很难被氧化,但用强氧化剂(如酸性高锰酸钾等),则先脱水成烯,烯再被氧化而发生碳碳键的断裂。

$$CH_3-\underset{\underset{CH_3}{|}}{\overset{\overset{CH_3}{|}}{C}}-OH \xrightarrow[H^+]{KMnO_4} \left[CH_3-\underset{\underset{CH_3}{|}}{C}=CH_2 \right] \xrightarrow[H^+]{KMnO_4} CH_3-\underset{\underset{CH_3}{|}}{\overset{\overset{O}{\|}}{C}}-O +CO_2\uparrow +H_2O$$

用上述氧化剂氧化醇时,由于反应前后有明显的颜色变化,且叔醇不反应,故可将伯醇、仲醇与叔醇区别开来。

(2)选择性氧化。醇分子中同时还存在其他可被氧化的基团(如 C=C,C≡C)时,若只要醇—OH 被氧化而其他基团不被氧化,则可采用选择性氧化剂氧化。

欧芬脑尔(Oppenauer)氧化:是指在异丙醇铝或叔丁醇铝的存在下,仲醇和丙酮的反应,醇被氧化成酮,丙酮被还原成异丙醇。可用通式表示为:

$$\underset{\underset{OH}{|}}{RCHR'} + CH_3\overset{\overset{O}{\|}}{C}CH_3 \xrightarrow[\text{或 } Al[OC(CH_3)_3]_3]{Al[OCH(CH_3)_2]_3} R-\overset{\overset{O}{\|}}{C}-R' + CH_3\overset{\overset{OH}{|}}{C}HCH_3$$

仲醇　　　　　　　　　　　　　　　　酮

由于醇分子中的不饱和键不受影响,故可用于小饱和酮的制备。

$$CH_3\underset{\underset{OH}{|}}{C}H\underset{\underset{CH_3}{|}}{C}H-CH=CH_2 + CH_3\overset{\overset{O}{\|}}{C}CH_3 \xrightarrow[\text{苯}]{Al[OCH(CH_3)_2]_3} CH_3-\underset{\underset{O}{\|}}{C}-\underset{\underset{CH_3}{|}}{C}H-CH=CH_2$$

（过量）

沙瑞特(Sarrett)试剂:为铬酐和吡啶形成的配合物,可表示为 $CrO_3 \cdot (C_5H_5N)_2$。它可将伯醇氧化成醛,也能将仲醇氧化成酮,不影响分子中的不饱和键。

$$CH_2=\underset{\underset{CH_3}{|}}{C}(CH_2)_2CH=\underset{\underset{CH_3}{|}}{C}(CH_2)_3CH_2OH \xrightarrow{CrO_3,\text{吡啶}} CH_2=\underset{\underset{CH_3}{|}}{C}(CH_2)_2CH=\underset{\underset{CH_3}{|}}{C}(CH_2)_3\overset{\overset{O}{\|}}{C}-H$$

伯醇　　　　　　　　　　　　　　　　醛

仲醇　　　　　酮

琼斯(Jones)试剂:是 CrO_3 的稀硫酸溶液,可表示为 CrO_3-稀 H_2SO_4。反应时,将其滴加到被氧化醇的丙酮溶液中,同样不影响分子中的不饱和键。

活性二氧化锰(MnO_2)试剂:为新鲜制备的 MnO_2。它可选择性地将烯丙位的伯醇、仲醇氧化成相应的不饱和醛和酮,收率较好。

$$CH_2=CH-CH_2OH \xrightarrow{\text{活性 } MnO_2} CH_2=CH-CHO$$
$$\text{丙烯醛}$$

醇的氧化是合成醛、酮和羧酸的一种重要方法。

醇的脱氢反应:将伯醇或仲醇的蒸气在高温下通过催化剂活性铜(或银、镍等),可发生脱氢反应,分别生成醛或酮。

$$CH_3CH_2OH \xrightarrow{Cu,325 \text{ ℃}} CH_3CHO + H_2$$

$$\underset{\overset{|}{OH}}{CH_3CHCH_3} \xrightarrow{Cu,325 \text{ ℃}} \overset{\overset{O}{\|}}{CH_3CCH_3} + H_2$$

叔醇无 α-H,在一般条件下不发生反应。

5.1.4 重要的醇

5.1.4.1 甲醇

甲醇为无色透明有酒精味的液体,最初由木材干馏得到,因此俗称木醇。近代工业是以合成气或天然气为原料,在高温高压和催化剂的作用下合成。甲醇能与水及许多有机溶剂、混溶。甲醇有毒,内服 10 mL 可致人失明,30 mL 可致死。这是因为它的氧化产物甲醛和甲酸在体内不能同化利用所致。甲醇用途很广,主要用来制备甲醛以及在有机合成工业中用作甲基化剂和溶剂,也可以加入汽油或单独用作汽车或飞机的燃料。

近代工业制备甲醇是用合成气($CO+2H_2$)或天然气(甲烷)为原料,在高温、高压和催化剂存在下合成。

$$CO+2H_2 \xrightarrow[30\sim32 \text{ MPa},380\sim410 \text{ ℃}]{CuO,ZnO-Cr_2O_3} CH_3OH$$

$$CH_4+\frac{1}{2}O_2 \xrightarrow[\text{通过铜管}]{100 \text{ MPa},200 \text{ ℃}} CH_3OH$$

5.1.4.2 乙醇

乙醇(CH_3CH_2OH)俗称酒精,是无色透明挥发性液体,沸点 78.5 ℃,易燃烧,与水、乙醚、氯仿任意混合。乙醇有抑菌作用,医药上用 70%～75% 的酒精作皮肤消毒剂。乙醇是提取中草药有效成分的重要溶剂。医药上皮肤消毒常用的碘酊是碘和碘化钾的酒精溶液。

5.1.4.3 乙二醇

乙二醇俗称甘醇,是带有甜味且有毒性的黏稠液体,是多元醇中最简单、工业上最重要的二元醇。因分子中含有两个羟基以氢键相互缔合,所以沸点高(197 ℃),是高沸点溶剂。乙二醇可与水混溶,但不溶于乙醚。含 40%(体积)乙二醇的水溶液的冰点为 -25 ℃,60%(体积)

的水溶液的冰点为 $-49\ ℃$，是优良的防冻剂。乙二醇主要用于合成树脂、增塑剂、合成纤维，也可用于医药及化妆品的生产。工业制备方法主要是环氧乙烷水合法。

5.1.4.4　丙三醇

丙三醇俗称甘油，无色，无臭，为有甜味的黏稠液体，可与水混溶，由于分子中羟基数目更多，其熔、沸点也更高，熔点 $20\ ℃$，沸点 $290\ ℃$（分解）。甘油是油脂的组成部分，是制肥皂的副产品。甘油可以吸收空气中的水分，起到吸湿作用，在化妆品、皮革、烟草、食品以及纺织品中用作吸湿剂。

甘油与氢氧化铜作用，生成深蓝色液体，可用来鉴定邻位多元醇。

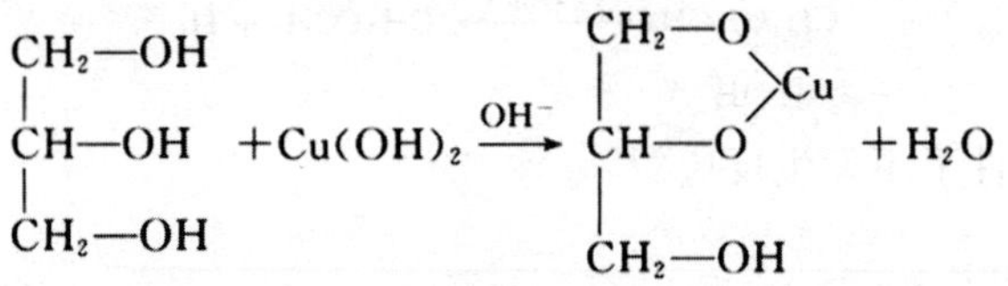

$$
\begin{array}{l}
CH_2{-}OH \\
CH{-}OH \\
CH_2{-}OH
\end{array}
+Cu(OH)_2 \xrightarrow{OH^-}
\begin{array}{l}
CH_2{-}O \\
\qquad\qquad Cu \\
CH{-}O \\
CH_2{-}OH
\end{array}
+H_2O
$$

甘油与浓硝酸浓硫酸作用得到硝化甘油。硝化甘油进行加热或撞击，即猛烈分解，瞬间产生大量气体而引起爆炸，因此硝化甘油可以用作炸药。硝化甘油有扩张冠状动脉的作用，在医药上用来治疗心绞痛。

5.1.4.5　苯甲醇

苯甲醇为无色液体，有芳香气味，能溶于水，极易溶于乙醇等有机溶剂。它因有微弱的麻痹作用，常用作注射剂中的止痛剂，如其 20% 注射液曾用作青霉素的溶剂，但由于有溶血作用并对肌肉有刺激性，已不用。此外，许多存在于自然界的较复杂的醇，也已被人工合成。

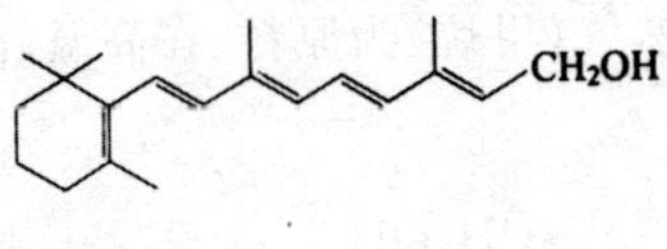

微生物 A 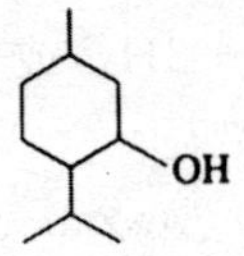　　　　　　薄荷醇 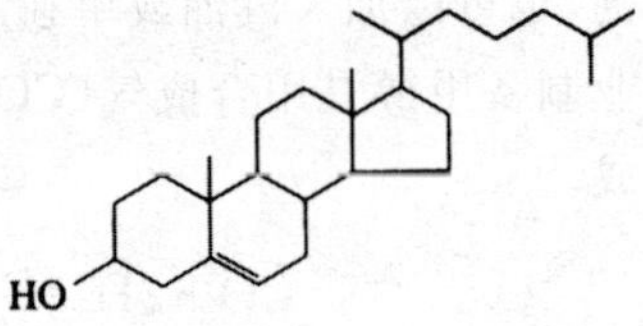　　　　　　胆固醇

都具有重要的生理作用。

5.1.4.6　甘露醇和山梨醇

甘露醇和山梨醇都是具有甜味的粉末状结晶，广泛分布于植物及梨、苹果、葡萄等果实中。两者的差异仅是立体结构的不同。甘露醇在医药上用于渗透性利尿药，以降低颅内压，预防和减轻脑水肿。山梨醇因代谢时转化为果糖，不受胰岛素的控制，可作为糖尿病患者的甜味剂。

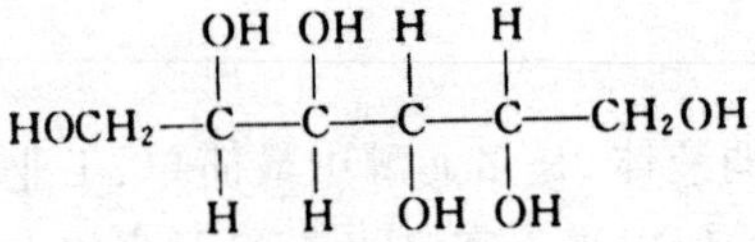

甘露醇 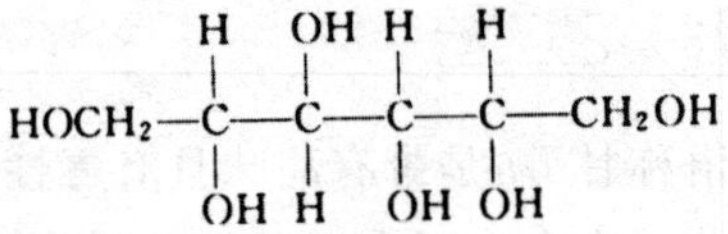　　　　　　　　　　　　　山梨醇

5.2　酚

羟基直接与芳环相连的化合物叫做酚(phenol)。结构通式为 ArOH。酚的官能团也是羟基,称为酚羟基。

5.2.1　酚的分类、命名和结构

5.2.1.1　酚的分类

根据芳基的不同,可分为苯酚和萘酚等,其中萘酚因羟基位置不同,有 α-萘酚 和 β-萘酚之分。根据芳环上含羟基的数目不同,可分为一元酚、二元酚和三元酚,含有两个以上酚羟基的酚称为多元酚。

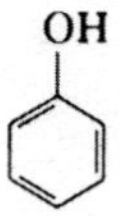

苯酚 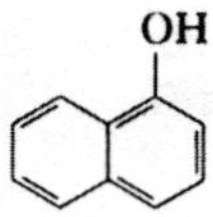　　　　　α-萘酚　　　　间苯二酚　　　　　均苯三酚

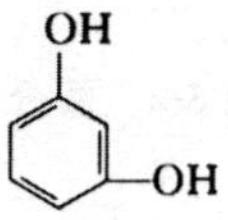

（一元酚）　　　　　　　（二元酚）　　　　　（三元酚）

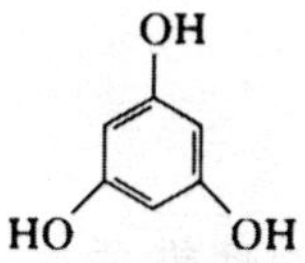

5.2.1.2　酚的命名

简单酚的命名,一般是在"酚"字前面加上芳环的名称作母体。对于多元酚的命名,常用邻、间、对(o-、m-、p-)表示取代基的位置,也可用阿拉伯数字标明,并采取最小编号原则;对于结构比较复杂的酚,命名时通常以烃基为母体,羟基作为取代基。

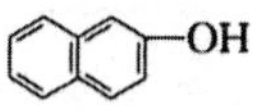

β-萘酚 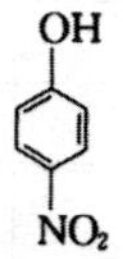　　　　　　对硝基酚　　　　　　间甲氧基苯酚

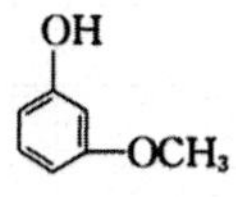

（4-硝基酚）　　　（3-甲氧基苯酚）

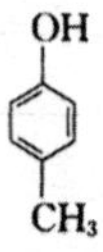

对甲苯酚　　　　　邻苯二酚　　　　　　均苯三酚

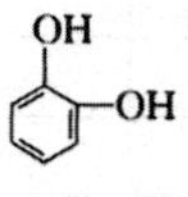

（4-甲苯酚）　　　（1,2-苯二酚）　　　（1,3,5-苯三酚）

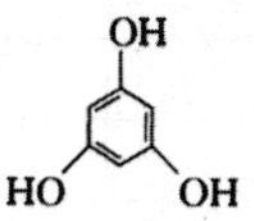

此外,还有些酚可以用俗名表示。

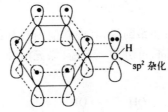

林羟基苯甲酸（水杨酸）　　邻苯二酚（儿茶酚）　　2,4,6-三硝基苯酚（苦味酸）

5.2.1.3　酚的结构

从结构上看,酚羟基直接与芳环上 sp^2 杂化的碳原子相连,氧原子采取 sp^2 杂化,氧原子上未共用的 p 电子对与苯环上 π 电子云形成 p-π 兀共轭体系,使 p 电子向苯环方向转移,O—H 键电子云密度有所降低,极性增大;而 C—O 键的强度增强,比较牢固,如图 5-2 所示。

图 5-2　酚分子的结构

5.2.2　酚的物理性质

酚多是固体,少数烷基酚是液体。由于酚分子间能形成氢键,沸点比相应的芳烃高得多。酚羟基是亲水基团,因而在水中有一定的溶解度,苯酚在 100 g 水中溶解度约为 9 g,加热时无限地溶解。纯酚是无色的,由于氧化而带有红色至褐色。常见酚的物理常数如表5-2 所示。

表 5-2　常见酚的物理常数

名称	熔点/℃	沸点/℃	溶解度/(g/100 g H_2O)	K_{ap}
苯酚	43	181.8	8	9.98
领甲苯酚	31	191	9	10.2
间甲苯酚	11.5	202.2	2.6	10.01
对甲苯酚	34.8	201.9	92	10.17
领硝基苯酚	45.3	216	0.2	7.17
间硝基苯酚	97	197.7	99	8.28
对硝基苯酚	114.9	279	1.3	7.15
α-萘酚	94	288	0.1	9.33
β-萘酚	123	295	0.1	9.5
邻苯二酚	105	245	45.1	9.4
间苯二酚	111	281	12 3	9.4
对苯二酚	173	286	8	10.0

5.2.3 酚的化学性质

酚的化学性质包括苯环的性质和羟基的性质,而这两部分又相互影响,使各自的性质发生相应变化。

5.2.3.1 弱酸性

苯酚羟基中的氢易以 H^+ 的形式离去,而使酚显弱酸性,俗称石炭酸,它与氢氧化钠反应生成酚钠,溶于氢氧化钠水溶液中。

苯酚的酸性($pK_a = 9.89$)比碳酸($pK_a = 6.35$,$pK_a = 10.33$)还弱,因此,苯酚只溶于氢氧化钠或碳酸钠溶液,不溶于碳酸氢钠溶液。如果向苯酚钠溶液中通入二氧化碳,则苯酚就会游离出来而使溶液变浑浊。利用酚的这一性质可对其进行分离提纯,也可鉴别和分离酚和醇。

酚的酸性与芳环上所连的取代基有关。当芳环上连有吸电子基时,会使酚的酸性增强,且吸电子能力越强,酸性也越强;当芳环上连有给电子基时,会使酚的酸性减弱,且给电子能力越强,酸性越弱。

5.2.3.2 酚醚的形成

与醇相似,酚也可以生成醚。由于酚羟基氧与苯环形成 p-π 共轭,C—O 键增强,酚羟基之间就很难发生脱水反应,因此酚醚不能由酚羟基间直接脱水得到。通常采用酚钠与卤代烷或硫酸烷基酯等烷基化试剂制备醚。

5.2.3.3 苯环上的取代反应

苯酚卤代非常容易,在室温下,苯酚能与溴水作用,立即生成 2,4,6-三溴苯酚的白色沉淀,此反应非常灵敏,故常用于苯酚的定性和定量分析。如需要制取一溴苯酚,则要在非极性溶剂(CS_2、CCl_4)和低温下进行。

5.2.3.4 与 $FeCl_3$ 的显色反应

大多数酚与 $FeCl_3$ 溶液能生成有色的配离子,不同酚产生的颜色不同,常用于鉴定酚。不同酚与 $FeCl_3$ 反应产生的颜色见表 5-3。

$$6C_6H_5OH+FeCl_3 \longrightarrow [Fe(C_6H_5O)_6]^{3-}+3H^++3HCl$$

表 5-3 不同酚与 $FeCl_3$ 反应产生的颜色

各种酚	产生的颜色	各种酚	产生的颜色
苯酚	紫色	间苯二酚	紫色
邻甲苯酚	蓝色	对苯二酚	暗绿色
间甲苯酚	蓝色	1,2,3-苯三酚	淡棕色
对甲苯酚	蓝色	1,3,5-苯三酚	紫色沉淀
邻苯二酚	绿色	α-萘酚	紫色沉淀

除酚类能与 $FeCl_3$ 溶液生成有色物质外,具有烯醇式结构的化合物也能发生这样的反应。

5.2.3.5 缩合反应

酚与甲醛在酸或碱的催化下反应,先生成邻位或对位的羟基苯甲醇,进一步反应生成二元取代物,二元取代物通过一系列的脱水缩合反应,最后得到酚醛树脂。酚醛树脂是具有网状结构的大分子聚合物,俗称电木。这种材料具有良好的绝缘性和热塑性,由它制成的增强塑料是空间技术中使用的重要高分子材料。

5.2.3.6 氧化反应

酚类化合物很容易被氧化,如长时间与空气接触可被空气中的氧所氧化而生成醌。这就是苯酚在空气中久置后颜色逐渐加深的原因。

对苯醌

酚类化合物可用作抗氧剂被添加到化学试剂中。空气中的氧首先与酚类作用,这样可防止化学试剂因被氧化而变质。例如,2,6-二叔丁基-4-甲基苯酚就是一个常用的抗氧剂,俗称"抗氧 246"。在医药上一些含酚类结构的药物在存储时要注意防氧化。

5.2.3.7　烷基化反应

在弱的催化剂作用下,酚容易发生烷基化反应,产物一般以对位异构体为主。

5.2.4　重要的酚

5.2.4.1　苯酚

苯酚(〔〕—OH)俗称石炭酸,无色针状晶体,有特殊气味,在空气中易氧化变为粉红色渐至深褐色。苯酚微溶于冷水,易溶于乙醇、乙醚等有机溶剂。酚有毒性,可用作防腐剂和消毒剂。苯酚是有机合成的重要原料,大量用于制造酚醛树脂以及其他高分子材料、药物、染料、炸药等。

5.2.4.2　甲酚

甲苯酚又称甲酚,来源于煤焦油,有邻、间、对三种异构体,它们的沸点相差不多,不易分离,所以在实际应用时常用其混合物,这种混合物称为煤酚。煤酚在水中难溶,能溶于肥皂溶液中。47%～53%的煤酚的肥皂溶液俗称"来苏儿",其杀菌作用比苯酚的强,使用时需加水稀释。

5.2.4.3　苯二酚

苯二酚有邻、对、间苯二酚三种异构体,三者都是无色晶体,溶于水和乙醇。邻苯二酚又叫儿茶酚,其重要衍生物是肾上腺素,有兴奋心肌、收缩血管和扩张支气管作用,是较强的心肌兴奋药、升高血压药和平喘药。间苯二酚药名叫雷锁辛,具有杀灭细菌和真菌的作用,2%～10%洗剂或软膏剂在医药上用于治疗皮肤病。对苯二酚又名氢醌,是一种强还原剂,其很容易被氧化成黄色的对苯醌,故在照相业上作显影剂使用。药剂中还常作抗氧剂使用。

肾上腺素

5.2.4.4　麝香草酚(百里酚)

麝香草酚是百里草和麝香草中的香气成分。为无色晶体,微溶于水,m.p.51 ℃,在医药上用作防腐剂、消毒剂和驱虫剂。

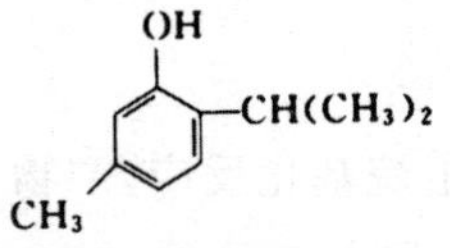

麝香草酚

5.2.4.5　维生素 E

维生素 E 又名生育酚,广泛存在于植物中,在小麦胚芽油中含量最丰富,豆类及蔬菜中的含量也较多。临床上用于治疗先兆性流产和习惯性流产,胃、十二指肠溃疡等。维生素 E 在自然界中有多种异构体,其中 α-生育酚活性最高,其结构式为:

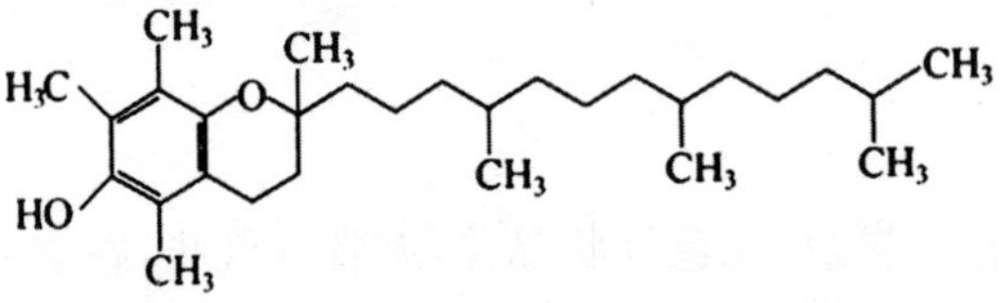

维生素 E

5.2.4.6　萘酚

萘酚有 α-萘酚和 β-萘酚两种异构体。α-萘酚为黄色结晶,m. p. 96 ℃。β-萘酚为无色片状结晶,m. p. 122 ℃。α-萘酚与三氯化铁反应生成紫色沉淀,β-萘酚与三氯化铁反应生成绿色沉淀,由此可加以区别。萘酚是制备偶氮染料的重要原料,β-萘酚还可用作杀菌剂和抗氧剂。

5.3　醚

醚的通式是 R—O—R、Ar—O—R 或 Ar—O—Ar,可以看作醇或酚羟基中的氢原子被取代形成的化合物。醚分子中的—O—称为醚键,是醚的官能团。

5.3.1　醚的分类、命名和结构

5.3.1.1　醚的分类

在醚分子中,氧原子所连的两个烃基相同时称为单醚(如 CH_3—O—CH_3);两个烃基不同时称混醚(如 CH_3—O—CH_2CH_3);两个烃基都是脂肪烃基为脂肪醚;一个或两个烃基是芳香烃基,称芳香醚;烃基与氧形成环状结构的醚称为环醚。

5.3.1.2　醚的命名

简单的醚一般都用普通命名法,即在"醚"字前冠以两个烃基的名称。饱和单醚的命名是在烃基名称前加"二"字(一般可省略,但芳醚和某些不饱和醚除外)。混醚的命名是将次序规则中较优的烃基放在后面,芳醚的命名则是芳基放在前面。

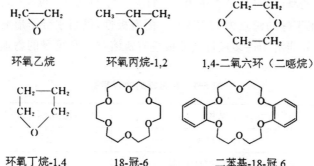

二乙醚(乙醚)　　　　　异丙基苯基醚　　　苯甲醚(茴香醚)

　　结构些较复杂的醚,可用系统命名法命名。命名时,将 R—O—(烃氧基)作为取代基。烃氧基的命名,只要将相应的烃基名称后加"氧"字即可。芳醚可以芳环为母体,也可以大的烃基为母体。多官能团的醚则由优先官能团决定母体的名称。

3-甲氧基己烷　　　　　2-乙氧基乙醇　　　　对甲氧基苯甲醇

　　环醚一般叫做环氧某烃,标出与氧原子相连的碳原子的编号。也可按杂环化合物命名的方法来命名。

环氧乙烷　　　　环氧丙烷-1,2　　　　1,4-二氧六环(二噁烷)

环氧丁烷-1,4　　　　18-冠-6　　　　二苯基-18-冠6

　　冠醚以"m-冠-n"表示,m 是所有的成环原子数,n 为环中氧原子数。多元醚命名时,先写出多元醇的名称,再写出另一部分烃基的数目和名称,再加上"醚"字。

乙二醇-[1,2]-二乙醚　　　　　乙二醇一甲醚

5.3.1.3　醚的结构

　　醚是由氧原子通过两个单键分别与两个烃基结合的分子。醚的官能团为醚键(—O—),醚键中氧为 sp^3 杂化(酚醚除外),两个未共用电子对分别处在两个 sp^3 杂化轨道中,分子为"V"字形,分子中无活泼氢原子,性质较稳定如图 5-3 所示。

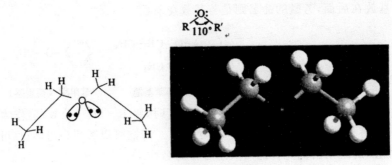

图 5-3　乙醚的分子结构

5.3.2　醚的物理性质

常温下,除甲醚和甲乙醚是气体外,其余为具有香味的无色液体。由于醚分子中没有活泼氢,醚分子间不能存在氢键,使醚的熔点、沸点都比相应的醇低,醚的沸点和相对分子质量相当的烷烃相近。例如,乙醚(相对分子质量为74)的沸点为34.5 ℃,戊烷(相对分子质量为72)的沸点为36.1 ℃,而正丁醇的沸点为117.2 ℃。醚有极性,可与水分子形成氢键,所以醚在水中的溶解度比烷烃大,并能溶于许多极性及非极性有机溶剂。常见醚的物理常数见表5-4。

表 5-4　常见醚的物理常数

名称	结构	沸点/℃	相对密度
甲醚	$CH_3—O—CH_3$	−25	0.661
甲乙醚	$CH_3—O—CH_2CH_3$	8	0.679
乙醚	$CH_3CH_2—O—CH_2CH_3$	35	0.714
正丙醚	$CH_3(CH_2)_2—O—(CH_2)_2CH_3$	90	0.736
异丙醚	$(CH_3)_2CH—O—CH(CH_3)_2$	69	0.735
正丁醚	$CH_3(CH_2)_3—O—(CH_2)_3CH_3$	143	0.769
甲丁醚	$CH_3—O—(CH_2)_3CH_3$	70	0.744
乙丁醚	$CH_3CH_2—O—(CH_2)_3CH_3$	92	0.752
乙二醇二甲醚	$CH_3—O—CH_2CH_2—O—CH_3$	83	0.863
乙烯醚	$CH_2—CH—O—CH—CH_2$	35	0.773

注:表中的相对密度为20 ℃下的值。

5.3.3　醚的化学性质

除某些环醚外,醚分子中的醚键很稳定,其稳定性接近烷烃,与稀酸、强碱、氧化剂、还原剂或金属钠等都不发生反应。故在常温下可用金属钠来干燥醚。但由于醚键 C—O—C 中氧原子上含有未共用电子对以及氧的电负性影响,在一定条件下,醚也能起某些化学反应。

5.3.3.1 锌盐的生成

醚中的氧可以提供孤对电子和强酸(如浓硫酸、浓盐酸)生成锌盐,锌盐加水即水解,又析出原来的醚。

$$C_2H_5-O-C_2H_5 + HCl \longrightarrow [C_2H_5-\overset{\overset{H}{\uparrow}}{O}-C_2H_5]^+ Cl^-$$

因此,醚能溶于硫酸、盐酸等强无机酸中。利用这一性质,可以区分醚和烷烃。

5.3.3.2 醚键断裂

醚与浓的氢卤酸或路易斯(Lewis)酸加热,可使醚键断裂,生成醇(酚)和卤代烷。其中,氢碘酸的效果最好。

$$CH_3-O-CH_2CH_3 + HI \xrightarrow{\triangle} CH_3CH_2OH + CH_3I$$

反应中若氢碘酸过量,则生成的醇可进一步转化为另一分子碘代烃。若生成酚,则无此转化。

$$CH_3CH_2OH + HI \longrightarrow CH_3CH_2I + H_2O$$

醚键在断裂时,通常是含碳原子较少的烷基形成碘代烷。若是芳香基烷基醚与氢碘酸作用,总是烷氧键断裂,生成酚和碘代烷。

5.3.3.3 过氧化物的生成

醚对氧化剂较稳定,但和空气长期接触,会缓慢地被氧化,生成醚的过氧化物。通常因 α-碳氢键较活泼,故被氧化的主要是 α-碳氢键。

$$CH_3-\underset{CH_3}{\overset{}{CH}}-O-\underset{CH_3}{\overset{}{CH}}-CH_3 + O_2 \longrightarrow CH_3-\underset{CH_3}{\overset{OOH}{\overset{|}{\underset{|}{C}}}}\!\!\overset{\alpha}{}-O-\underset{CH_3}{\overset{}{CH}}-CH_3$$

$$CH_3CH_2OCH_2CH_3 + O_2 \longrightarrow CH_3\underset{OOH}{\overset{}{CH}}-O-CH_2CH_3$$

过氧化物和氢过氧化物没有挥发性,受热后容易发生爆炸。因此,蒸馏乙醚时,应先检验有无过氧化物存在,如果有过氧化物存在必须除去才能蒸馏,同时蒸馏时不能完全蒸完,以免出现意外。常用检验过氧化物的方法是用 KI 淀粉试纸,如果存在过氧化物则试纸显蓝色。除去乙醚中过氧化物的方法是向其中加入 Na_2SO_3 或 $FeSO_4$ 等还原剂,以破坏过氧化物。

5.3.3.4 环氧化合物的反应

环氧乙烷为无色液体,能溶于水、乙醇、乙醚。环氧乙烷为三元环,在酸性碱性条件下易与含活泼氢的试剂发生反应,C—O 键断裂,从而开环。在酸的催化下,环氧乙烷可以和水发生反应,生成乙二醇。

$$CH_2-CH_2 + H_2O \xrightarrow[50\sim70℃]{0.5\%H_2SO_4} \underset{OH}{CH_2}-\underset{OH}{CH_2}$$

此反应在工业上用于生产乙二醇,乙二醇分子中也有活泼氢原子,能继续与环氧乙烷反应,生成一缩二乙二醇(二甘醇)。二甘醇也可以和环氧乙烷反应,生成二缩三乙二醇(三甘醇)。

$$CH_2-CH_2 + \underset{OH}{CH_2}-\underset{OH}{CH_2} \xrightarrow[50\sim70℃]{0.5\%H_2SO_4} \underset{OH}{CH_2}CH_2OCH_2\underset{OH}{CH_2}$$

$$\longrightarrow \underset{OH}{CH_2}CH_2OCH_2CH_2OCH_2\underset{OH}{CH_2}$$

同样,在酸的催化下,还可以和醇发生化学反应生成乙二醇烷基醚。

$$CH_2-CH_2 + ROH \xrightarrow{H^+} \underset{OH}{CH_2}-\underset{OR}{CH_2}$$

生成的乙二醇烷基醚中也有—OH,可以继续和环氧乙烷反应,生成二甘醇烷基醚。

$$CH_2-CH_2 + \underset{OH}{CH_2}-\underset{OR}{CH_2} \xrightarrow{H^+} \underset{OR}{CH_2}CH_2OCH_2\underset{OH}{CH_2}$$

环氧乙烷可以和氨水发生反应生成 2-氨基乙醇(一乙醇胺),一乙醇胺上也有氢原子,也可以与环氧乙烷反应生成二乙醇胺,进一步反应生成三乙醇胺。此反应是工业上合成三乙醇胺的方法之一。

$$CH_2-CH_2 + NH_3 \xrightarrow{30\sim50℃} \underset{OH}{CH_2}-\underset{NH_2}{CH_2} \xrightarrow{CH_2-CH_2} \underset{OH}{CH_2}CH_2N\underset{H}{}CH_2\underset{OH}{CH_2}$$

一乙醇胺　　　　　　二乙醇胺

$$\xrightarrow{CH_2-CH_2} \underset{OH}{CH_2}CH_2N\underset{CH_2CH_2OH}{}CH_2CH_2OH$$

三乙醇胺

环氧乙烷还可以和格利雅试剂反应,产物水解后得到伯醇。此反应用于制备伯醇。还可以通过此反应使碳链增加两个碳原子,在合成中可以用来增长碳链。

$$H_2C-CH_2 + RMgX \xrightarrow[\triangle]{\text{酐醚}} R_2CH_2CH_2OMgX \xrightarrow[H_2O]{H^+} R_2CH_2CH_2OH$$

5.3.4 重要的醚

5.3.4.1 乙醚

乙醚是最常用的一种醚,为极易挥发的无色液体,具有特殊香味,沸点为 34.5 ℃,易燃易爆,它的蒸气和空气混合达到一定比例时,遇火或撞击火花会引起猛烈爆炸。因此,使用乙醚时应特别小心,应将其放在棕色瓶中于阴冷处储存。乙醚能溶解多数有机化合物,并微溶于水,而它本身的化学性质又较稳定,所以是良好的溶剂和萃取剂。乙醚或其他醚类化合物如四氢呋喃等,在医药上用作有机溶剂。乙醚因能作用于中枢神经系统而曾用作吸入性麻醉剂,但因其可引起恶心等副作用,现已被其他更好的麻醉剂代替。

乙醚可由石油工业副产物乙烯制备。用硫酸吸收乙烯,形成硫酸酯,再水解得到醇和醚。乙醚的制备还可由乙醇在硫酸或氧化铝催化下脱水。

$$2CH_3CH_2OH \xrightarrow[\triangle \atop (H_2SO_4)]{Al_2O_3} CH_3CH_2OCH_2CH_3 + H_2O$$

5.3.4.2 环氧乙烷

环氧乙烷是最简单的环醚,常温下为无色有毒气体,可与水互溶,也能溶于乙醇、乙醚等有机溶剂,沸点为 11 ℃,可与空气形成爆炸混合物,常储存于钢瓶中。环氧乙烷的性质非常活泼,在酸或碱的作用下,可与许多含活泼氢的试剂发生开环反应,开环时,C—O 键断裂。环氧乙烷是有机合成的重要原料和中间体,在药物合成上是一个重要的羟乙基化试剂。环氧乙烷可用作谷物熏蒸剂和气体灭菌剂。

以乙烯为原料,在催化剂银的作用下,经空气氧化制得环氧乙烷。

$$CH_2{=}CH_2 + \frac{1}{2}O_2(空气) \xrightarrow[250\,℃]{Ag} CH_2\underset{O}{\diagup}\!\!\!\!\!\diagdown CH_2$$

5.3.4.3 冠醚

冠醚是分子中含有多个—OCH_2CH_2—单位的大环多醚。由于它们的形状像皇冠,故称为冠醚。冠醚的命名比较特殊:"X—冠—Y",X 代表环上的原子总数,Y 代表氧原子数。例如:

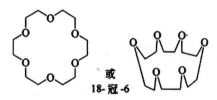

或
18-冠-6

冠醚的大环结构中间留有"空穴",由于氧原子上具有未共用电子对,故可通过配位键与金属离子形成配合物。各种冠醚的空穴大小不同,可以选择性结合不同的金属离子。利用冠醚的这一重要特点,可以分离金属离子。

冠醚的另一个重要用途是作为相转移催化剂(PTC),冠醚可以使仅溶于水相的无机物因其中的金属离子被冠醚配合而转溶于非极性的有机溶剂中,从而使有机与无机两种反应物借助冠醚而共处于有机相中,加速了无机试剂与有机物之间的反应。

5.4 硫醇和硫醚

5.4.1 硫醇

醇分子中的氧原子被硫原子代替后所形成的化合物,也可看成 H_2S 分子中的 H 原子被烃基取代的产物,称为硫醇。

5.4.1.1 硫醇的结构与命名

硫醇的结构可用 RSH 表示。—SH 类似—OH 结构,故其属于硫醇的官能团,称为巯基。硫醇的命名与醇相似,只是在母体名称中醇字前面加一个"硫"字。

$$CH_3SH \qquad C_2H_5SH$$
甲硫醇 　　　　乙硫醇

$$CH_3CH_2CH_2CH_2SH \qquad H_2C=CHCH_2SH$$
正丁硫醇 　　　烯丙硫醇(2-丙烯-1-硫醇)

5.4.1.2 硫醇的物理性质

低级的硫醇易挥发并具有非常难闻的气味,即使量很小,气味也很明显。随着相对分子质量的增加气味逐渐变淡。硫醇的沸点比相应的醇低,在水中的溶解度也比相应的醇低。例如,乙醇的沸点为 78.3 ℃,能与水互溶,而乙硫醇的沸点为 37 ℃,在水中的溶解度仅为 1.5 g/(100 mL)。这是由于硫原子的半径仅比氧大,电负性比氧小,硫醇分子之间以及硫醇与水分子之间难以形成氢键。硫醇易溶于有机溶剂。一些常见硫醇的物理常数见表 5-5 所示。

表 5-5　常见硫醇的物理常数

名称	结构式	熔点/℃	沸点/℃
甲硫醇	CH_3SH	−123	6
乙硫醇	CH_3CH_2SH	−144	37
丙硫醇	$CH_3CH_2CH_2SH$	−113	67
异丙硫醇	$(CH_3)_2CHSH$	−131	58
丁硫醇	$CH_3(CH_2)_2CH_2SH$	−116	98

5.4.1.3　硫醇的化学性质

(1)弱酸性。硫醇的酸性比相应的醇强得多。如乙硫醇的 pK_a 为 10.5,乙醇的 pK_a 为 15.9。所以,乙硫醇与氢氧化钠作用生成盐而溶于水,而乙醇则不与氢氧化钠作用。

$$CH_3CH_2-SH+NaOH \longrightarrow CH_3CH_2-SNa+H_2O$$

这是由于硫的原子半径比氧原子大,S—H 键的键长较 O—H 键的长,易被极化,以致 S—H 键的解离能比相应的 O—H 键解离能小,所以硫醇的酸性比相应的醇强。

(2)与重金属的反应。硫醇不仅能与碱金属成盐,还能与汞、银、铅、砷、铬、铜等重金属或其氧化物、配合物反应,生成不溶于水的硫醇盐。

$$2R-SH+HgO \longrightarrow (RS)_2Hg+H_2O$$
$$2R-SH+(CH_3COO)_2Pb \longrightarrow (RS)_2Pb+2CH_3COOH$$

此类反应不仅可用于鉴定硫醇,更重要的是可作为重金属中毒的解毒剂。所谓重金属中毒,是体内的某些生物功能分子(如蛋白质、酶)上的巯基与重金属结合,使其变性失活而丧失正常的生理功能。医疗上常用的重金属中毒解毒剂如 2,3-二巯基丙醇,商品名称"巴尔"(British Anti-Lewisite,简写为 BAL),它可以夺取已与机体内蛋白质或酶结合的重金属,形成稳定的配合物随尿液排出,从而达到解毒的目的。

(3)氧化反应。硫醇的巯基具有较强的还原性,极易被氧化,在缓和的氧化剂如空气中的氧、$I_2/NaOH$、H_2O_2 等作用下,硫醇可被氧化生成二硫化物。

$$R-SH+I_2 \xrightarrow{NaOH} R-S-S-R$$

二硫化物分子中的"—S—S—"键称为二硫键。二硫键在一定的条件下又可被还原为原来的硫醇,是一个可逆反应。在蛋白质中,二硫键对保持蛋白质分子特殊的空间结构具有重要的作用。如人体的毛发主要是角蛋白,在毛发卷曲的过程中,就是利用巯基化合物与二硫键之间的氧化还原作用,达到使毛发卷曲的目的。

在强氧化剂(如硝酸、高锰酸钾等)作用下,硫醇则被氧化成磺酸。

$$R-SH \xrightarrow{KMnO_4} R-SO_3H$$

因此,在毛发卷曲过程中,不能用强氧化剂,否则会破坏毛发的结构,使毛发断裂不易修复。常用作化学卷发剂的硫醇及化合物有:巯基乙醇、巯基乙酸、2-羟基丙酸、巯基乙酸单乙醇胺、半胱氨酸等。

(4)酯化反应。与醇相似,硫醇也可和羧酸发生酯化反应。

$$R'SH + RCOOH \rightleftharpoons R-\overset{\overset{O}{\|}}{C}-SR' + H_2O$$

硫羟酸酯

（5）分解反应。硫醇可发生氢解和热解反应，这个反应在工业上可用来脱硫。

$$RSH \begin{cases} \xrightarrow[\text{MoS}_2,\triangle]{\text{H}_2} RH + H_2S \\ \xrightarrow[150\sim250℃]{\text{热解}} 烯烃 + H_2S \end{cases}$$

5.4.2 硫醚

醚分子中的氧原子被硫原子代替后的化合物叫作硫醚。

5.4.2.1 硫醚的结构和命名

硫醚通式为：$(Ar)R-S-R'(Ar)$。硫醚的命名与相应的醚相似，只是在"醚"字前加一个"硫"字即可。

CH_3-S-CH_3　　　$CH_3CH_2-S-CH_2CH_3$　　　苯环$-S-CH_3$

甲硫醚　　　　　　乙丙硫醚　　　　　　苯甲硫醚

5.4.2.2 硫醚的物理性质

硫醚是有臭味的无色液体，不溶于水，可溶于醇和醚中。低级硫醚为无色液体，有臭味，但臭味不如硫醇那样强烈。低级硫醚的沸点比相应的醚高，如甲醚的沸点为$-24℃$，甲硫醚的沸点为$37.6℃$。由于低级硫醚不能与水形成氢键，故其在水中的溶解度远低于醚，几乎不溶于水。

5.4.2.3 硫醚的化学性质

（1）氧化反应。硫醚容易被氧化，硫醚可被氧化，随氧化条件不同，氧化产物各异。

在缓和条件下，如室温下用过氧化氢或三氧化铬等氧化，生成亚砜，亚砜若进一步氧化，则生成砜。

$$CH_3-S-CH_3 \xrightarrow{[O]} CH_3-\overset{\overset{O}{\uparrow}}{S}-CH_3 \xrightarrow{[O]} CH_3-\overset{\overset{O}{\uparrow}}{\underset{\underset{O}{\downarrow}}{S}}-CH_3$$

二甲基亚砜　　　　　　　　二甲基砜

如果遇强氧化剂（如发烟硝酸、高锰酸钾等），则直接被氧化成砜。

$$CH_3-S-CH_3 \xrightarrow{\text{发烟 HNO}_3} CH_3-\overset{\overset{O}{\|}}{\underset{\underset{O}{\|}}{S}}-CH_3$$

二甲砜

　　二甲亚砜简称 DMSO，为无色液体，沸点为 189 ℃，能与水、乙醇、丙酮、苯、氯仿任意混溶。是非常好的非质子极性溶剂，俗称"万能溶媒"。同时，DMSO 还有很强的穿透能力，可促使药物渗入皮肤，因此可用作透皮吸收药物的促渗剂。

　　(2)亲核取代反应。由于硫醚中硫原子的电负性比氧原子的弱，所以其给电子的能力比醚中的氧原子强，即硫醚有较强亲核性，如硫醚可与卤烷作用生成锍盐。

$$R-S-R' + R''X \longrightarrow [R-\underset{\underset{R''}{|}}{S}-R']^+ \ X^-$$

锍盐较稳定，易溶于水，能导电。在水中离解生成 $[R-\underset{\underset{R}{|}}{S}-R]^+$ 和 X^-。

　　(3)分解反应。硫醚可发生氢解反应和热解反应。工业上借此反应用于脱硫。

$$\overset{C_2H_5}{\underset{C_2H_5}{>}}S \begin{cases} \xrightarrow[340\sim400℃]{2H_2,\text{钼酸钴}} 2C_2H_6 + H_2S \\ \xrightarrow{400℃} 2CH_2=CH_2 + H_2S \end{cases}$$

第6章 醛、酮、醌

6.1 醛和酮

在有机化合物中,碳原子以双键和氧原子相连接的基团称为羰基,即 $\diagdown\!C\!\!=\!\!O$。分子中含有羰基的化合物统称为羰基化合物。羰基是羰基化合物的特征官能团。羰基化合物种类很多,醛与酮是其中的两种。

醛的羰基上连有一个氢原子,酮的羰基直接与两个烃基相连。醛简写为 RCHO,其中—CHO 为醛的官能团,称为醛基。酮简写为 RCOR′,—CO—为酮的官能团,称酮基。由于羰基是醛、酮共有的官能团,因此在化学性质上醛、酮有许多共同之处。但又因醛基和酮基的差异,也使醛和酮在化学性质上有所不同。

醛和酮是一类非常重要的化合物。它们广泛分布于自然界中,在生物体内起着重要的作用,更重要的是含羰基化合物具有较强的反应活性,是有机合成中极为重要的原料和中间体。

6.1.1 醛和酮的分类、命名和结构

6.1.1.1 醛和酮的分类

根据羰基所连烃基的类别,可分为脂肪族醛、酮和芳香族醛、酮。羰基嵌在环内的为环内酮。

CH_3CHO	CH_3COCH_3			$COCH_3$
脂肪醛	脂肪酮	脂环酮	芳香醛	芳香酮

根据脂肪烃基中是否含有不饱和键,脂肪醛、酮又可分为饱和醛、酮与不饱和醛、酮。

CH_3CH_2CHO	CH_3COCH_3	$CH_2\!=\!CHCHO$	
饱和醛	饱和酮	不饱和醛	不饱和环酮

根据分子中羰基的数目,可分为一元醛、酮和二元醛、酮。

$$CH_3CH_2CHO \qquad CH_3\overset{O}{\overset{\|}{C}}CH_3 \qquad \overset{CHO}{\underset{CHO}{|}} \qquad CH_3\overset{O}{\overset{\|}{C}}CH_2\overset{O}{\overset{\|}{C}}CH_3$$

　　　一元醛　　　　　一元酮　　　　　二元醛　　　　　二元酮

最简单的醛是甲醛,两个烃基相同的酮为简单酮,不相同的为混合酮。

$$CH_3\overset{O}{\overset{\|}{C}}CH_3 \qquad CH_3\overset{O}{\overset{\|}{C}}CH_2CH_3$$

　　　简单酮　　　　　混合酮

6.1.1.2　醛和酮的命名

(1)普通命名法。该法常用来为简单的醛和酮命名。脂肪醛命名时按含碳原子数的多少称为某醛。酮命名的普通命名法是在羰基所连接的两个烃基名称后面加上"酮"字。混合酮命名时将简单的烃放在前面,含有芳基时将芳基写在烷基前面,最后按酮基所连接的两个烃基称为某(基)某(基)酮。

$$CH_3-\overset{O}{\overset{\|}{C}}-CH_2CH_3 \qquad CH_3-\overset{O}{\overset{\|}{C}}-CH_3 \qquad CH_2=CH-\overset{O}{\overset{\|}{C}}-CH_3$$

　　　甲基乙基酮　　　　　二甲酮　　　　　甲基乙烯基酮（丁烯酮）

(2)系统命名法。脂肪族醛和酮命名时,选择包含羰基的最长碳链为主链,支链作为取代基,从靠近羰基的一端开始编号,依次标明碳原子的位次。在名称中要注明羰基的位置。在醛分子中,醛基总是处于第一位,命名时可不加以标明。酮分子中羰基的位次(除丙酮、丁酮外)必须标明。

$$CH_3-\overset{CH_3}{\underset{|}{CH}}-CH_2CHO \qquad C_6H_5-\overset{CH_3}{\underset{|}{CH}}-CHO \qquad CH_3-\overset{CH_3}{\underset{|}{C}}=CHCH_2CH_2-\overset{CH_3}{\underset{|}{CH}}-CH_2CHO$$

　　3-甲基丁醛　　　　　2-苯基丙醛　　　　　3,7-二甲基-6-辛烯醛

$$CH_3CH_2-\overset{O}{\overset{\|}{C}}-CH_2CH_3 \qquad CH_3-\overset{O}{\overset{\|}{C}}-CH_2-\overset{O}{\overset{\|}{C}}-CH_3 \qquad \text{环戊酮结构}$$

　　3-戊酮　　　　　　2,4-戊二酮　　　　　3-甲基环戊酮

醛、酮碳原子的位次,除用1,2,3,4,…表示外,有时也用α,β,γ,…希腊字母表示。α是指官能团羰基旁第一个位置,β是指第二个位置……酮中一边用α,β,γ,…,另一边用α′,β′,γ′,…,此时的编号是从与官能团直接相连的碳原子开始的。

$$\overset{\delta}{C}-\overset{\gamma}{C}=\overset{\beta}{C}-\overset{\alpha}{C}\overset{O}{\underset{H}{\diagdown}}$$

CH₃CH=CHCH₂CHO

$$CH_3-\underset{OH}{CH}-CH_2CHO$$

$$CH_3-\underset{Br}{CH}-\overset{O}{\underset{}{C}}-\underset{Br}{CH}CH_3$$

β-戊烯醛   β-羟基丁醛   α，α′-二溴-3-戊酮

不饱和醛、酮命名时,要从靠近羰基的一端给主链编号。命名为某烯醛(酮)或某炔醛(酮)。

$$CH_2=CH-CH_2-\underset{\underset{CH_3}{|}}{CH}-CHO$$

$$CH_3-CH=CH-\underset{\underset{CH_3}{|}}{CH}-\overset{O}{\underset{}{C}}-CH_3$$

2-甲基-4-戊烯醛   3-甲基-4-己烯-2-酮

芳香醛(酮)的命名通常以脂肪醛(酮)为母体,将芳环作为取代基。

$$CH_3-\underset{}{CH}-CHO$$

$$\overset{O}{\underset{}{C}}-CH_2CH_3$$

2-苯丙醛   1-环己基-1-丙酮

醛基与芳环、脂环或杂环上的碳原子直接相连时,命名时可在相应的环系名称之后加上"醛"字。

CHO

CHO

CHO

环己醛   1,3-萘二醛

多元醛、酮命名时,含有两个以上羰基的化合物可用二醛、二酮等,醛作取代基时,可用词头"甲酰基"或"氧代"表示;酮作取代时,用词头"氧代"表示。

$$CH_3\underset{2}{C}CH_2\underset{4}{C}CH_3 \quad CH_3\underset{3}{C}CH_2\underset{1}{C}HO$$

2,4-戊二酮   3-氧代丁醛

多官能团化合物命名时,若芳环上不但连有醛基,而且连有其他优先主官能团,则醛基可视作取代基,用"甲酰基"做词头来命名。

CHO—⁴◯¹—COOH

4-甲酰基本甲酸

6.1.1.3 醛和酮的结构

羰基中的碳原子以 sp^2 杂化形成三个轨道,其中两个 sp^2 杂化轨道分别与两个其他原子以单键(σ键)相连,另一个 sp^2 杂化轨道与氧原子形成一个 σ 键,三个 σ 键处于同一个平面,它们之间的夹角大约 $120°$。未参加杂化的碳原子和氧原子的 p 轨道与三个 σ 键所在的平面垂直,它们彼此侧面重叠形成 π 键。因此羰基的碳氧双键是由一个 σ 键和一个 π 键构成的。其结构如图 6-1 所示。

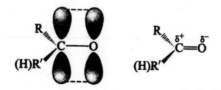

图 6-1 羰基的结构

由于羰基氧原子的电负性比碳原子的电负性大,碳氧之间成键电子偏向氧原子,所以羰基具有极性,其偶极矩为 $2.3 \sim 2.8$ D,其中的碳原子带部分正电,氧原子带部分负电。因而羰基碳具有相当强的亲电性,容易受到亲核试剂的进攻。此外,羰基氧原子有两对孤电子,这一结构特征使得羰基表现出弱的路易斯碱性。

6.1.2 醛和酮的物理性质

室温下,除甲醛是气体外,C_{12} 以下的脂肪醛、酮为液体,高级脂肪醛、酮和芳香酮多为固体。酮和芳香醛具有令人愉快的气味,低级醛具有强烈的刺激气味,中级醛具有果香味,所以含有 $C_9 \sim C_{10}$ 个碳原子的醛可用于配制香料。

因为醛或酮的分子间不能形成氢键,没有缔合现象,因此它们的沸点低于相对分子质量相近的醇。但是,由于羰基的极性,增加了分子间的引力,所以其沸点高于相应的烷烃。

由于醛与酮的羰基氧原子能与水分子形成氢键,所以低级脂肪醛、酮易溶于水,但随着相对分子质量的增加,溶解度逐渐减小,醛与酮易溶于苯、四氯化碳等有机溶剂。一些常见醛、酮的物理常数见表 6-1。

表 6-1 常见醛和酮的物理常数

名称	熔点/℃	沸点/℃	相对密度 d_4^{20}	溶解度/[g/(100 g H_2O)]
甲醛	-92	-21	0.815(−20 ℃/4 ℃)	55
乙醛	-121	20.8	0.783 4(18 ℃/4 ℃)	溶
丙醛	-81	48.8	0.805 8	20
丁醛	-99	75.7	0.817 0	微溶
戊醛	-91	103	0.809 5	微溶
苯甲醛	-26	178.1	1.041 5(10 ℃/4 ℃)	0.33

名称	熔点/℃	沸点/℃	相对密度 d_4^{20}	溶解度/[g/(100 g H$_2$O)]
丙酮	−94.6	56.5	0.789 8	溶
丁酮	−86.4	79.6	0.805 4	溶
2-戊酮	−77.8	102	0.806 1	几乎不溶
3-戊酮	−39.9	101.7	0.813 8	4.7
环己酮	−16.4	155.7	0.947 8	微溶
苯乙酮	19.7	202.3	1.028 1	微溶

6.1.3　醛和酮的化学性质

　　醛和酮的化学性质由其分子结构特性决定。醛与酮分子中都含有羰基,所以具有许多相似的化学性质,主要表现在亲核加成反应、α-H 的反应以及氧化还原反应。但它们在结构上又有差异,所以化学性质也有所不同。一般是醛较活泼,某些反应只有醛能发生,而酮则不能。醛与酮的化学性质如图 6-2 所示。

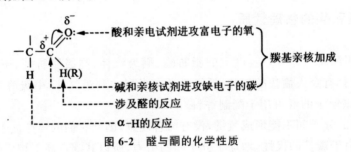

图 6-2　醛与酮的化学性质

6.1.3.1　亲核加成反应

　　醛与酮分子中含有羰基官能团,羰基是极性基团,羰基碳原子带有部分正电荷,很容易受亲核试剂的进攻,发生 π 键断裂的亲核加成反应。亲核加成反应的一般式表示如下:

$$Nu^- + \ \ \diagdown C = O \ \ \underset{慢}{\rightleftharpoons} \ \ Nu{-}\diagdown C{-}O^- \ \ \xrightarrow[快]{H^+} \ \ Nu{-}\diagdown C{-}OH$$

　　羰基亲核加成反应的活性与羰基碳原子上的正电性和碳原子周围的空间位阻有关。羰基碳上带的正电荷越多,羰基周围的空间位阻越小,反应越容易发生。醛、酮羰基上连的烃基增加,由于烃基的 +I 和 +C 效应使得羰基碳原子上的正电荷降低,不利于发生亲核加成反应。同时烃基增多,空间位阻增大,也不利于亲核试剂进攻,因此羰基上连的烃基越少、越小,亲核加成反应活性越大。醛的亲核加成反应活性大于酮。反应活性:甲醛＞醛＞脂肪族甲基酮＞其他脂肪酮＞芳香酮。

　　例如,下列醛、酮亲核加成反应活性为:

$$\underset{H}{\overset{H}{C}}=O > \underset{H}{\overset{R}{C}}=O > \underset{H}{\overset{Ar}{C}}=O > \underset{H}{\overset{CH_3}{C}}=O > \underset{CH_3}{\overset{CH_3}{C}}=O > \overset{O}{\bigcirc} > \underset{R'}{\overset{R}{C}}=O > \underset{Ar'}{\overset{Ar}{C}}=O$$

（1）与氢氰酸的加成反应。在少量碱催化下，醛和大多数甲基酮及少于八个碳的环酮能与氢氰酸作用生成 α-羟基腈，也称为 α-氰醇。

$$\overset{}{\underset{}{C}}=O + HCN \longrightarrow \underset{CN}{\overset{OH}{C}} \xrightarrow[H^+ 或 OH^-]{H_2O} \underset{COOH}{\overset{OH}{C}}$$

α-羟基腈　　　　　α-羟基酸

反应生成的 α-羟基腈是有机合成中重要的中间体，可以转变为多种化合物。

$$(CH_3)_2\underset{OH}{\overset{}{C}}CN \begin{cases} \xrightarrow{H_2O/H^+} (CH_3)_2\underset{OH}{\overset{}{C}}COOH \xrightarrow[\triangle]{-H_2O} CH_2=\underset{}{\overset{CH_3}{C}}-COOH \\ \xrightarrow{[H]} (CH_3)_2\underset{OH}{\overset{}{C}}CH_2NH_2 \end{cases}$$

但由于氢氰酸有剧毒，并且挥发性很大（沸点 26 ℃），所以实验和生产过程必须在通风橱内进行。

羰基与氢氰酸加成是增长碳链的方法之一，又因为加成产物羟基腈是一类较活泼的化合物，可以进一步转化为其他化合物，因此在有机合成上有很大用处。例如，羟基酸还可以进一步失水，变为 α，β-不饱和酸。有机玻璃的成分是聚甲基丙烯酸甲酯，工业上就是利用这个反应合成的。用丙酮和氢氰酸在氢氧化钠的水溶液中反应，首先得到丙酮的羟腈，然后和甲醇在硫酸作用下，即发生失水及酯化作用，氰基即变为甲氧酰基（—COOCH₃），反应过程可用下式表示。这一反应是具有普遍应用价值的，但是当酮所连接的两个基团太大时，由于空间位阻的关系，产率大大地降低。

$$\underset{CH_3}{\overset{CH_3}{C}}=O + CHN \xrightarrow{NaOH} \underset{CH_3}{\overset{CH_3}{C}}\underset{OH}{\overset{CN}{|}} \xrightarrow[H_2SO_4]{CH_3OH} CH_2=\underset{CH_3}{\overset{}{C}}-\overset{O}{\overset{||}{C}}-OCH_3$$

丙酮羟腈78%　　　　　　甲基丙烯酸甲酯90%

（2）与亚硫酸氢钠的加成反应。醛、脂肪族甲基酮以及少于八个碳的环酮可以与饱和 $NaHSO_3$ 的水溶液加成生成 α-羟基磺酸钠。产物 α-羟基磺酸盐为白色结晶，不溶于饱和的亚硫酸氢钠溶液中，容易分离出来；与酸或碱共热，又可得原来的醛、酮。故此反应可用以提纯醛、酮。这个加成反应是可逆反应。如果在加成产物的水溶液中加入酸或碱，使反应体系中的亚硫酸氢钠不断分解而除去，则加成产物也不断分解而再变成醛或酮。

$$R-\overset{\underset{|}{H}}{C}=O + NaO-\overset{\overset{O}{\|}}{\underset{}{S}}-OH \rightleftharpoons \overset{R}{\underset{H}{\overset{|}{C}}}\overset{ONa}{\underset{SO_3H}{}} \rightleftharpoons \overset{R}{\underset{H}{\overset{|}{C}}}\overset{OH}{\underset{SO_3Na}{}}$$

α-羟基磺酸钠（白色沉淀）

醛、酮与 NaHSO₃ 加成反应生成 α-羟基磺酸钠，再用等量的 NaCN 处理制备 α-羟基腈，从而避免使用挥发性的剧毒物氢氰酸合成 α-羟基腈。

（3）与醇的加成反应。在干燥氯化氢或浓硫酸的催化下，一分子醛或酮可与一分子醇发生亲核加成反应，生成的化合物称为半缩醛或半缩酮。一般半缩醛（酮）不稳定，不能分离出来，但它可再与另一分子醇进行反应，失去一分子水，生成稳定的化合物——缩醛（酮），并能从过量的醇中分离出来。

$$\overset{R}{\underset{(R')}{\overset{|}{\underset{H}{C}}}}=O + R''OH \underset{}{\overset{无水\ HCl}{\rightleftharpoons}} \overset{R}{\underset{(R')}{\overset{|}{\underset{H}{C}}}}\overset{OH}{\underset{OR''}{}} \underset{干\ HCl}{\overset{R''OH}{\rightleftharpoons}} \overset{R}{\underset{(R')}{\overset{|}{\underset{H}{C}}}}\overset{OR''}{\underset{OR''}{}} + H_2O$$

缩醛（酮）具有双醚结构，可以看作是同碳二元醚，其性质与醚相似，对碱、氧化剂及还原剂都很稳定，但与醚不同的是，它在稀酸中易水解转变为原来的醛（酮）。一般情况下，醛较易形成缩醛，而酮形成缩酮较困难，酮一般也不与一元醇反应，但可与某些二元醇（如乙二醇）反应，生成环状缩酮。

$$\overset{R}{\underset{R}{\overset{|}{C}}}=O + \overset{HO-CH_2}{\underset{HO-CH_2}{|}} \overset{H^+}{\rightleftharpoons} \overset{R}{\underset{R}{\overset{|}{C}}}\overset{O-CH_2}{\underset{O-CH_2}{<}} + H_2O$$

由于缩醛（酮）对碱及氧化剂都很稳定，因此，在有机合成中常用这一反应来保护醛基。

$$CH_3-\text{⟨⟩}-CHO \rightarrow HOOC-\text{⟨⟩}-CHO$$

$$CH_3-\text{⟨⟩}-CHO \underset{干\ HCl}{\overset{CH_3OH}{\longrightarrow}} CH_3-\text{⟨⟩}-\overset{OCH_3}{\underset{OCH_3}{\overset{|}{\underset{|}{CH}}}} \overset{冷、稀\ KMnO_4}{\longrightarrow}$$

$$HOOC-\text{⟨⟩}-\overset{OCH_3}{\underset{OCH_3}{\overset{|}{\underset{|}{CH}}}} \underset{H_2O}{\overset{H^+}{\longrightarrow}} HOOC-\text{⟨⟩}-CHO + 2CH_3OH$$

（4）与水的加成反应。醛、酮与水加成反应生成偕二醇。由于水是比醇更弱的亲核试剂，所以只有极少数活泼的羰基化合物才能与水加成生成相应的水合物。

$$HCHO + HOH \rightleftharpoons \overset{H}{\underset{H}{\overset{|}{C}}}\overset{OH}{\underset{OH}{}}$$

水合甲醛

甲醛溶液中有 99.9% 都是水合物，乙醛水合物仅占 58%，丙醛水合物含量很低，而丁醛的水合物可忽略不计。

醛、酮的羰基碳原子上连有强吸电子基团时，羰基碳原子的正电性增强，可以形成稳定的水合物。如三氯乙醛和茚三酮容易与水形成稳定的水合物。

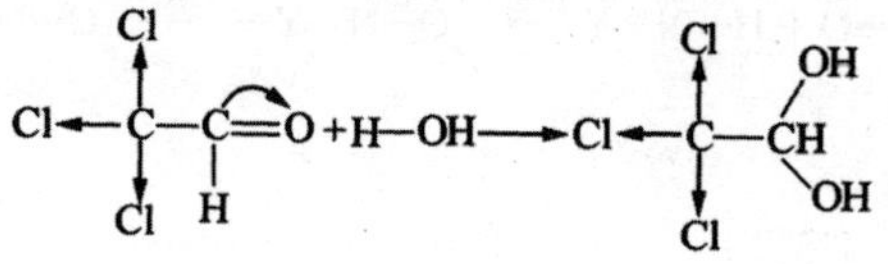

水合三氯乙醛

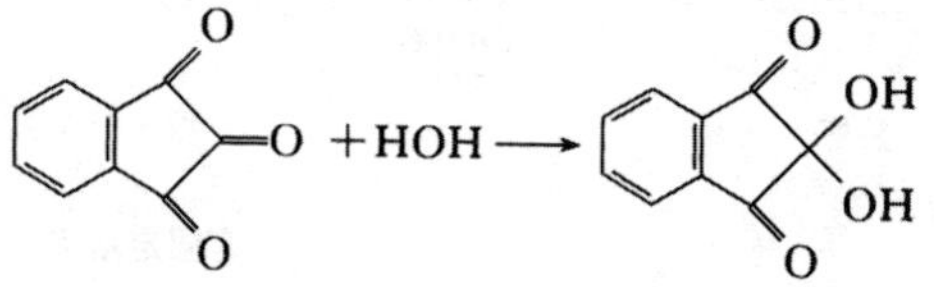

茚三酮　　　　　　　　水合茚三酮

水合三氯乙醛简称为水合氯醛，可作安眠药和麻醉剂。水合茚三酮可用于 α-氨基酸色谱分析的显色剂。

(5)与格氏试剂的加成反应。格氏试剂是较强的亲核试剂，非常容易与醛、酮进行加成反应，加成的产物不必分离便可直接水解生成相应的醇，这是制备结构复杂醇的最重要的方法之一。

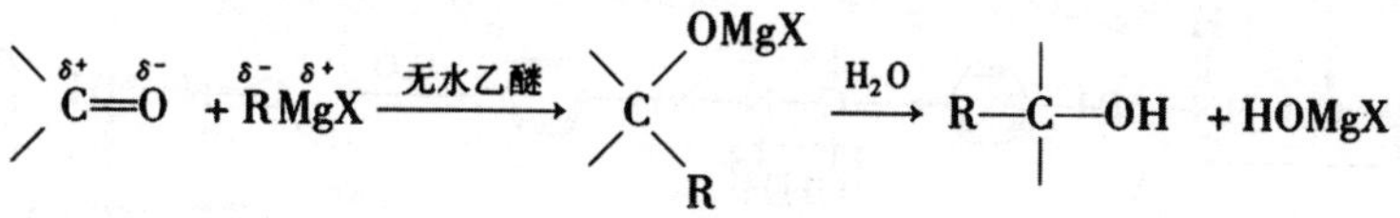

例如，

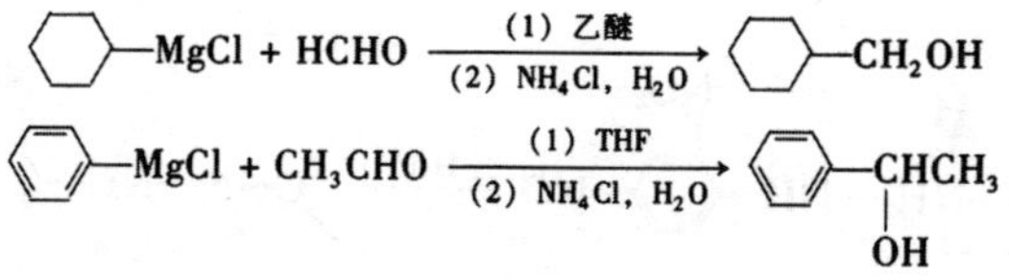

格氏试剂与甲醛作用，可得到比格氏试剂多一个碳原子的伯醇；与其他醛作用，可得到仲醇；与酮作用，可得到叔醇。由于产物比反应物增加了碳原子，所以该反应在有机合成中是增长碳链的方法。因此，只要选择适当的格氏试剂和醛、酮，就可以合成具有指定结构的醇。

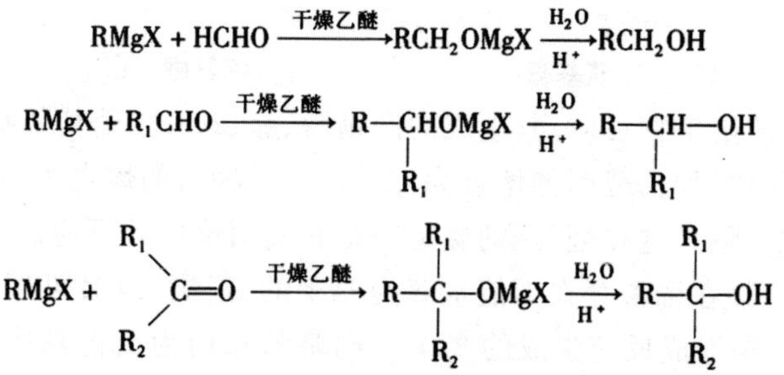

(6)与氨的衍生物的加成-消除反应。羰基化合物可与氨的衍生物发生亲核加成反应，最初生成的加成产物容易脱水，生成含碳氮双键(C=N)的化合物。反应一般是在 $CH_3COOH/$ CH_3COONa 溶液中进行的。氨的衍生物可以是伯氨、羟胺、肼、苯肼、2,4-二硝基苯肼及氨基脲等。

$$\diagdown C=O + H-N-Y \xrightarrow{\text{加成}} \diagdown C-N-Y \xrightarrow{-H_2O} \diagdown C=N-Y$$

反应举例如下：

$$\diagdown C=O + HN-OH \longrightarrow \diagdown C-N-OH \xrightarrow{-H_2O} \diagdown C=N-OH$$

羟胺　　　　　　　　　　　肟（白↓）

有固定熔点

$$\diagdown C=O + HN-NH_2 \longrightarrow \diagdown C-N-NH_2 \xrightarrow{-H_2O} \diagdown C=N-NH_2$$

肼　　　　　　　　　　　腙（白↓）

有固定熔点

$$\diagdown C=O + HN-NH-\text{(苯环)} \longrightarrow \diagdown C-N-NH-\text{(苯环)} \xrightarrow{-H_2O} \diagdown C=N-NH-\text{(苯环)}$$

苯肼　　　　　　　　　　　苯腙（黄↓）

有固定熔点

$$\diagdown C=O + NH_2-NH-\text{(二硝基苯)} \xrightarrow{-H_2O} \diagdown C=N-NH-\text{(二硝基苯)}$$

2,4-二硝基苯肼　　　　　　2,4-二硝基苯腙（黄↓）

$$\diagdown C=O + NH_2NH-\overset{\displaystyle O}{\overset{\|}{C}}-NH_2 \xrightarrow{-H_2O} \diagdown C=N-NH-\overset{\displaystyle O}{\overset{\|}{C}}-NH_2$$

氨基脲　　　　　　　　　　缩氨脲（白↓）

　　羰基化合物与氨的衍生物反应，其生成的产物肟、腙、2,4-二硝基苯腙、缩氨脲都是具有一定熔点、不溶于水的晶体，如乙醛肟的熔点为 47 ℃，环己酮肟的熔点为 90 ℃，通过核对熔点数据，可以确认原始的醛、酮。这在醛、酮的鉴定中是有实用价值的反应。

　　另外，上述反应产物在稀酸存在下能水解为原来的醛、酮，故又可用来分离和提纯醛、酮。2,4-二硝基苯肼与醛、酮加成反应生成的 2,4-二硝基苯腙均为黄色晶体，且现象非常明显，常用来检验羰基，称为羰基试剂。

6.1.3.2 α-H 的反应

醛酮分子中与羰基相邻的碳原子,即 α-H 原子,受羰基的影响而变得非常活泼,具有一定的酸性,在强碱的作用下,可作为质子离去,所以带有 α-H 的醛、酮很容易发生以下反应。

(1)酸性和酮-烯醇互变异构。醛、酮的 α-H 由于受到羰基较强的吸电子效应而具有一定的酸性。醛、酮 α-H 的酸性比乙炔的酸性大(表 6-2)。

表 6-2 几种化合物的 pK_a 值

化合物	乙醛	丙酮	乙炔	乙烷
pK_a 值	17	20	25	50

醛、酮的 α-H 具有一定的酸性是因为醛、酮离去一个 α-H 后,生成的碳负离子能和羰基产生 p-π 共轭,从而比较稳定的缘故。

$$R-\overset{O}{\underset{}{C}}-CH_2-R' \rightleftharpoons R-\overset{O}{\underset{}{C}}-\bar{C}H-R' + H^+$$

p-π 共轭体系

在强碱的作用下,醛、酮的 α-H 可被夺去。

$$R-\overset{O}{\underset{}{C}}-CH_2-R' + B^- \rightleftharpoons R-\overset{O}{\underset{}{C}}-\bar{C}H-R' + HB$$

$$R-\overset{O}{\underset{}{C}}-\bar{C}H-R' \longrightarrow R-\overset{O^-}{\underset{}{C}}=CH-R'$$

在醛、酮分子中,还存在以下酮式与烯醇式的互变异构现象。

$$R-\overset{O}{\underset{}{C}}-CH_2-R' \rightleftharpoons R-\overset{OH}{\underset{}{C}}=CH-R'$$

酮式　　　　　烯醇式

对大部分的醛、酮来说,互变异构平衡偏向于酮式的一边。例如,乙醛和丙酮的互变异构平衡中,几乎是 100% 的酮式。

$$CH_3-\overset{O}{\underset{}{C}}-H \rightleftharpoons CH_2=\overset{OH}{\underset{}{C}}-H \qquad CH_3-\overset{O}{\underset{}{C}}-CH_3 \rightleftharpoons CH_3-\overset{OH}{\underset{}{C}}=CH_2$$

酮式≈100%　　　　烯醇式　　　　　酮式≈100%　　　　烯醇式

但对某些二羰基化合物,尤其是 α-C 处在两个羰基之间时,互变异构平衡则偏向于烯醇式。例如,β-戊二酮的互变异构。

$$CH_3-\overset{O}{\underset{}{C}}-CH_2-\overset{O}{\underset{}{C}}-CH_3 \rightleftharpoons CH_3-\overset{O\cdots H-O}{\underset{}{C}=CH-C}-CH_3$$

酮式20%　　　　　　　　　烯醇式80%

β-戊二酮的互变异构过程如下：

$$CH_3-\overset{\overset{\displaystyle O}{\|}}{C}-CH_2-\overset{\overset{\displaystyle O}{\|}}{C}-CH_3 \rightleftharpoons CH_3-\overset{\overset{\displaystyle O}{\|}}{C}-\overset{-}{C}H-\overset{\overset{\displaystyle O}{\|}}{C}-CH_3 + H^+$$

$$CH_3-\overset{\overset{\displaystyle O}{\|}}{C}-\overset{\curvearrowleft}{C}H-\overset{\overset{\displaystyle O}{\|}}{C}-CH_3 \longleftrightarrow CH_3-\overset{\overset{\displaystyle O^-}{|}}{C}=CH-\overset{\overset{\displaystyle O}{\|}}{C}-CH_3$$

$$CH_3-\overset{\overset{\displaystyle O^-}{|}}{C}=CH-\overset{\overset{\displaystyle O}{\|}}{C}-CH_3 \underset{-H^+}{\overset{+H^+}{\rightleftharpoons}} CH_3-\overset{\overset{\displaystyle O\cdots H}{|}}{C}=CH-\overset{\overset{\displaystyle O}{|}}{C}-CH_3$$

β-戊二酮互变异构平衡偏向于烯醇式是因为烯醇式分子中，分子内的羟基和羰基可形成氢键，从而使得烯醇式结构稳定。

(2)卤代反应。醛、酮分子中的 α-H 容易被卤素取代，生成 α-卤代醛或 α-卤代酮。

$$\underset{}{\text{Ph}}-\overset{\overset{\displaystyle O}{\|}}{C}-CH_3 + Br_2 \xrightarrow[\text{微量 AlCl}_3]{\text{乙醚}} \text{Ph}-\overset{\overset{\displaystyle O}{\|}}{C}-CH_2Br + HBr$$

$$\bigcirc-CHO + Br_2 \xrightarrow{CHCl_3} \overset{CHO}{\underset{Br}{\bigcirc}} + HBr$$

$$\overset{O}{\underset{}{\bigcirc}} + Cl_2 \xrightarrow{H_2O} \overset{O}{\underset{}{\bigcirc}}{}^{Cl} + HCl$$

在酸性条件下，卤代反应可停留在单取代阶段。卤代反应也可被碱催化，碱催化的卤代反应很难停留在一卤代阶段，会生成 α-三卤代物。

$$CH_3-\overset{\overset{\displaystyle }{}}{C}-CH_3 + X_2 \xrightarrow{NaOH} CH_3-\overset{\overset{\displaystyle }{}}{C}-CX_3$$
$$\quad\overset{\displaystyle \|}{O}\qquad\qquad\qquad\qquad \overset{\displaystyle \|}{O}$$

在碱的作用下三卤代物立即分解，生成卤仿(三卤甲烷)和相应的羧酸盐。由于反应有卤仿生成，因此称为卤仿反应。当卤素是碘时，称为碘仿反应。碘仿(CHI_3)是黄色沉淀，利用碘仿反应可鉴别乙醛和甲基酮。

$$\underset{(H)}{R}-\overset{\overset{\displaystyle O}{\|}}{C}-CH_3 + \underset{(NaOX)}{NaOH} + X_2 \longrightarrow \underset{(H)}{R}-\overset{\overset{\displaystyle O}{\|}}{C}-CX_3 \xrightarrow{OH} \underset{\text{卤仿}}{CHX_3} + RCOONa$$

α-碳上有甲基的仲醇也能被碘的氢氧化钠溶液(NaOI)氧化为相应羰基化合物。

$$CH_3-\underset{\underset{\displaystyle OH}{|}}{C}H-R_{(H)} \xrightarrow{NaOI} CH_3-\overset{\overset{\displaystyle }{}}{C}-R_{(H)}$$
$$\qquad\qquad\qquad\qquad\qquad \overset{\displaystyle \|}{O}$$

利用碘仿反应，不仅可鉴别 $CH_3-\overset{\overset{\displaystyle }{}}{\underset{\displaystyle O}{C}}-R(H)$ 类羰基化合物，还可鉴别 $\underset{\underset{\displaystyle OH}{|}}{CH_3CH}-R(H)$ 类的醇。

利用卤仿反应，还可制备用其他方法不易制备的羧酸，其产物比母体化合物少一个碳。

$$(CH_3)_2C=CH-\underset{\underset{O}{\|}}{C}-CH_3 \xrightarrow[(2)\ H^+]{(1)\ Cl_2,\ NaOH} (CH_3)_2C=CH-\underset{\underset{O}{\|}}{C}-OH$$

(3)缩合反应。酮羰基不如醛羰基活泼,它进行羟醛缩合反应要比醛困难。如丙酮在室温与氢氧化钡作用只有 5% 是缩合产物双丙酮醇。

在稀碱的催化下,含有 α-氢的醛可以发生自身的加成反应,生成 β-羟基醛。β-羟基醛中,由于受醛的影响,α-氢非常活泼,极易脱去,生成 α,β 不饱和醛,接下来就是脱水,叫作羟醛缩合反应。只生成羟醛而没有脱水,也叫羟醛缩合反应(或醇醛缩合)。

$$CH_3-\underset{\underset{O\leftarrow\cdots H}{\|\ \ \ }}{C}-H+CH_2-CHO \rightleftharpoons[\text{稀碱}]{} CH_3-\underset{\underset{OH}{\|}}{CH}-CH_2-CHO$$

酮在同样条件下,只能得到少量 β-羟基酮。

$$2CH_3-\underset{\underset{O}{\|}}{C}-CH_3 \rightleftharpoons[OH^-]{} CH_3-\underset{\underset{OH}{\underset{|}{C}}}{\overset{\overset{CH_3}{|}}{C}}-CH_2-\underset{\underset{O}{\|}}{C}-CH_3$$

99%　　　　　　　1%

在碱或酸溶液中加热,β 羟基醛中的 α-H,与羟基失水形成 α,β 不饱和醛。

$$CH_3-\underset{\underset{OH}{|}}{CH}-CH_2-CHO \xrightarrow[OH^-\ \text{或}\ H^+]{\triangle} CH_3-\overset{\beta}{CH}=\overset{\alpha}{CH}-CHO$$

2-丁烯醛

羟醛缩合反应是一种非常重要的反应,它能使碳链增长,能产生支链,可得到各种各样的产物,在有机合成中有极其重要的用途。若用不同的醛,则产生四种不同 β-羟醛的混合物,没有合成价值。若使一分子含 α-H 的醛与另一分子不含 α-H 的醛反应,则可得到产率较好的某一种产品。

肉桂醛

6.1.3.3　氧化反应

醛与酮的化学性质在以上许多反应中基本相同,但在氧化反应中却差别较大。因为醛的羰基碳原子上连接的氢原子,易被氧化。不仅强氧化剂,即使弱的氧化剂也可以将醛氧化成相同碳原子数的羧酸。而酮却不能被弱氧化剂氧化,但在强氧化剂(如重铬酸钾加浓硫酸)存在下,会发生碳链断裂,生成碳原子数较少的羧酸混合物。

可以利用弱氧化剂来区别醛和酮。常用的弱氧化剂有托伦试剂、斐林试剂和本尼迪特试剂。

(1)与托伦试剂反应。托伦(Tollen)试剂是硝酸银的氨溶液,具有较弱的氧化性。它与醛共热时,醛被氧化为羧酸,同时 Ag^+ 被还原成金属 Ag 析出。如果反应器壁非常洁净,会在容器壁上形成光亮的银镜,因此这一反应又称为银镜反应。

$$RCHO + 2Ag(NH_3)_2^+ + 2OH^- \longrightarrow RCOO^- NH_4^+ + 2Ag\downarrow + H_2O + 3NH_3$$

托伦试剂不能氧化碳碳双键和碳碳三键,选择性较好。例如,工业上用它来氧化巴豆醛制取巴豆酸。

$$CH_3CH=CHCHO \xrightarrow{[Ag(NH_3)_2]OH} CH_3CH=CHCOOH$$
$$巴豆酸$$

(2)与斐林(Fehling)试剂反应。斐林试剂是由硫酸铜溶液和酒石酸钾钠碱溶液等量混合而成的深蓝色二价铜的配合物。斐林试剂也是一种弱氧化剂,所有脂肪醛都可以被它氧化为羧酸,Cu^{2+} 则还原为砖红色的 Cu_2O 沉淀。

$$RCHO + Cu^{2+} \xrightarrow{OH^-} RCOO^- + Cu_2O\downarrow$$
$$（蓝色） \qquad （砖红色）$$

芳香醛和所有的酮不与斐林试剂反应。因此,可利用斐林试剂鉴别脂肪醛与芳香醛,也可以用于区别脂肪醛和酮。

酮难被氧化剂所氧化,但使用强氧化剂(如重铬酸钾和浓硫酸)氧化,则发生碳链的断裂而生成复杂的氧化产物。反应无实用价值,但环己酮氧化成己二酸等具有合成意义。己二酸是生产合成纤维尼龙-66 的原料。

$$\bigcirc\!\!=\!\!O \xrightarrow[HNO_3]{V_2O_5} HOOC(CH_2)_4COOH$$
$$环己酮 \qquad\qquad 乙二酸$$

酮被过氧酸氧化则生成酯。用过氧酸将酮氧化,不影响其碳链,有合成价值。这个反应称为拜尔-维利格反应。

$$\begin{array}{c} O \\ \| \\ R\!-\!C\!-\!R' \end{array} + \begin{array}{c} O \\ \| \\ R''\!-\!C\!-\!O\!-\!OH \end{array} \longrightarrow \begin{array}{c} O \\ \| \\ R\!-\!C\!-\!OR' \end{array} + R''COOH$$

(3)与本尼迪特(Benedict)试剂反应。本尼迪特试剂是由硫酸铜、碳酸钠和柠檬酸钠组成的溶液。它也是一种弱氧化剂,该试剂与醛的作用原理和斐林试剂相似,临床上常用它来检查尿液中的葡萄糖。

6.1.3.4 还原反应

醛、酮可以发生还原反应,在不同的条件下,还原的产物不同。

(1)催化加氢还原。醛、酮在金属催化剂(常用的催化剂是镍、钯、铂)的存在下加氢分别生成伯醇和仲醇。分子中如同时存在有不饱和键也同时被还原,该反应常用来制备饱和醇。

$$RCHO + H_2 \xrightarrow{Ni} RCH_2OH$$

$$\begin{array}{c} R \\ \diagdown \\ R_1 \end{array}\!\!C=O + H_2 \xrightarrow{Ni} \begin{array}{c} R \\ \diagdown \\ R_1 \end{array}\!\!CHOH$$

$$CH_3CH=CH-CHO + H_2 \xrightarrow{Ni} CH_3CH_2CH_2CH_2OH$$

在催化加氢条件下，—CH=CH—，—C≡C—；NO_2 和—C≡N 等也都被还原。

$$-CH{=}CH- \xrightarrow{[H]} -CH_2-CH_2-$$
$$-C{\equiv}C- \xrightarrow{[H]} -CH_2-CH_2-$$
$$-C{\equiv}N \xrightarrow{[H]} -CH_2NH_2$$
$$NO_2 \xrightarrow{[H]} NH_2$$

例如，

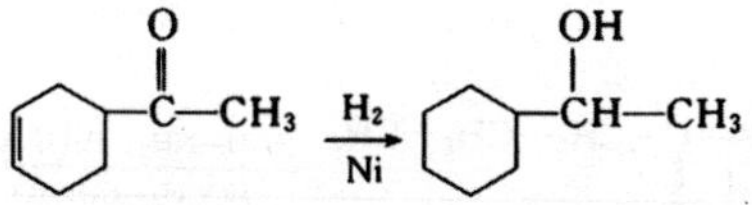

(2)金属氢化物还原。醛、酮可被金属氢化物还原成相应的醇。常用的金属氢化物有 $NaBH_4$、$LiAlH_4$。

$$R-\overset{O}{\overset{\|}{C}}-H(R') \xrightarrow[\text{或 } LiAlH_4/\text{干醚}]{NaBH_4/H_2O} R-\underset{OH}{\underset{|}{\overset{H}{\overset{|}{C}}}}-H(R')$$

例如，

$$CH_3CH{=}CH-\overset{O}{\overset{\|}{C}}-H \xrightarrow[\text{或 } LiAlH_4/\text{干醚}]{NaBH_4/H_2O} CH_3CH{=}CHCH_2OH$$

$NaBH_4$ 在水或醇溶液中是一种缓和的还原剂，选择性高，还原效果好，它只还原醛、酮的羰基，对分子中的其他不饱和基团不还原。$LiAlH_4$ 也是一种选择性还原剂，它不还原碳碳双键和碳碳三键，但它的还原性比 $NaBH_4$ 强，除能还原醛、酮外，也可还原酯、羧酸、酰胺、NO_2、C≡N 等。

(3)克莱门森还原反应。在锌汞齐加盐酸(Zn－Hg＋HCl)的条件下，将羰基直接还原成亚甲基的方法叫克莱门森还原反应。此反应适合对碱敏感羰基化合物的还原。

$$>C{=}O \xrightarrow[\triangle]{Zn-Hg/\text{浓 }HCl} >CH_2$$

此法适用于还原芳香酮，是间接在芳环上引入直链烃基的方法。需要注意的是，该反应是在酸性条件下进行的，因此，对酸敏感的底物(醛酮)不能使用此法还原(如醇羟基、C=C 等)。

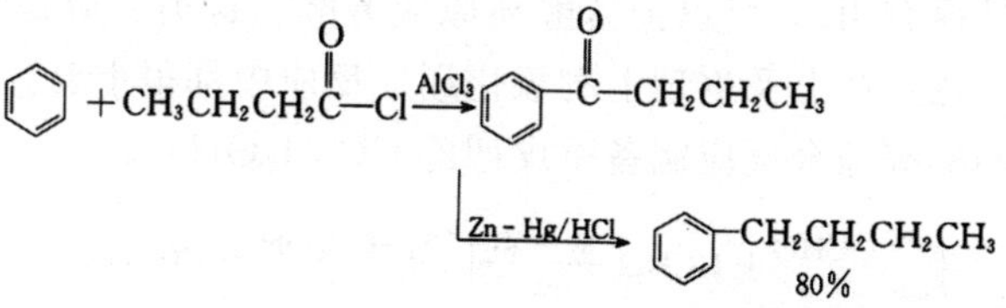

直链烷基苯

(4)沃尔夫-凯惜纳-黄鸣龙还原反应。将醛、酮与无水肼作用生成腙，然后将腙和无水乙醇钠在高压容器中加热到 180～200 ℃分解放出氮，羰基转变成亚甲基，这个反应叫作沃尔夫-凯惜纳还原反应。

$$\text{C=O} \xrightarrow[\text{无水肼}]{NH_2-NH_2} \text{C=N-NH}_2 \xrightarrow[\text{无水 } C_2H_5OH]{NaOC_2H_5} \text{CH}_2 + N_2 \uparrow$$

腙

我国化学家黄鸣龙对沃尔夫-凯惜纳还原反应进行了改进,先将醛、酮、氢氧化钠、肼的水溶液和一种高沸点溶剂(如一缩二乙二醇等)一起加热,生成腙后再蒸出过量的肼和水,反应达到腙的分解温度后,继续回流至反应完成。这样可以不必使用无水肼,也不用在高压下进行反应,且还原产率更好。这种改进后的方法叫作沃尔夫(Wolff)-凯惜纳(Kishner)-黄鸣龙还原反应。

$$\underset{O}{\underset{\|}{\overset{}{\bigcirc}-C}}-CH_2-CH_2-CH_3 \xrightarrow[(HOCH_2-CH_2)_2O, \triangle]{H_2N-NH_2, H_2O, NaOH}$$

$$\bigcirc-CH_2-CH_2-CH_2-CH_3 \quad + N_2 \uparrow + H_2O$$

克莱门森还原反应和沃尔夫-凯惜纳-黄鸣龙还原反应都是将羰基还原成亚甲基,但前者是在强酸性条件下进行,后者则是在强碱性条件下进行。这两种还原方法,可以根据反应物分子中所含其他基团对反应条件的要求选择使用。

6.1.3.5　歧化反应

没有 α-H 的醛浓碱溶液中发生自身氧化还原反应——分子间的氧化还原反应。一分子的醛被氧化为羧酸(碱性条件下生成羧酸盐),而另一分子醛则被还原为伯醇,这个反应被称为坎尼扎罗(Cannizzaro)反应,也称为歧化反应。该反应生成两个酸和两个伯醇。但甲醇和其他无 α-H 的醛反应时,由于无论从电子效应还是立体效应来说更易于被氧化,它比其他醛更易受到—OH 的进攻,成为负氢的供给者而自身被氧化为酸。

$$2HCHO \xrightarrow{\text{浓 } NaOH} CH_3OH + HCOONa$$

$$2\bigcirc-CHO \xrightarrow{\text{浓 } NaOH} \bigcirc-CH_2OH + \bigcirc-COONa$$

不同种类的醛也可以发生交叉歧化反应,甲醛与另一种不含 α-H 的醛进行交叉歧化反应时,由于甲醛在醛类中还原性最强,所以总是甲醛被氧化成甲酸,而另一种醛被还原为醇。这一反应在有机合成上是很有用的,可以把芳醛还原成芳醇。这类反应是制备 $ArCH_2OH$ 型醇的有效手段。歧化反应在生产上及生理上的氧化还原反应中都很重要。工业上利用甲醛这一性质和乙醛进行混合的醇醛缩合反应制备季戊四醇 $C(CH_2OH)_4$。

$$\bigcirc-CHO + HCHO \xrightarrow[\triangle]{\text{浓 } NaOH} \bigcirc-CH_2OH + HCOONa$$

6.1.4　重要的醛和酮

6.1.4.1　甲醛

甲醛俗称蚁醛,在常温下是无色的有特殊刺激气味的气体,沸点为 −21 ℃,易燃,与空气混合后遇火爆炸,爆炸范围为 $7\%\sim77\%$(体积分数)。甲醛易溶于水,它的 $31\%\sim40\%$ 水溶液(常含 8% 甲醇作稳定剂)称为福尔马林,常用作消毒剂和防腐剂,也可用作农药防止稻瘟病。甲醛溶液能使蛋白质变性,致使细菌死亡,因而有消毒、防腐作用。甲醛有毒,对眼黏膜、皮肤都有刺激作用,过量吸入蒸气会引起中毒。甲醛是一种非常重要的化工原料,大量用于生产酚醛树脂、季戊四醇、乌洛托品以及其他医药及染料。

甲醛易氧化,在室温下长期放置易自动聚合成三聚体。三聚甲醛常温下为白色晶体,在酸性介质中加热,三聚甲醛解聚再生为甲醛。

$$3\ \underset{H}{\overset{O}{\underset{|}{C}}}H \rightleftharpoons \text{（环状结构）}$$

三聚甲醛

甲醛在水中很容易和水加成,生成甲醛的水合物。在水中,甲醛与水合物成平衡状态存在。实验室常用的是 40% 的甲醛水溶液。甲醛的水溶液储存过久会生成白色固体,这是甲醛水合物分子间脱水形成的聚合物。

$$\underset{H}{\overset{O}{\underset{\|}{C}}}H + H_2O \rightleftharpoons \underset{H}{\overset{HO}{\underset{|}{C}}}\overset{OH}{\underset{H}{|}}$$

6.1.4.2　乙醛

乙醛在室温下是有辛辣刺激性气味的无色易流动液体,沸点为 $20.2\ ℃$,能与水、乙醇、乙醚、氯仿等混溶。易燃易挥发。蒸气与空气形成爆炸性混合物,爆炸极限 $4.0\%\sim57.0\%$(体积分数)。乙醛的化学性质活泼,易被氧化,在浓硫酸或盐酸存在下聚合成三聚乙醛。三聚乙醛在硫酸存在下加热,即可解聚。乙醛也是重要有机合成原料,可用于制备乙酸、乙酐、乙酸乙酯、正丁醇、季戊四醇、3-羟基丁醛及合成树脂等。

$$3CH_3CHO \underset{}{\overset{\text{浓 } H_2SO_4}{\rightleftharpoons}} \text{（环状结构）}$$

三聚乙醛

乙醛主要由乙烯在催化剂存在下用空气氧化获得,也可用乙炔水合或乙醇氧化制备。

$$H_2C{=}CH_2 + \frac{1}{2}O_2 \xrightarrow{PdCl_2-CuCl_2} CH_3CHO$$

6.1.4.3　丙酮

丙酮在室温下是无色有芳香气味的液体,沸点为 $56.7\ ℃$,能溶解很多有机化合物,能与水、乙醇、苯、乙醚等溶剂互溶,是一种良好的溶剂,用于炸药、塑料、橡胶、纤维、制革、油脂、喷漆等行业。丙酮是一种重要的基本化工原料,可作为合成烯酮、醋酐、碘仿、聚异戊二烯橡胶、甲基丙烯酸甲酯、氯仿、环氧树脂等物质的重要原料。丙酮可由淀粉发酵、异丙苯氧化水解、丙烯催化氧化等方法制备,实验室中常用乙酸钙干馏制得。

6.1.4.4 麝香酮

麝香酮为油状液体,具有麝香香味,是麝香的主要香气成分。沸点为328 ℃,微溶于水,能与乙醇互溶。麝香酮的结构为一个含15个碳原子的大环,环上有一个甲基和一个羰基,属脂环酮。

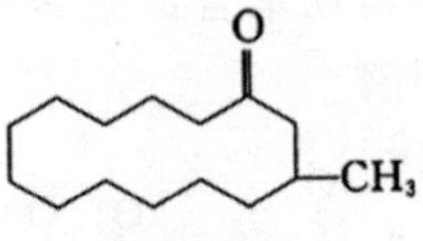

麝香酮

麝香酮具有扩张冠状动脉及增加冠脉血流量的作用,对心绞痛有一定的疗效。一般于用药(舌下含服、气雾吸入)后5 min内见效,其缓解心绞痛的功效与硝酸甘油稍相似。香料中加入极少量的麝香酮可增强香味,因此许多贵重香料常用它作为定香剂。人工合成的麝香广泛应用于制药工业。

6.2 醌

醌是一类共轭的环状二酮。通常把具有环己二烯二酮结构的一类有机化合物称为醌。

6.2.1 醌的分类、命名和结构

按醌分子中所含的芳环结构,可分为苯醌、萘醌、蒽醌、菲醌。一般是把醌作为芳烃的衍生物来命名的。两个羰基的位置可用阿拉伯数字标明,也可用邻、对或 α、β 标明并写在醌名称前面。

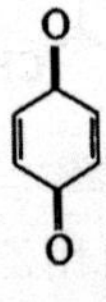

1,4-苯醌　　　1,2-苯醌　　　1,4-萘醌
（对苯醌）　　（邻苯醌）　　（α-萘醌）

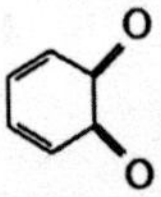

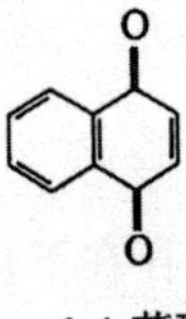

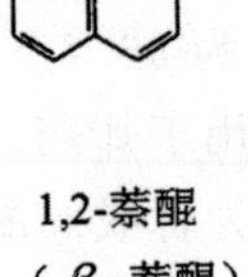

1,2-萘醌　　　9,10-蒽醌
（β-萘醌）

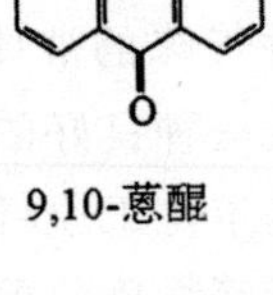

通常把 或 这种结构叫作醌型结构。

6.2.2　醌的物理性质

醌为结晶固体,通常都具有颜色,对位的醌多呈现黄色,邻位的醌则多呈现红色或橙色,它们是许多染料和指示剂的母体。对位醌具有刺激性气味,可随水蒸气汽化,邻位醌没有气味,不随水蒸气汽化。

6.2.3　醌的化学性质

对苯醌是一个环烯二酮,与 α,β-不饱和酮相似,具有 π-π 共轭结构体系,但不具有芳香性。其主要性质表现为能进行羰基化合物以及烯烃化合物各种加成反应和还原反应。

6.2.3.1　加成反应

(1)羰基的加成。醌的羰基可以与亲核试剂发生加成反应。例如,对苯醌能与羟胺作用生成一肟或二肟。

反应应在酸性溶液中进行,因为在碱性溶液中羟胺被苯醌氧化成对苯醌一肟,与苯酚和对苯醌一肟发生亚硝化反应所得的产物对亚硝基苯酚为同一化合物,说明两者结构上可以互变。

(2)双键的加成。醌中的碳碳双键可以和卤素、卤化氢等亲电试剂加成。

2,3,5,6-四溴环己二酮

(3)1,4-加成。对苯醌可以和氢卤酸、氢氰酸、亚硫酸氢钠等亲核试剂发生1,4-加成。例如,对苯醌和氢氰酸起加成反应生成 2-氰基-1,4-苯二酚。

6.2.3.2 还原反应

对苯醌是一个氧化剂,还原时生成对苯二酚,它们可以通过还原和氧化反应而互相转变。对苯醌的醇溶液和对苯二酚的醇溶液混合得到一个棕色溶液,并有暗绿色结晶析出,这种晶体是对苯二酚和对苯醌的分子络合物,称为对苯醌和对苯二酚,又称为醌氢醌。利用两者氧化还原的性质可制成醌氢醌电极,电化学上用于测氢离子浓度。

醌氢醌分子中的氢键不是它们形成配合物分子的主要力量,因为对苯二酚成醚后也可以形成加入物,实际上主要是对苯二酚中的 π 电子向醌环转移,也就是 π 电子的离域起主要作用,故此类分子又称为传荷配合物。

6.2.4 重要的醌

6.2.4.1 辅酶 Q_{10}

在人的身体内含有超氧阴离子自由基、脂氧自由基、羟基自由基、二氧化氮和一氧化氮自由基等,统称为"活性氧自由基"。这些活性氧自由基各自有一定的功能,如信号传导功能和免疫作用,但过多的氧自由基就会有破坏行为,导致人体正常组织和细胞的损坏,从而引发多种疾病,如肿瘤、老年痴呆症和心脏病等。此外,外界环境中的空气污染、阳光辐射、农药及吸烟等都会使人体产生更多的活性氧自由基,导致核酸突变,成为人体患病和衰老的根源。

我们的身体本身被一支强大的生化酶所保护。生化酶能够清除活性氧自由基,将潜在的危害减到最低程度,从而抵抗衰老,它们统称为抗氧化酶。每种酶都针对特定的某一自由基,比如吸收超氧根催化剂和谷胱酰氧化酶的超氧化物歧化酶(SOD)。辅酶 Q_{10} 即是其中一种,它是一种含有苯醌结构的生物活性酶,也称为泛醌,葵烯醌。它还是一种脂溶性醌,有抗氧化作用。皮肤的衰老和皱纹的增加均与体内的辅酶 Q_{10} 含量有密切关系,含量越少,皮肤越易衰老,面部的皱纹也越多。其结构式如下:

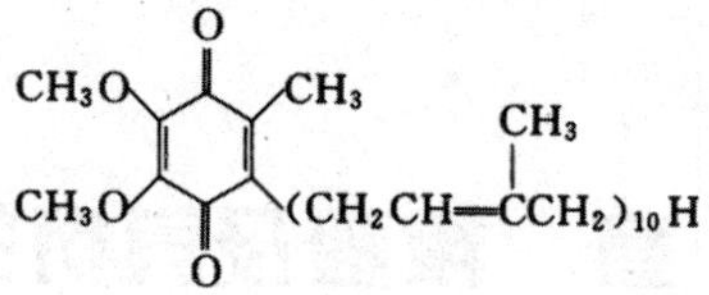

辅酶Q$_{10}$

6.2.4.2　维生素 K

醌广泛存在于一些天然植物中,如维生素 K。维生素 K 并非是单一的物质,而是由一组具有醌类结构的化合物所组成。它包括维生素 K$_1$、K$_2$、K$_3$、K$_4$ 等一系列化合物。

经常食用富含维生素 K 的食品可强化骨骼及预防骨质疏松症。儿童缺乏维生素 K 会导致小儿慢性肠炎。

维生素 K$_1$ 为黄色油状液体,不溶于水,易溶于乙醇、丙酮、苯、乙醚等有机溶剂。其熔点为 -21 ℃,在碱性条件下容易分解。维生素 K$_2$ 为黄色晶体,主要由肠道中的细菌合成,来源于微生物。维生素 K$_1$ 及 K$_2$ 广泛存在于自然界中,其中以绿色植物、海藻类、肉类、蛋黄、肝脏等含量丰富。维生素 K$_1$ 与 K$_2$ 的主要作用是促进血液正常的凝固,所以可用作止血剂。

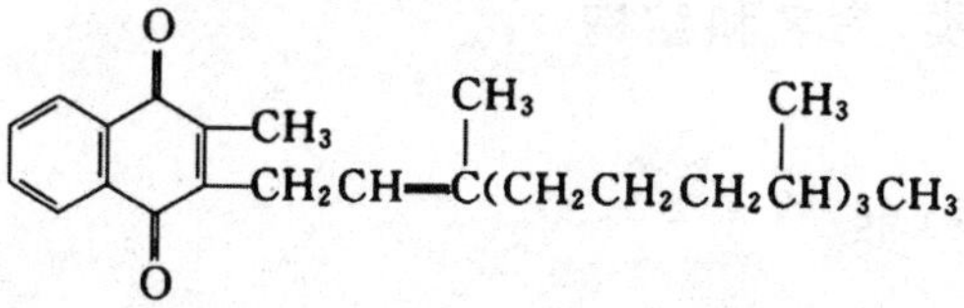

维生素K$_1$

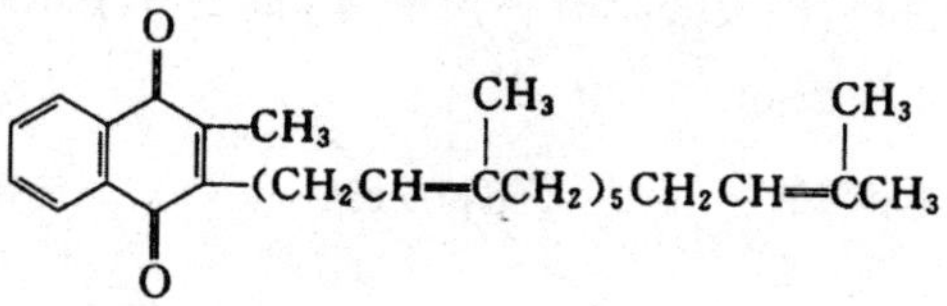

维生素K$_2$

维生素 K$_3$ 是黄色结晶,熔点为 $105\sim107$ ℃,难溶于水,可溶于植物油或其他有机溶剂,维生素 K$_3$ 是根据天然维生素 K 的化学结构用人工方法合成的抗凝血剂药物,可由 2-甲基萘经缓和氧化制得。医药上常使用它和亚硫酸氢钠的加成产物——甲萘醌亚硫酸氢钠。该物质为白色结晶粉末,有吸湿性,溶于水、乙醇,几乎不溶于乙醚。

维生素 K$_4$ 是白色或微黄色结晶性粉末,无臭或微带有乙酸臭味,熔点为 $112\sim114$ ℃,不溶于水,溶于沸腾的乙醇。其药理作用与维生素 K$_3$ 类似。

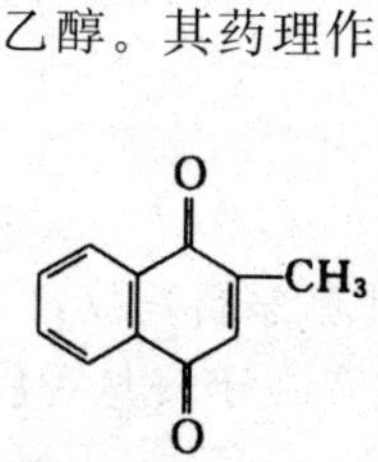

维生素K$_3$（2-甲基-1,4-萘醌） 　　甲萘醌亚硫酸氢钠 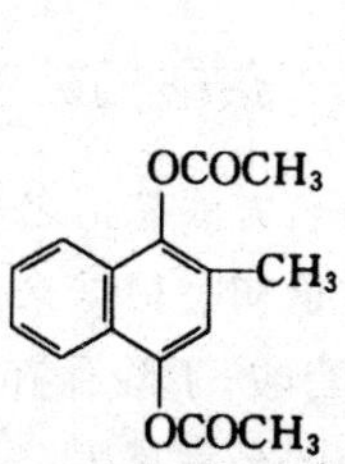　　维生素K$_4$

第7章 羧酸及其衍生物

7.1 羧 酸

分子中含有羧基(—COOH)的有机化合物叫作羧酸。羧酸的通式可表示为 R—COOH（甲酸 R＝H）。羧基是羧酸的官能团。羧酸这类化合物在自然界广泛存在，与人们的日常生活有较密切的关系，而且是重要的有机合成原料。

7.1.1 羧酸的分类、命名和结构

7.1.1.1 羧酸的分类

根据分子中烃基的结构，可把羧酸分为脂肪羧酸(饱和脂肪羧酸和不饱和脂肪羧酸)、脂环羧酸(饱和脂环羧酸和不饱和脂环羧酸)、芳香羧酸等；根据分子中羧基的数目，又可把羧酸分为一元羧酸、二元羧酸、多元羧酸等。

	饱和羧酸	不饱和羧酸	芳香羧酸
一元羧酸	CH_3COOH	$CH_2=CH_2COOH$	⬡—COOH
	乙酸	丙烯酸	苯甲酸
二元羧酸	COOH | COOH	CH—COOH ‖ CH—COOH	⬡<COOH COOH
	乙二酸（草酸）	丁烯二酸	邻苯二甲酸

7.1.1.2 羧酸的命名

羧酸的命名方法有俗名和系统命名两种。

某些羧酸最初是根据来源命名的，称为俗名。例如，甲酸来自蚂蚁，称为蚁酸；乙酸存在于食醋中，称为醋酸；丁酸存在于奶油中，称为酪酸；苯甲酸存在于安息香胶中，称为安息香酸。一些常见羧酸的名称见表 7-1。

表 7-1　常见羧酸的名称

结构式	系统名	俗名
HCOOH	甲酸	蚁酸
CH_3COOH	乙酸	醋酸
CH_3CH_2COOH	丙酸	初油酸
$CH_3(CH_2)_2COOH$	丁酸	酪酸
$CH_3(CH_2)_3COOH$	戊酸	缬草酸
$CH_3(CH_2)_4COOH$	己酸	羊油酸
$CH_3(CH_2)_5COOH$	庚酸	葡萄花酸
$CH_3(CH_2)_6COOH$	辛酸	亚羊脂酸
$CH_3(CH_2)_7COOH$	壬酸	天竺葵酸(风吕草酸)
$CH_3(CH_2)_8COOH$	癸酸	羊蜡酸
$CH_3(CH_2)_{10}COOH$	十二酸	月桂酸
$CH_3(CH_2)_{12}COOH$	十四酸	肉豆蔻酸
$CH_3(CH_2)_{14}COOH$	十六酸	软脂酸(棕榈酸)
$CH_3(CH_2)_{16}COOH$	十八酸	硬脂酸
$CH_2=CHCOOH$	丙烯酸	败脂酸
$CH_3CH=CHCOOH$	2-丁烯酸	巴豆酸
HOOC—COOH	乙二酸	草酸
$H00CCH_2COOH$	丙二酸	胡萝卜酸
C_6H_5COOH	苯甲酸	安息香酸
$HOOC(CH_2)_4COOH$	己二酸	肥酸
CH—COOH CH—COOH	顺丁烯二酸	马来酸(失水苹果酸)
HOOC—CH HC—COOH	反丁烯二酸	富马酸
⬡—CH=CHCOOH	β-苯丙烯酸	肉桂酸
⬡—COOH —COOH	邻苯二甲酸	酞酸

羧酸的系统命名与醛相似,命名时把醛字改成"酸"字即可。即选取包含羧基的最长碳链

为主链,编号以羧基碳原子为始端,取代基的位次可用阿拉伯数字 1、2、3…等表示,也可用希腊字母(α、β、γ…)等标明。

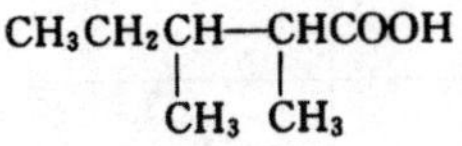

$$CH_3CH_2CH—CHCOOH$$
$$\quad\quad\quad\ \ |\quad\ \ |$$
$$\quad\quad\quad\ CH_3\ CH_3$$
2,3-二甲基戊酸

$$CH_3CH—CHCOOH$$
2-丁烯酸
α-丁烯酸(巴豆酸)

需要注意的是,羧基永远作为 C—1,C—2 相当于普通名称中的 α 位,C—3 相当于普通名称中的 β 位。

不饱和羧酸的命名,应选择同时含羧基和不饱和键的最长碳链为主链,称"某烯(炔)酸"。双键的位号应写在母体名称之前。在命名高级不饱和脂肪酸时(主链碳原子数大于 10),须在中文数字后加"碳"字,也有用"Δ"表示双键的位次,Δ 右上角的数字代表双键较小的位置。

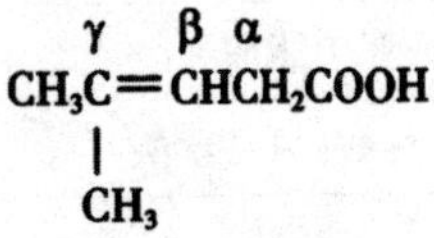

$$\overset{\gamma\quad\ \beta\quad\ \alpha}{CH_3C=CHCH_2COOH}$$
$$\quad\ \ |$$
$$\quad\ CH_3$$
4-甲基-3-戊烯酸
(γ-甲基-β-戊烯酸)

$$CH_3—(CH_2)_4—CH=CH—CH_2—CH=CH—(CH_2)_7—COOH$$
9,12-十八碳二烯酸
($\Delta^{9,12}$-十八碳二烯酸)

芳香族羧酸和脂环族羧酸,可把芳环和脂环作为取代基来命名。

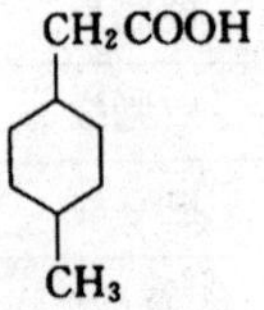

CH₂COOH 对甲基环己基乙酸

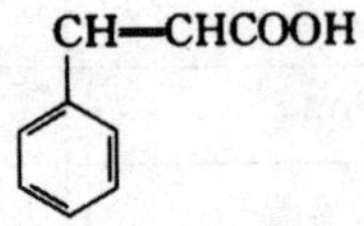

CH=CHCOOH 3-苯丙烯酸(肉桂酸)

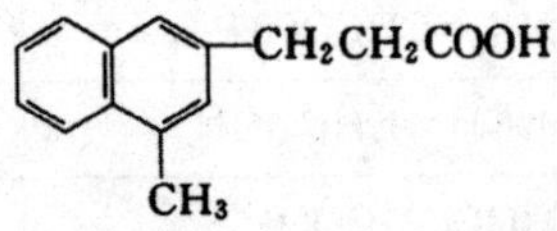

CH₂CH₂COOH 4-甲基-3-(2-萘)丙酸

7.1.1.3　羧酸的结构

羧基从结构上看是由羰基($\overset{O}{\underset{|}{C}}$)和羟基(—OH)组成的,但是它与醛、酮的羰基和醇的羟基在性质上却有非常明显的差异,这主要是由结构上的差异所造成的。羧基中的碳原子与醛、酮中的羰基一样,也是 sp² 杂化,它的三个 sp² 杂化轨道分别与两个氧原子和另一个碳原子或氢原子形成三个 σ 键,这三个 σ 键在同一平面上,键角约 120°。羧基碳原子未参与杂化的 p 轨道与一个氧原子的 p 轨道形成一个 π 键,同时羟基氧原子上的 p 电子对与 π 键形成 p-π 共轭体系。羧基的结构如图 7-1 所示。

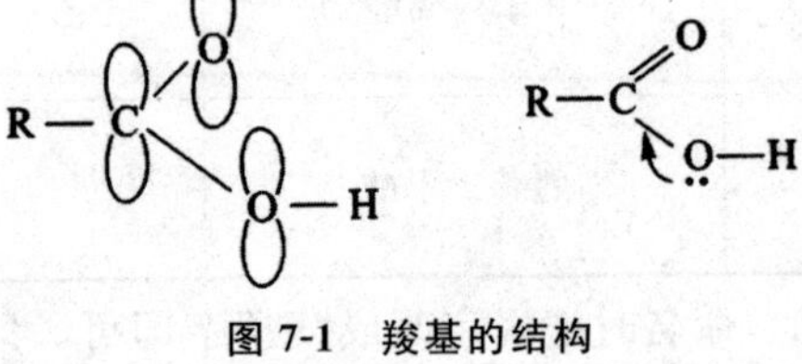

图 7-1　羧基的结构

由于 p-π 共轭的影响,链长有平均化的趋向,另外,羧酸分子中的 C=O 和 C—OH 的键长是不相同的。例如,用 X 射线和电子衍射测定已证明,在甲酸中,C=O 键键长是 123 pm,C—O键键长是 136 pm(图 7-2),说明羧酸分子中两个碳氧键是不相同的。

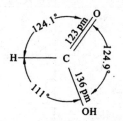

图 7-2　甲酸的键长及键角

羧酸之所以显酸性,其主要原因是羧酸能解离生成更为稳定的羧酸根负离子。

7.1.2　羧酸的物理性质

十个碳以下的一元酸为无色液体,高级脂肪羧酸为蜡状物质。脂肪二元酸与芳香羧酸均为结晶体。低级的酸易溶于水中,随着分子量的升高,溶解度下降。含有 1～3 碳原子的羧酸有强烈刺激气味,含有 4～8 碳原子的羧酸有腐败恶臭味,高级羧酸无味。

饱和一元羧酸的熔点随分子量的递增而成锯齿状的变化。饱和一元羧酸的沸点比分子量相近的醇高,如甲酸和乙醇的分子量相同,甲酸的沸点为 100.5 ℃,乙醇的沸点为 78.5 ℃。这是由于羧酸分子间可以形成两个氢键,缔合成双分子二聚体,低级的羧酸甚至在气态下即缔合成二聚体。

羧酸与水也能形成氢键,由于羧基中的羰基和羟基均能分别与水形成氢键,故羧酸与水形成氢键的能力比相应的醇大,因此,羧酸在水中的溶解度比相应的醇大。低级羧酸能与水混溶,如甲酸、乙酸、丙酸等;随着碳原子数的递增,相对分子质量的增加,羧酸在水中的溶解度迅速减小。高级脂肪酸都不溶于水。

常见羧酸的物理常数见表 7-2。

表 7-2　常见羧酸的物理常数

化合物名称	熔点/℃	沸点/℃	溶解度/[g/(100 g H_2O)]	pK_{a1}
甲酸(蚁酸)	8.4	100.5	∞	3.77
乙酸(醋酸)	16.6	118	∞	4.74
丙酸(初油酸)	−22	141	∞	4.88
丁酸(酪酸)	−4.7	162.5	∞	4.82
戊酸(缬草酸)	−34.5	187	3.7	4.85
己酸(羊油酸)	−3.4	205	1.08	4.85
庚酸(毒水芹酸)	−7.5	223.5	0.244	4.89
辛酸(羊脂酸)	16.5	239	0.068	4.85
壬酸(天竺葵酸)	12.2	254	0.026	4.96
十六酸(软脂酸)	63	390	不溶	—
十八酸(硬脂酸)	71.5	360(分解)	不溶	6.37
丙烯酸(败脂酸)	13	141	∞	4.26
3-苯丙烯酸(肉桂酸)	135	300	不溶	4.44
苯甲酸(安息酸)	122	249	0.34	4.19
乙二酸(草酸)	189	>100(升华)	8.6	1.27
丙二酸(缩苹果酸)	135	140(分解)	7.3	2.85
丁二酸(琥珀酸)	185	235	5.8	4.16

7.1.3　羧酸的化学性质

由于共轭体系中电子的离域,羟基中氧原子上的电子云密度降低,氧原子便强烈吸引氧氢键的共用电子对,从而使氧氢键极性增强,有利于氧氢键的断裂,使其呈现酸性;也由于羟基中氧原子上未共用电子对的偏移,使羧基碳原子上电子云密度比醛、酮中增高,不利于发生亲核加成反应,所以羧酸的羧基没有像醛、酮那样典型的亲核加成反应。

另外,α-H 原子由于受到羧基的影响,其活性升高,容易发生取代反应;羧基的吸电子效应,使羧基与 α-C 原子间的价键容易断裂,能够发生脱羧反应。

根据羧酸的结构,它可发生的一些主要反应如下所示:

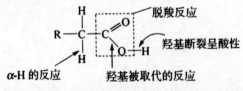

7.1.3.1 酸性

羧酸在水溶液中可解离出氢离子而显示酸性。

$$R-\overset{O}{\overset{\|}{C}}-OH \rightleftharpoons R-\overset{O}{\overset{\|}{C}}-O^- + H^+$$

除甲酸外,大多数羧酸都是弱酸,但比碳酸的酸性强。羧酸具有酸的通性,能使紫色石蕊溶液变红,能与活泼金属、碱性氧化物、碱和某些盐发生反应。

$$2CH_3COOH + Zn \longrightarrow (CH_3COO)_2Zn + H_2 \uparrow$$
$$2CH_3COOH + MgO \longrightarrow (CH_3COO)_2Mg + H_2O$$
$$CH_3COOH + NaOH \longrightarrow CH_3COONa + H_2O$$
$$2CH_3COOH + Na_2CO_3 \longrightarrow 2CH_3COONa + H_2O + CO_2 \uparrow$$

实验室通常用 Na_2CO_3 或 $NaHCO_3$ 鉴别羧酸。

7.1.3.2 羧酸衍生物的生成

羧基中的羟基被卤素原子、酰氧基、烷氧基、氨基(或取代氨基)取代后生成的化合物分别是酰卤、酸酐、酯和酰胺,它们统称为羧酸衍生物。

$$\underset{\text{酰卤}}{R-\overset{O}{\overset{\|}{C}}-X} \qquad \underset{\text{酸酐}}{R-\overset{O}{\overset{\|}{C}}-O-\overset{O}{\overset{\|}{C}}-R'} \qquad \underset{\text{酯}}{R-\overset{O}{\overset{\|}{C}}-OR'} \qquad \underset{\text{酰胺}}{R-\overset{O}{\overset{\|}{C}}-NH_2}$$

(1)酰卤的生成。酰氯是最常用的酰卤。羧酸(除甲酸外)与三氯化磷(PCl_3)、五氯化磷(PCl_5)、亚硫酰氯($SOCl_2$)等作用时,分子中的羟基被氯原子取代,生成酰氯。

$$3R-\overset{O}{\overset{\|}{C}}-OH + PCl_3 \longrightarrow 3R-\overset{O}{\overset{\|}{C}}-Cl + H_3PO_3$$

$$R-\overset{O}{\overset{\|}{C}}-OH + PCl_5 \longrightarrow R-\overset{O}{\overset{\|}{C}}-Cl + POCl_3 + HCl$$

$$R-\overset{O}{\overset{\|}{C}}-OH + SOCl_2 \longrightarrow R-\overset{O}{\overset{\|}{C}}-Cl + SO_2 \uparrow + HCl \uparrow$$

芳香族酰卤一般由五氯化磷或亚硫酰氯与芳香族羧酸作用生成。芳香族酰氯的稳定性较好,水解反应缓慢。苯甲酰氯是常用的苯甲酰化试剂。

$$\text{C}_6\text{H}_5-COOH + SOCl_2 \longrightarrow \text{C}_6\text{H}_5-COCl + SO_2 + HCl$$

由于酰卤很活泼,容易水解,所以分离精制酰卤产品宜采用蒸馏的方法。选用哪种含磷卤代剂,这取决于所生成的酰卤与含磷副产物之间的沸点差异。通常用分子量小的羧酸来制备酰卤时,用三卤化磷作卤代剂,反应中生成的酰卤沸点低可随时蒸出;分子量大的酰卤沸点高,制备它时可用五卤化磷作卤代剂,反应后容易把三卤氧磷蒸馏出来。

(2)酸酐的生成。羧酸(除甲酸外)在脱水剂(如五氧化二磷、乙酐等)作用下,发生分子间脱水,生成酸酐。

$$CH_3-\overset{O}{\overset{\|}{C}}-OH + HO-\overset{O}{\overset{\|}{C}}-CH_3 \xrightarrow{P_2O_5} CH_3-\overset{O}{\overset{\|}{C}}-O-\overset{O}{\overset{\|}{C}}-CH_3 + H_2O$$

混合酸酐可用酰卤和无水羧酸盐共热的方法制备。用此法既可以制备混酐也可以制取单酐。

$$CH_3\overset{O}{\overset{\|}{C}}-ONa + CH_3CH_2-\overset{O}{\overset{\|}{C}}-Cl \longrightarrow CH_3\overset{O}{\overset{\|}{C}}-O-\overset{O}{\overset{\|}{C}}-CH_2CH_3 + NaCl$$

某些二元酸(如丁二酸、戊二酸、邻苯二甲酸等)不需要脱水剂,加热就可发生分子内脱水生成酸酐。

丁二酸　　　　　丁二酸酐

邻苯二甲酸　　　　邻苯二甲酸酐

(3)酯的生成。羧酸和醇在催化剂的作用下生成酯和水,这个反应称为酯化反应。酯化反应是一个可逆平衡反应,为使反应顺利进行,通常采用过量一种原料或者将产物及时移走的方法使平衡向生成酯的方向移动。

$$R-\overset{O}{\overset{\|}{C}}-\boxed{OH + H}-OR' \underset{\triangle}{\overset{H^+}{\rightleftharpoons}} R-\overset{O}{\overset{\|}{C}}-OR' + H_2O$$

例如,工业上生产乙酸乙酯,是采用乙酸过量,同时不断蒸出生成的乙酸乙酯和水的混合物,蒸出产物的同时,加入乙酸和乙醇,这样实现连续化生产。

$$CH_3COOH + CH_3CH_2OH \underset{\triangle}{\overset{H^+}{\rightleftharpoons}} \underset{\text{及时蒸出}}{\underline{CH_3COOCH_2CH_3}} + H_2O$$

酯化反应通常用强酸做催化剂,在酸的催化作用下,羧酸的酯化反应机理为:

(4)酰胺的生成。羧酸与氨或胺反应生成的铵盐,加热失水后形成酰胺。

$$R-\underset{\underset{O}{\parallel}}{C}-OH + NH_3 \longrightarrow R-\underset{\underset{O}{\parallel}}{C}-ONH_4 \xrightarrow{\triangle} R-\underset{\underset{O}{\parallel}}{C}-NH_2 + H_2O$$

对氨基苯酚与乙酸作用,加热后脱水的产物是对羟基乙酰苯胺(扑热息痛)。

$$CH_3-\underset{\underset{O}{\parallel}}{C}-OH + NH_2-\!\!\!\!\bigcirc\!\!\!\!-OH \xrightarrow[\triangle]{-H_2O} CH_3-\underset{\underset{O}{\parallel}}{C}-NH-\!\!\!\!\bigcirc\!\!\!\!-OH$$

对羟基乙酰苯胺

7.1.3.3 脱羧反应

羧酸分子脱去羧基放出二氧化碳的反应称为脱羧反应。饱和一元酸一般比较稳定,难以脱羧,但羧酸的碱金属盐与碱石灰共热,则发生脱羧反应。此反应在实验室中用于少量甲烷的制备。

$$CH_3COONa + NaOH \xrightarrow[CaO]{\triangle} CH_4\uparrow + Na_2CO_3$$

当羧酸分子中的 α-碳原子上连有吸电子基时,受热容易脱羧。

$$Cl_3CCOOH \xrightarrow{\triangle} CHCl_3 + CO_2$$

$$CH_3COCH_2COOH \xrightarrow{\triangle} CH_3COCH_3 + CO_2$$

$$HOOCCH_2COOH \xrightarrow{\triangle} CH_3COOH + CO_2$$

芳香族羧酸的脱羧反应比脂肪族羧酸的脱羧反应容易,尤其是在邻、对位上有吸电子基团的芳香族羧酸特别容易脱羧。

7.1.3.4 α-H 的卤代反应

羧酸 α-C 上的 H 受羧基的影响而表现出一定的活性,可被卤素取代生成卤代酸,但反应活性不如醛、酮上的 α-H,需用红磷催化。

$$RCH_2COOH \xrightarrow[\triangle]{Br_2, P} R\underset{\underset{Br}{|}}{C}HCOOH \xrightarrow{Br_2, P} R\underset{\underset{Br}{\overset{Br}{|}}}{C}COOH$$

采用控制反应条件,如控制较低的反应温度和较短的反应时间,可使反应可停留在一取代阶段。这种制备 α-卤代酸的方法常称为 Hell-Volhard-Zelinsky(赫尔-乌泽哈-泽林斯基)反应。所制得 α-卤代酸与原来的羧酸相比,酸性变强。受羧基影响,卤代酸中卤原子活性较大,容易被氰基、羟基、氨基取代,制备相应的取代羧酸,也可发生消除反应生成 α,β-不饱和酸,因而在有机合成中有广泛应用。例如,可用 α-卤代酸制备 α-羟基酸。

$$CH_3CH_2CH_2\underset{\underset{Br}{|}}{C}HCOOH \xrightarrow[H_2O]{NaOH} CH_3CH_2CH_2\underset{\underset{OH}{|}}{C}HCOOH$$

7.1.3.5　还原反应

羧酸在一般情况下,与大多数还原剂不反应,但能被氢化锂铝还原成醇。用氢化锂铝还原羧酸时,不但产率高,而且分子中的碳碳不饱和键不受影响,只还原羧基而生成不饱和醇。

$$(CH_3)_3CCOOH \xrightarrow[②H_2O,H^+,92\%]{①LiAlH_4,无水乙醚} (CH_3)_3CCH_2OH$$

7.1.3.6　二元羧酸的受热反应

二元羧酸具有羧酸的通性,但加热时易发生分解。二元羧酸受热反应的产物与两个羧基的相对位置有关。乙二酸、丙二酸受热脱羧生成一元酸;丁二酸、戊二酸受热脱水(不脱羧)生成环状酸酐;己二酸、庚二酸受热既脱水又脱羧生成环酮。

7.1.4　重要的羧酸

7.1.4.1　甲酸

甲酸俗称蚁酸,最初是从蚂蚁体内发现的。甲酸存在于许多昆虫的分泌物及某些植物(如荨麻、松叶)中。甲酸是具有刺激性气味的无色液体,沸点 100.5 ℃,易溶于水,有很强的腐蚀性,蜂蜇或荨麻刺伤皮肤引起肿痛,就是甲酸造成的。甲酸有杀菌力,可用作消毒防腐剂。

甲酸的分子结构特殊,它的羧基与氢原子直接相连,分子中既有羧基的结构,又有醛基的结构。所以甲酸的酸性比其他饱和一元羧酸强,除了具有羧酸的性质外,还具有醛的还原性。它能与托伦试剂发生银镜反应,能与斐林试剂反应产生砖红色沉淀,还能使酸性高锰酸钾溶液褪色。利用这些反应可以区别甲酸与其他羧酸。

甲酸的分子结构

7.1.4.2 乙酸

乙酸俗称醋酸,是食醋的主要成分,普通的醋约含 $6\%\sim8\%$ 乙酸。乙酸为无色有刺激性气味液体,沸点为 118 ℃,熔点为 16.6 ℃,易冻结成冰状固体,故称冰醋酸。乙酸能与水以任意比混溶。普通的醋酸是 $36\%\sim37\%$ 的醋酸的水溶液。

目前工业上采用乙烯或乙炔合成乙醛,乙醛在二氧化锰催化下,用空气或氧气氧化成乙酸的方法来大规模生产乙酸。

$$CaC_2 \xrightarrow{H_2O} HC\equiv CH \xrightarrow{H_2O,\ Hg^{2+}-H_2SO_4} CH_3CHO \xrightarrow[65\sim70\ ℃,0.2\sim0.3\ MPa]{O_2,\ MnO_2} CH_3COOH$$

乙酸是重要的化工原料,可以合成许多有机物,例如,醋酸纤维、乙酸酐、乙酸酯是染料工业、香料工业、制药业、塑料工业等不可缺少的原料。

7.1.4.3 过氧乙酸

过氧乙酸又称为过醋酸,是一种强氧化剂,具有较强的腐蚀性,性质不稳定,蒸气易爆炸。过氧乙酸是一种高效广谱杀菌剂,对各种微生物均有效。用 1% 过氧乙酸水溶液足以杀死抵抗力强的芽孢、真菌孢子、肠道病毒,用喷雾或熏蒸的方法均可消毒空气。浓度为 $0.04\%\sim0.5\%$ 的过氧乙酸可用作传染病房消毒、医疗器械消毒及医院废水消毒等。

7.1.4.4 丙烯酸

丙烯酸是无色、具有腐蚀性和刺激性的液体,沸点为 140.9 ℃,与水互溶,聚合性很强。丙烯酸是近年来不饱和有机酸中产量增长最快的品种。工业上制备丙烯酸主要采用乙炔羰化法、丙烯腈水解法和丙烯氧化法,其中丙烯氧化法占主要地位。

丙烯酸主要用于生产丙烯酸酯,如甲酯、乙酯、丁酯和 2-乙基己酯,还可作为丙烯酰胺的原料。丙烯酸和丙烯酸酯是生产其均聚物和共聚物的重要原料。以丙烯酸作第三单体可得羰基丁苯橡胶。

7.1.4.5 苯甲酸

苯甲酸为无色、无味片状晶体。熔点为 122.13 ℃,沸点为 249 ℃,相对密度为 1.265 9。在 100 ℃时迅速升华。苯甲酸又称安息香酸。以游离酸、酯或其衍生物的形式广泛存在于自然界中,例如,在安息香胶内以游离酸和苄酯的形式存在;在一些植物的叶和茎皮中以游离的形式存在;在香精油中以甲酯或苄酯的形式存在;在马尿中以其衍生物马尿酸的形式存在。

最初苯甲酸是由安息香胶干馏或碱水水解制得,也可由马尿酸水解制得。工业上苯甲酸是在钴、锰等催化剂存在下用空气氧化甲苯制得;或由邻苯二甲酸酐水解脱羧制得。苯甲酸及其钠盐可用作乳胶、牙膏、果酱或其他食品的抑菌剂,也可作为染色和印色的媒染剂。

7.1.4.6 苯二甲酸

苯二甲酸有邻、间和对位三种异构体,其中以邻位和对位在工业上最为重要。邻苯二甲酸是白色晶体,不溶于水,加热至 231 ℃就熔融分解,失去一分子水而生成邻苯二甲酸酐。邻苯

二甲酸及其酸酐用于制造染料、树脂、药物和增塑剂。如邻苯二甲酸二甲酯（）有

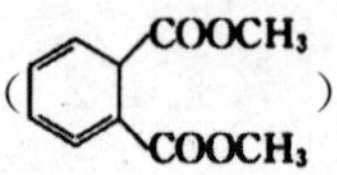

驱蚊作用，是防蚊油的主要成分。邻苯二甲酸氢钾（）是标定碱标准溶液的基准试

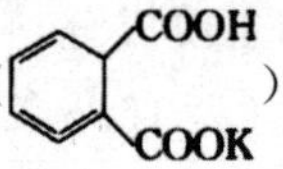

剂，常用于无机定量分析。

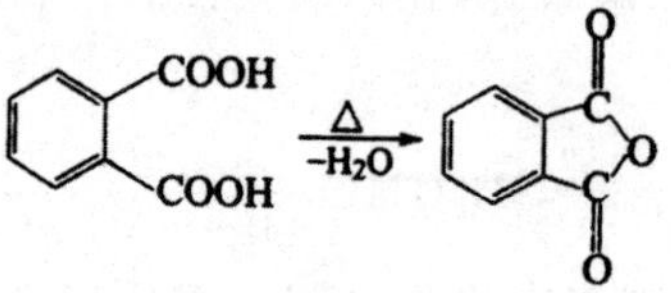

邻苯二甲酸酐（白色结晶，熔点131℃）

对苯二甲酸为白色晶体，微溶于水，是合成聚酯树脂（涤纶）的主要原料。

7.1.4.7 乙二酸

乙二酸俗称草酸，常以钾盐或钙盐的形式存在于多种植物中。草酸是无色结晶。常见的草酸含有两分子的结晶水，当加热到 $100 \sim 105$ ℃会失去结晶水得到无水草酸，熔点为 189.5 ℃。草酸易溶于水，不溶于乙醚等有机溶剂。

草酸很容易被氧化成二氧化碳和水。在定量分析中常用草酸来标定高锰酸钾溶液。

$$5(COOH)_2 + 2KMnO_4 + 3H_2SO_4 \longrightarrow K_2SO_4 + 2MnSO_4 + 10CO_2 + 8H_2O$$

草酸可以与许多金属生成可溶性的配离子，因此，草酸可用来除去铁锈或蓝墨水的痕迹。

7.1.4.8 丁二酸

丁二酸存在于琥珀中，又称琥珀酸。它还广泛存在于多种植物及人和动物的组织中，如未成熟的葡萄、甜菜、人的血液和肌肉。丁二酸是无色晶体，溶于水，微溶于乙醇、乙醚和丙酮。丁二酸在医药中有抗痉挛、祛痰和利尿的作用。丁二酸受热失水生成的丁二酸酐是制造药物、染料和醇酸树脂的原料。

7.1.4.9 山梨酸

山梨酸的化学名称为反,反-2,4-己二烯酸，天然存在于花椒树籽中，也叫作花椒酸。山梨酸是白色针状晶体，溶于醇、醚等多种有机溶剂，微溶于热水，沸点为 228 ℃（分解）。山梨酸在人体内可参加正常代谢，因此，它是一种营养素。同时山梨酸又是安全性很高的防腐剂，人们将山梨酸誉为营养型防腐剂，是一种新型食品添加剂。

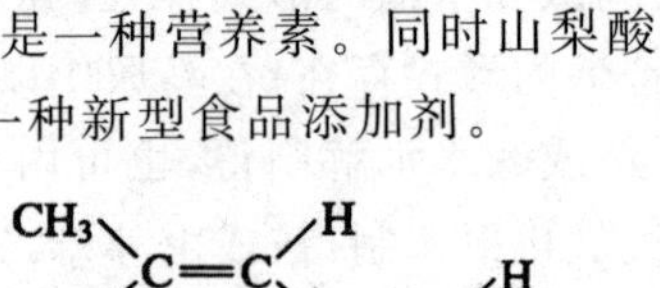

山梨酸

7.1.4.10 当归酸

当归酸的化学名称为(Z)-2-甲基-2-丁烯酸。当归酸为单斜形棒状或针状晶体,有香辣气味,熔点为45 ℃,沸点为185 ℃。当归酸具有活血补血、调经止痛、润燥滑肠作用,其酯类能细润皮肤。

$$
\begin{array}{c}
CH_3 \\
\diagdown \\
H \diagup C=C \diagup^{COOH}_{CH_3}
\end{array}
$$

当归酸

7.2 取代羧酸

羧酸碳链或环上的氢原子被其他原子或基团取代的化合物称为取代羧酸。例如,卤代酸、羟基酸、氨基酸、羰基酸。其中,羟基酸广泛存在于动植物体内,并对生物体的生命活动起着重要作用,也可作为药物合成的原料或食品的调味剂。

7.2.1 羟基酸的分类和命名

7.2.1.1 羟基酸的分类

羟基酸可根据羟基所连烃基的不同分为醇酸和酚酸两大类。羟基连在脂肪烃基上的叫醇酸,羟基连在芳环上的叫酚酸。

$$CH_3CH_2\underset{\underset{OH}{|}}{C}HCOOH$$

α-羟基丁酸(醇酸)

$$
\begin{array}{c}
COOH \\
\diagup \\
\diagdown OH
\end{array}
$$

邻羟基苯甲酸(酚酸)

根据羟基和羧基的相对位置不同,醇酸可分为 α-羟基酸、β-羟基酸、γ-羟基酸和 δ-羟基酸等。

7.2.1.2 羟基酸的命名

醇酸的命名以羧酸为母体,羟基为取代基来命名,主链从羧基碳原子开始用阿拉伯数字编号,也可从与羧基相连的碳原子开始用希腊字母 α、β、γ、…、ω 编号。许多羟基酸是天然产物,也有根据来源而得名的俗名。

$$
\begin{array}{c}
HOOC-\underset{\underset{OH}{|}}{C}H-\underset{\underset{OH}{|}}{C}H-COOH
\end{array}
\qquad
\begin{array}{c}
CH_3-\underset{\underset{OH}{|}}{C}H-\underset{\underset{CH_3}{|}}{C}H-COOH
\end{array}
$$

2,3-二羟基丁二酸
或 α,β-二羟基丁二酸(酒石酸)

2-甲基-3-羟基丁酸
α-甲基-β-羟基丁酸

酚酸也是以羧基为母体,根据羟基在芳环上的位置来命名。

邻羟基苯甲酸　　　　3,4,5-三羟基苯甲酸
（水杨酸）　　　　　（没食子酸）

7.2.2　羟基酸的物理性质

羟基酸一般为结晶性固体或黏稠性液体。羟基酸由于分子中所含的羟基和羧基都可以与水形成氢键,所以在水中的溶解度大于相应的羧酸。低级的羟基酸可与水混溶。羟基酸的沸点和熔点也比相应的羧酸高。

醇酸一般是黏稠状液体或结晶物质,易溶于水,不易溶于石油醚,其溶解度一般都大于相应的脂肪酸和醇,这是因为羟基和羧基都能与水形成氢键。

酚酸都为结晶性固体,多以盐、酯或糖苷的形式存在于植物中。酚酸在水中的溶解度与含羟基和羧基的数目有关。它具有芳香羧酸和酚的通性,与 $FeCl_3$ 显色,羧基和酚羟基能分别成酯、成盐等。

下面以水杨酸为例进行说明。水杨酸又名柳酸,存在于柳树、水杨树及其他许多植物中。水杨酸是白色针状结晶,熔点 157～159 ℃,微溶于水,易溶于乙醇。水杨酸属酚酸,具有酚和羧酸的一般性质。例如,与三氯化铁试剂反应显紫色,在空气中易氧化,水溶液显酸性,能成盐、成酯等。水杨酸具有清热、解毒和杀菌作用,其酒精溶液可用于治疗因霉菌感染而引起的皮肤病。

7.2.3　羟基酸的化学性质

羟基酸含有两种官能团,具有醇、酚和羧酸的通性,如醇羟基可以氧化、酯化、脱水等;酚羟基有酸性并能与三氯化铁溶液显色;羧基具有酸性可成盐、成酯等。由于两个官能团的相互影响,又具有一些特殊的性质,而且这些特殊性质因羟基和羧基的相对位置不同又表现出明显的差异。

7.2.3.1　酸性

由于羟基有吸电子诱导效应,一般醇酸的酸性比相应的羧酸强。因为诱导效应随传递距离的增长而迅速减弱,所以羟基离羧基越近,酸性越强。

$$HOCH_2COOH > CH_3COOH$$

pK$_a$　　　3.87　　　4.76

$$CH_3CHCOOH > CH_2CH_2COOH > CH_3CH_2COOH$$
$$\quad\quad |\qquad\qquad\quad |$$
$$\quad\quad OH\qquad\qquad\ OH$$

pK$_a$　　　3.87　　　4.51　　　　　4.86

酚酸的酸性受羟基的吸电子诱导效应、羟基与芳环的供电子共轭效应和邻位效应的影响，其酸性随羟基与羧基的相对位置不同而异。

pK$_a$　　　3.00　　　　4.12　　　　4.17　　　　4.54

羟基处于羧基的邻位时，羟基上氢原子可与羧基氧原子形成分子内氢键，羧基中羟基氧原子的电子云密度降低，其氢原子易解离，且形成的羧酸负离子稳定，使邻羟基苯甲酸酸性增强。羟基处于羧基的间位时，羟基主要通过吸电子诱导效应作用，但距离较远作用不大，因此酸性略有增加。羟基处于羧基的对位时，羟基的供电子共轭效应不利于羧基氢原子的解离，因而酸性降低。

7.2.3.2　氧化反应

醇酸中羟基可以被氧化生成醛酸或酮酸。特别是 α-羟基酸中的羟基比醇中的羟基更易被氧化。

$$CH_3-\underset{OH}{\underset{|}{CH}}-COOH \xrightarrow{[O]} CH_3-\underset{O}{\overset{\parallel}{C}}-COOH$$

α-羟基丙酸　　　　　　　　　　　丙酮酸

$$CH_3-\underset{OH}{\underset{|}{CH}}-CH_2COOH \xrightarrow{[O]} CH_3-\underset{O}{\overset{\parallel}{C}}-CH_2COOH$$

β-羟基丁酸　　　　　　　　　β-丁酮酸（乙酰乙酸）

生成的 α-和 β-酮酸不稳定，容易脱羧生成醛或酮。

$$R-\underset{OH}{\underset{|}{CH}}-COOH \xrightarrow{[O]} R-\underset{O}{\overset{\parallel}{C}}-COOH \xrightarrow{-CO_2} RCHO$$

$$RCHCH_2COOH \xrightarrow{[O]} R-\underset{O}{\overset{\parallel}{C}}-CH_2COOH \xrightarrow{-CO_2} R-\underset{O}{\overset{\parallel}{C}}-CH_3$$
$$\underset{OH}{\underset{|}{}}$$

7.2.3.3　脱水反应

α-羟基酸受热时，两分子间相互酯化，生成交酯。

$$R-\overset{O}{\overset{\|}{C}}-OH \quad HO \atop R-\overset{}{\underset{OH}{\overset{}{C}}}H \quad HO-\overset{O}{\overset{\|}{C}}-CHR \xrightarrow{\triangle} R-CH\overset{O}{\underset{O}{\overset{\|}{\diagdown}}}\overset{}{\underset{\|}{O}}\overset{}{\diagup}CH-R + 2H_2O$$

交酯

β-羟基酸受热发生分子内脱水,主要生成 α,β-不饱和羧酸,α,β-不饱和羧酸中的碳碳双键和羧基中的羰基共轭,故稳定性较好。

$$R-\overset{OH}{\underset{}{\overset{|}{C}H}}-CH_2COOH \xrightarrow[\triangle]{H^+} R-CH=CHCOOH + H_2O$$

γ-和 δ-羟基酸受热,生成五元和六元环内酯,五元和六元环是环状化合物中较稳定的体系。

$$\overset{CH_2-CH_2-CH_2-COOH}{\underset{OH}{\overset{|}{}}} \xrightarrow{\triangle} \overset{O}{\underset{}{\diagup\diagdown}}O + H_2O$$

δ-戊内酯

羟基与羧基间的距离大于 4 个碳原子时,受热则生成长链的高分子聚酯。

$$m\text{HO}(CH_2)n\text{COOH} \xrightarrow{\triangle} H\left[-O-(CH_2)_n-\overset{O}{\overset{\|}{C}}-\right]_m OH + H_2O$$

(n≥5)

7.2.3.4 脱羧反应

α-羟基酸与稀硫酸或酸性高锰酸钾共热,则分解脱酸生成醛、酮或羧酸。

$$\overset{RCHCOOH}{\underset{OH}{\overset{|}{}}} \left\{ \begin{array}{l} \xrightarrow[H_2SO_4,\triangle]{KMnO_4} RCHO+CO_2+H_2O \xrightarrow{KMnO_4} RCOOH \\ \xrightarrow{\text{稀 } H_2SO_4} RCHO+ HCOOH \rightarrow CO+H_2O \end{array} \right.$$

$$\overset{R_2CCOOH}{\underset{OH}{\overset{|}{}}} +[O] \xrightarrow{\underset{H^+}{KMnO_4}} R-\overset{O}{\overset{\|}{C}}-R +CO_2+H_2O$$

这个反应在有机合成上可用来合成减少一个碳的高级醛。

$$RCH_2COOH \xrightarrow{Br_2,P} \overset{RCHCOOH}{\underset{Br}{\overset{|}{}}} \xrightarrow{OH^-,H_2O} \overset{RCHCOOH}{\underset{OH}{\overset{|}{}}} \xrightarrow[\triangle]{\text{稀 } H_2SO_4} \overset{RCH}{\underset{O}{\overset{\|}{}}} + HCOOH \ (R>C_{10})$$

β-羟基酸用碱性高锰酸钾作用生成酮。

$$\overset{RCHCH_2COOH}{\underset{OH}{\overset{|}{}}} \xrightarrow{\underset{OH^-}{KMnO_4}} \overset{RCCH_2COOH}{\underset{O}{\overset{\|}{}}} \xrightarrow{-CO_2} R-\overset{O}{\overset{\|}{C}}-CH_3$$

邻、对羟基酚酸受热不稳定,当加热到熔点以上就可以脱去羧基生成酚。

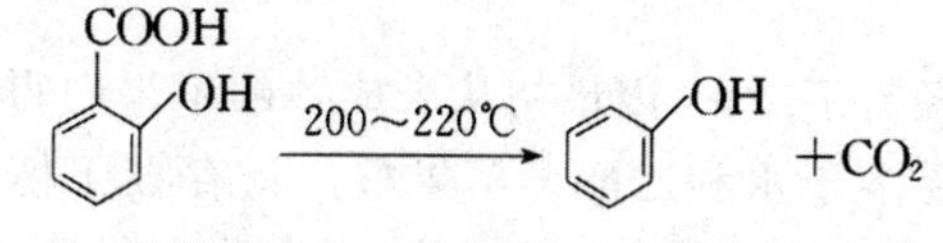

水杨酸 → 苯酚 $+CO_2$ (200~220℃)

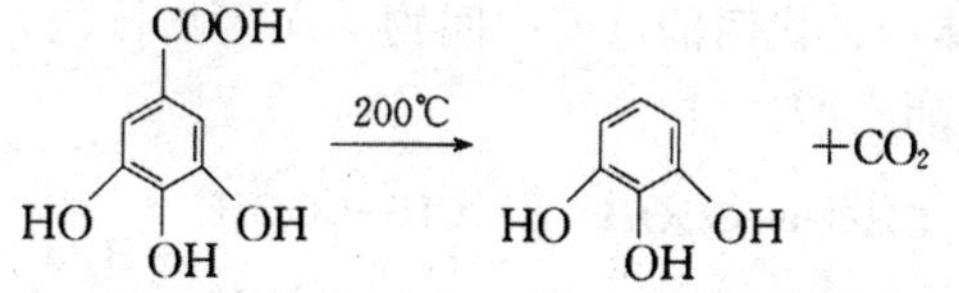

没食子酸 → 连苯三酚 $+CO_2$ (200℃)

7.2.4 重要的羟基酸

7.2.4.1 乳酸

乳酸化学名称为 α-羟基丙酸,最初从酸乳中得到,所以俗名叫乳酸。它也存在于动物的肌肉中,在剧烈活动后乳酸含量增加,因此感觉肌肉酸胀。乳酸在工业上是由糖经乳酸菌发酵而制得。

$$C_6H_{12}O_6 \xrightarrow[35\sim45℃]{乳酸菌} 2CH_3\overset{\overset{\displaystyle OH}{|}}{CH}—COOH$$

乳酸是无色黏稠液体,溶于水、乙醇和乙醚中,但不溶于氯仿和油脂,吸湿性强。乳酸具有旋光性。由酸牛奶得到的乳酸是外消旋的,由糖发酵制得的乳酸是左旋的,而肌肉中的乳酸是右旋的。乳酸有消毒防腐作用,它的蒸气用于空气消毒。

7.2.4.2 酒石酸

酒石酸化学名称为 2,3-二羟基丁二酸,以酸性钾盐的形式存在于植物的果实中,以葡萄中含量最高。酒石酸氢钾难溶于水和乙醇,所以葡萄汁发酵酿酒时,它以结晶析出,因此称为"酒石"。酒石用酸处理得到酒石酸。酒石酸是无色半透明的晶体或结晶性粉末,熔点为170℃,有酸味,易溶于水,不溶于有机溶剂。酒石酸的用途较广,酒石酸钾钠可配制成斐林试剂,酒石酸锑钾口服有催吐的作用,注射可治疗血吸虫病。

7.2.4.3 枸橼酸

枸橼酸化学名称为 3-羟基-3-羧基戊二酸,存在于柑橘、山楠、乌梅等的果实中,尤以柠檬中含量最多,约占 6%~10%,因此俗名又叫作柠檬酸。枸橼酸为无色结晶或结晶性粉末,无臭、味酸,易溶于水和醇,内服有清凉解渴作用,常用作调味剂、清凉剂,用来配制汽水和酸性饮料。枸橼酸的钾盐($C_6H_5O_7K \cdot 6H_2O$)为白色结晶,易溶于水,用作祛痰剂和利尿剂。枸橼酸的钠盐($C_6H_5O_7Na \cdot 2H_2O$)也是白色易溶于水的结晶,有防止血液凝固的作用。枸橼酸的铁铵盐为易溶于水的棕红色固体,常用作贫血患者的补血药。

7.2.4.4 苹果酸

苹果酸化学名称为 α-羟基丁二酸,因最初从未成熟的苹果中得到而得名。天然苹果酸为无色晶体,熔点为 100 ℃,易溶于水和乙醇。苹果酸广泛存在于植物中,如未成熟的山楂、葡萄、杨梅、番茄,尤其是在未成熟的苹果中含量最多,所以称为苹果酸。苹果酸是植物体内重要的有机酸之一。它是生物体内糖代谢的重要中间物。在生物体内,苹果酸受延胡索酸酶的催化,发生分子内脱水生成延胡索酸。

$$
\begin{array}{c}
\text{CHOH—COOH} \\
| \\
\text{CH}_2\text{—COOH}
\end{array}
\xrightarrow{\text{酶}}
\begin{array}{c}
\text{CH—COOH} \\
\| \\
\text{CH—COOH}
\end{array}
+ \text{H}_2\text{O}
$$

苹果酸的钠盐为白色粉末,易溶于水,用于制药及食品工业,也可作为食盐的代用品。

7.2.4.5 对羟基苯甲酸

对羟基苯甲酸是一种优良的防腐剂,商品名称尼泊金(Nipagin)。它有抑制细菌、真菌和酶的作用,毒性较小。因此广泛用于食品和药品的防腐剂。

常用的尼泊金类防腐剂有对羟基苯甲酸甲酯(商品名称:尼泊金或尼泊金 M),对羟基苯甲酸乙酯(商品名称:尼泊金 A),对羟基苯甲酸丙酯(商品名称:尼泊索)。三者的结构式分别

为: 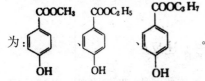 。

尼泊金类防腐剂在酸性溶液中比在碱性溶液中效果好。对羟基苯甲酸甲酯、乙酯、丙酯合并使用,可因协同作用,而增加效果。

7.2.4.6 五倍子酸和单宁

五倍子酸又称为没食子酸,化学名称为 3,4,5-三羟基苯甲酸,是植物中分布最广的一种酚酸。五倍子酸以游离态或结合成单宁存在于植物的叶子中,特别是大量存在于五倍子(一种寄生昆虫的虫瘿)中。

五倍子酸纯品为白色结晶粉末,熔点为 253 ℃(分解),难溶于冷水,易溶于热水、乙醇和乙醚。它有强还原性,在空气中迅速被氧化成褐色,可作抗氧剂和照片显影剂。五倍子酸与氯化铁反应产生蓝黑色沉淀,是墨水的原料之一。

单宁是五倍子酸的衍生物,因具有鞣革功能,又称为鞣酸。单宁广泛存在于植物中,因来源和提取方法不同,有不同的组成和结构。单宁的种类很多,结构各异,但具有相似的性质。例如,单宁是一种生物碱试剂,能使许多生物碱和蛋白质沉淀或凝结;其水溶液遇氯化铁产生蓝黑色沉淀;单宁都有还原性,易被氧化成黑褐色物质。

7.2.4.7 水杨酸及其衍生物

水杨酸又称为柳酸,化学名称为邻羟基苯甲酸,存在于柳树和水杨树皮中。水杨酸为无色

针状晶体,熔点为 159 ℃,在 79 ℃时升华,易溶于热水、乙醇、乙醚和氯仿。水杨酸易被氧化,遇三氯化铁显紫红色,酸性比苯甲酸强,加热易脱羧,具有酚和羧酸的一般性质。

水杨酸具有杀菌作用,其钠盐可作口腔清洁和食品防腐剂;水杨酸的酒精溶液用于治疗霉菌感染引起的皮肤病;水杨酸有解热镇痛作用,因对食道和胃黏膜刺激性大,不宜内服。医学上多用其衍生物,主要有乙酰水杨酸、水杨酸甲酯和对氨基水杨酸。

乙酰水杨酸俗称阿司匹林,为白色结晶,熔点为 135 ℃,味微酸,无臭,难溶于水,溶于乙醇、乙醚、氯仿。在干燥空气中稳定,但在湿空气中易水解为水杨酸和醋酸,所以应密闭在干燥处贮存。水解后产生水杨酸,可以与三氯化铁溶液作用呈紫色,常用此法检查阿司匹林中游离水杨酸的存在。

乙酰水杨酸可由水杨酸与乙酐在乙酸中加热到 80 ℃进行酰化而制得。

阿司匹林有退热、镇痛和抗风湿痛的作用,而且对胃的刺激作用小,故常用于治疗发烧、头痛、关节痛、活动性风湿病等。与非那西丁、咖啡因等合用称为复方阿司匹林,简称 APC。

水杨酸甲酯俗名冬青油,由冬青树叶中提取。水杨酸甲酯为无色液体,有特殊香味。可用作配制牙膏、糖果等的香精,也可用作扭伤的外用药,可通过水杨酸直接酯化而得。

对氨基水杨酸简称 PAS,为白色粉末,熔点为 146~147 ℃,微溶于水,能溶于乙醇,是一种抗结核病药物。PAS 呈酸性,能和碱作用生成盐,它与碳酸氢钠作用生成对氨基水杨酸钠简称 PAS-Na。

PAS 和 PAS-Na 的水溶液都不稳定,遇光、热或露置在空气中颜色变深,颜色变深后,不能供药用。PAS-Na 的水溶性大,刺激性小,故常作为注射剂使用。PAS-Na 用于治疗各种结核病,对肠结核、胃结核以及渗透性肺结核的效果较好。

7.3 羧酸衍生物

羧酸中的羟基被其他原子或基团取代后生成的化合物称为羧酸衍生物。

7.3.1 羧酸衍生物的分类、命名和结构

重要的羧酸衍生物有酰卤、酸酐、酯和酰胺。羧酸分子中去掉羧基中的羟基后剩余的部分称为酰基(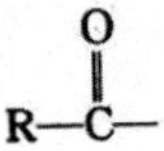)。酰基的命名将相应羧酸的"酸"字改为"酰基"即可。

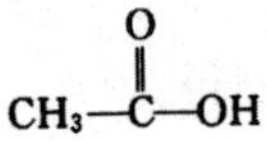

乙酸 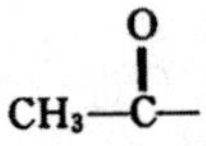　　乙酰基 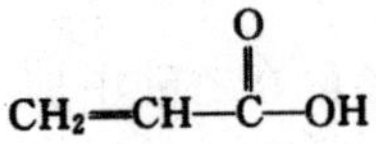　　丙烯酸 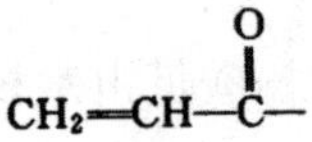　　丙烯酰基

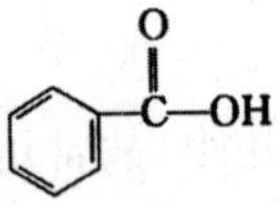

苯甲酸 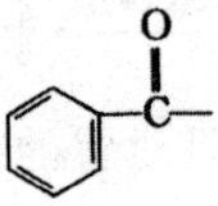　　苯甲酰基 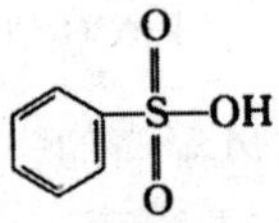　　苯磺酸 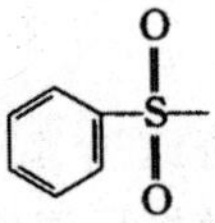　　苯磺酰基

7.3.1.1 酰卤

酰卤由酰基和卤原子组成,其通式为 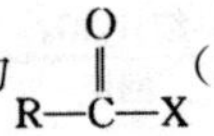 (X＝F、Cl、Br、I)。酰卤是以相应的酰基和卤素的名称命名的,称为"某酰卤"。

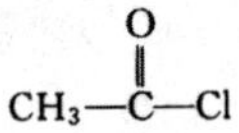

乙酰氯 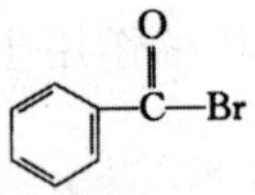　　苯甲酰溴

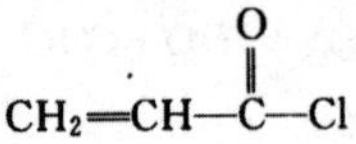

丙烯酰氯 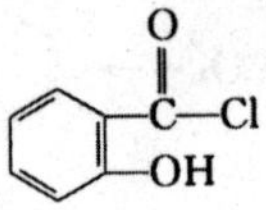　　水杨酰氯　　α溴丙酰溴

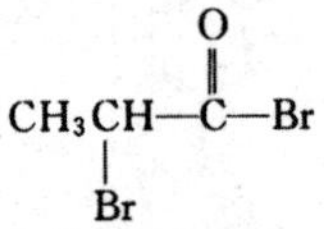

7.3.1.2 酸酐

酸酐由酰基和酰氧基组成,其通式为 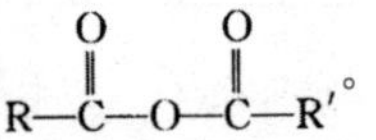 。由两分子相同的一元羧酸脱水所生成的酸酐称为单纯酐,单纯酐的命名是在相应羧酸的名称之后加"酐"字,酸字可以省略。由两分子不同的羧酸脱水所生成的酸酐称为混酐,它的命名是将两种羧酸依次写出,简单的羧酸名

称在前,复杂的羧酸名称在后,再加"酐"字。二元酸脱水后生成的环状酐称为环酐或内酐。

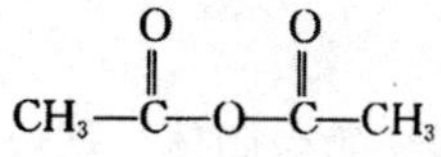

乙酸酐(单纯酐) 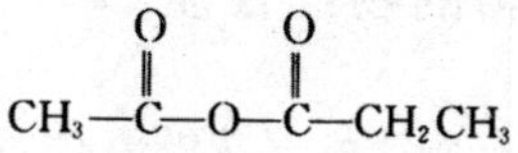　　　乙丙酐(混酐)

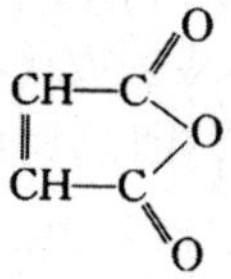

顺丁烯二酸酐 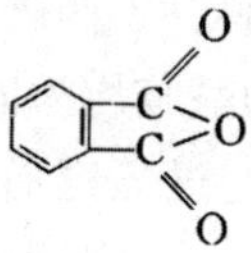　　　　邻苯二甲酸酐(内酐)

7.3.1.3　酯

酯由酰基和烷氧基(RO—)组成,其通式为 $R-\overset{O}{\overset{\|}{C}}-OR'$。酯的命名是根据相应羧酸和醇的名称而称为"某酸某醇酯",其中醇字可省略。多元醇的酯称为"某醇某酸酯"。二元羧酸与一元醇可形成酸性酯和中性酯。

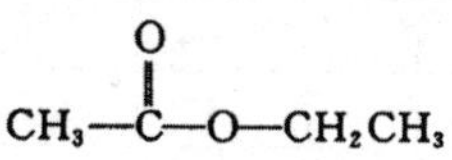

乙酸乙酯 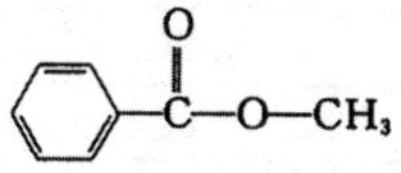　　　　　　苯甲酸甲酯 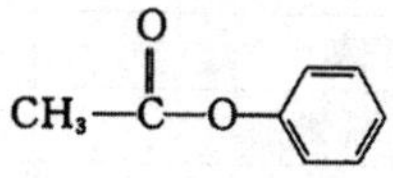　　　　　　乙酸苯酯

7.3.1.4　酰胺

酰胺由酰基和氨基(包括取代氨基—NHR、—NR$_2$)组成。其通式为 $R-\overset{O}{\overset{\|}{C}}-NH_2$。连接一个酰基的叫作伯酰胺;连接两个酰基的叫作仲酰胺;连接三个酰基的叫作叔酰胺。酰胺的命名是把相应的羧酸名称改称为"某酰胺"。当酰胺氮上有取代基时,在取代基名称前加 N 标出,以表示取代基连在氮原子上。

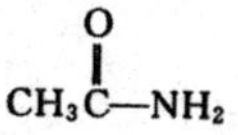

乙酰胺　　　　　　　二乙酰氨　　　　　　　三乙酰胺
(伯酰胺)　　　　　　(仲酰胺)　　　　　　　(叔酰胺)

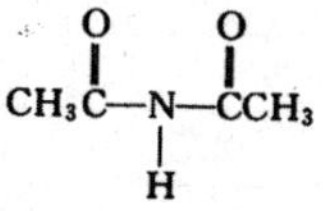

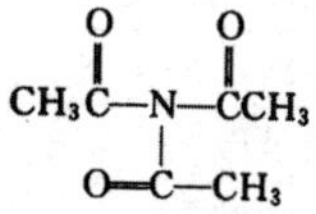

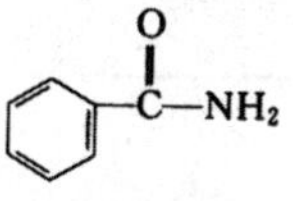

苯甲酰胺 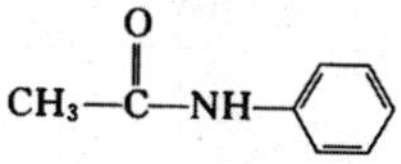　　　　　　乙酰苯胺 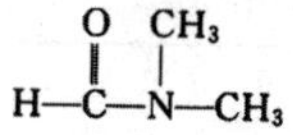　　　　　　N,N-二甲基甲酰胺

7.3.2 羧酸衍生物的物理性质

低级的酰卤和酸酐是有刺激性气味的液体,高级的为固体。低级的酯是易挥发并有香味的无色液体,例如,乙酸异戊酯有香蕉味、苯甲酸甲酯有茉莉花的香味、丁酸甲酯有菠萝的香味。所以酯常常用作食品及化妆品的香料。十四碳酸以下的甲酯、乙酯均为液体,高级脂肪酸酯是蜡状固体。除甲酰胺为液体外,其余的酰胺均为固体。N,N-二取代脂肪族酰胺在室温下为液体。

酰卤、酸酐和酯分子间不能通过氢键而产生缔合作用,所以它们的沸点比相对分子质量相近的羧酸要低。酰胺分子间可通过氢键缔合,因此熔点和沸点都比相应的羧酸高。

酰卤和酸酐难溶于水,但可被水分解。酯微溶于或难溶于水,易溶于有机溶剂。低级酰胺可溶于水,但随着分子量增大,溶解度逐渐减小。N,N-二甲基甲酰胺是非质子极性溶剂,既溶于水,又溶于有机溶剂,是一种常用的有机溶剂。常见羧酸衍生物的物理常数见表 7-3。

表 7-3　常见羧酸衍生物的物理常数

名称	熔点/℃	沸点/℃
乙酰氯	−112	52
乙酰溴	−98	76.6
丙酰氯	−94	80
正丁酰氯	−89	102
苯甲酰氯	−1	197.2
乙酸酐	−73	140
丙酸酐	−45	169
丁二酸酐	119.6	261
苯甲酸酐	42	360
邻苯二甲酸酐	132	284.5
甲酸甲酯	−100	32
甲酸乙酯	−80	54
乙酸乙酯	−83	77.1
乙酸戊酯	−78	142
苯甲酸乙酯	−34	213
甲酰胺	2.5	192
乙酰胺	81	222
丙酰胺	79	213
N,N-二甲基甲酰胺	−61	153
苯甲酰胺	130	290

7.3.3 羧酸衍生物的化学性质

羧酸衍生物分子中都有酰基,能发生一些相似的化学反应,但因酰基所连接的基团不同,反应活性有一定的差异。

7.3.3.1 水解反应

酰卤、酸酐、酯和酰胺在酸、碱的催化下水解生成相应的羧酸。

其水解反应速率为

$$酰卤＞酸酐＞酯＞酰胺$$

酯的水解需要酸或碱催化并加热,酸催化水解是酯化反应的逆反应,水解不完全。酯的碱性水解产物是羧酸盐和醇。

7.3.3.2 醇解反应

酰氯、酸酐和酯都可以与醇作用生成相应的酯。

酯的醇解反应也称为酯交换反应,通常是"以小换大",生成较高级的酯。

7.3.3.3 氨解反应

酰氯、酸酐和酯都可以与氨作用生成酰胺。

7.3.3.4 还原反应

羧酸衍生物都能被还原,酰氯还原最容易,酰胺还原最难。羧酸衍生物(除酰胺外)用氢化铝锂作为催化剂都能被还原成醇。

酰氯用钯催化加氢或用氢化铝锂作为催化剂均可被还原为醇。

$$R-\overset{\overset{O}{\|}}{C}-Cl \xrightarrow[\text{或 LiAlH}_4]{\text{H}_2/\text{Pd}} RCH_2OH$$

但如果把钯分散在 BaSO₄ 上，并加入少量喹啉-硫，可降低 Pd 的催化活性（又称催化剂毒化），则酰氯可被还原为醛。这种把酰氯还原为醛的还原方法又称为罗森蒙德（Rosemund）还原法。

$$R-\overset{\overset{O}{\|}}{\underset{Cl}{C}} \xrightarrow[\text{喹啉}]{\text{H}_2/\text{Pd-BaSO}_4} RCHO$$

酸酐可被氢化铝锂还原为醇。

$$\xrightarrow{\text{LiAlH}_4} \begin{array}{l} H_2C-CH_2-OH \\ H_2C-CH_2-OH \end{array}$$

酯用氢化铝锂还原或与金属钠在乙醇溶液中回流，可被还原为醇。

$$CH_3(CH_2)_7CH=CH(CH_2)_7COOEt \xrightarrow[\text{Na}]{\text{EtOH}} CH_3(CH_2)_7CH=CH(CH_2)_7CH_2OH + EtOH$$

$$H_2C=CH-CH_2-COOEt \xrightarrow{\text{LiAlH}_4} H_2C=CH-CH_2-CH_2OH + EtOH$$

需要注意的是，这两个还原反应中的双键没发生变化。

非取代酰胺可被氢化铝锂还原为伯胺，酰胺分子中 N 上的一个氢或两个氢被取代时，用氢化铝锂还原则分别生成仲胺和叔胺。

$$R-\overset{\overset{O}{\|}}{C}-NH_2 \xrightarrow{\text{LiAlH}_4} RCH_2NH_2 \quad \textbf{伯胺}$$

$$R-\overset{\overset{O}{\|}}{C}-NHR' \xrightarrow{\text{LiAlH}_4} RCH_2NHR' \quad \textbf{仲胺}$$

$$R-\overset{\overset{O}{\|}}{C}-N\overset{R'}{\underset{R'}{\diagdown}} \xrightarrow{\text{LiAlH}_4} RCH_2NR'_2 \quad \textbf{叔胺}$$

7.3.3.5　酯缩合反应

在醇钠的作用下，含有 α-H 的酯可与另一分子酯失去一分子醇，生成 β-酮酸酯的反应，称为克莱森（Claisen）酯缩合反应。

$$CH_3\overset{\overset{O}{\|}}{C}\boxed{-OC_2H_5 + H}-CH_2\overset{\overset{O}{\|}}{C}-OC_2H_5 \xrightarrow{C_2H_5ONa} CH_3\overset{\overset{O}{\|}}{C}CH_2\overset{\overset{O}{\|}}{C}-OC_2H_5 + C_2H_5OH$$

乙酰乙酸乙酯

反应的机理为：乙酸乙酯在乙醇钠作用下，失去一个 α-H，形成负碳离子，负碳离子很快与另一分子乙酸乙酯的羰基发生亲核加成，然后失去 $C_2H_5O^-$，生成乙酰乙酸乙酯。

$$C_2H_5O^- + H-CH_2-\overset{O}{\underset{}{C}}-OC_2H_5 \rightleftharpoons {}^-CH_2-\overset{O}{\underset{}{C}}-OC_2H_5 + C_2H_5OH$$

$$CH_3-\overset{O}{\underset{}{C}}-OC_2H_5 + {}^-CH_2-\overset{O}{\underset{}{C}}-OC_2H_5 \rightleftharpoons CH_3-\underset{\underset{CH_2COOC_2H_5}{|}}{\overset{\overset{O^-}{|}}{C}}-OC_2H_5 \xrightarrow{-C_2H_5O^-} CH_3-\overset{O}{\underset{}{C}}-CH_2-\overset{O}{\underset{}{C}}-OC_2H_5$$

酯缩合反应相当于一个酯的 α-H 被另一个酯的酰基所取代,所以凡含有 α-H 的酯都可发生克莱森酯缩合反应。

含 α-H 的酯与无 α-H 且羰基比较活泼的酯(甲酸酯、草酸酯、碳酸酯、苯甲酸酯)进行的酯缩合反应,称为交叉克莱森酯缩合反应。

$$H-\overset{O}{\underset{}{C}}-OC_2H_5 + CH_3CH_2CH_2-\overset{O}{\underset{}{C}}-OC_2H_5 \xrightarrow{NaOC_2H_5} H-\overset{O}{\underset{}{C}}-\underset{\underset{CH_2CH_3}{|}}{CH}-OC_2H_5 + C_2H_5OH$$

7.3.3.6 与格氏试剂反应

格氏试剂是一个亲核试剂,羧酸衍生物都能与格氏试剂发生反应。酰氯与格氏试剂作用生成酮或叔醇。如果格氏试剂过量,则很容易和酮继续反应,生成叔醇。低温下,用 1 mol 的格氏试剂,慢慢滴入含有 1 mol 酰氯的溶液中,可使反应停留在酮的一步,但产率不高。

$$R-\overset{O}{\underset{}{C}}-Cl + R'MgX \longrightarrow R-\underset{\underset{R'}{|}}{\overset{\overset{OMgX}{|}}{C}}-Cl \longrightarrow R-\overset{O}{\underset{}{C}}-R' + MgXCl$$
$$酮$$

$$R-\overset{O}{\underset{}{C}}-R' + R'MgX \longrightarrow R-\underset{\underset{R'}{|}}{\overset{\overset{OMgX}{|}}{C}}-R' \xrightarrow{H_2O} R-\underset{\underset{R'}{|}}{\overset{\overset{OH}{|}}{C}}-R'$$
$$叔醇$$

酸酐、酯和酰胺与格氏试剂反应主要生成叔醇。这是因为酰氯的羰基与格氏试剂反应的活性大于酮羰基,酸酐、酯和酰胺的羰基与格氏试剂反应的活性小于酮羰基。

氮上含有氢的酰胺($RCONH_2$,$RCONHR$)可分解格氏试剂,但用过量格氏试剂(过量 2～3 倍),仍可得到酮或叔醇。

$$\text{苯}-\overset{O}{\underset{}{C}}-NH_2 + \text{苯}-CH_2MgCl \xrightarrow{\quad} \text{苯}-\overset{O}{\underset{}{C}}-CH_2-\text{苯}$$
$$\text{(过量)}$$

7.3.3.7 酰胺的特性

酰胺除具有羧酸衍生物的通性外,还具有一些特殊性质。

(1)酰胺的酸碱性。当氨分子中的氢原子被酰基取代后,由于氮原子上的孤对电子与碳氧双键形成 p-π 共轭,使氮原子上的电子云密度降低,减弱了它接受质子的能力,故只显弱碱性,与 Na 作用,放出氢气。另一方面,与氮原子连接的氢原子变得稍为活泼,表现出微弱的酸性。

$$R-C\underset{NH_2}{\overset{O}{\lesssim}}$$

酰胺的碱性很弱,接近于中性(因氮原子上的未共用电子对与碳氧双键形成 p-π 共轭)。如把氯化氢气体通入乙酰胺的乙醚溶液中,则生成不溶于乙醚的盐。

$$CH_3CONH_2 + HCl \xrightarrow{乙醚} CH_3CONH_2 \cdot HCl \downarrow$$

形成的盐不稳定,遇水即分解为乙酰胺和盐酸。说明酰胺有弱碱性。

另一方面,乙酰胺的水溶液能与氧化汞作用生成稳定的汞盐。酰胺与金属钠在乙醚溶液中反应生成钠盐,但遇水即分解。说明酰胺有弱酸性。

$$2CH_3CONH_2 + HgO \longrightarrow (CH_3CONH)_2Hg + H_2O$$

酰亚胺的酸性比酰胺强,形成的盐也稳定。邻苯二甲酰亚胺可与强碱作用形成盐。

$$\text{（邻苯二甲酰亚胺）NH + NaOH} \longrightarrow \text{（钠盐）}N^-Na^+ + H_2O$$

(2)脱水反应。酰胺与强脱水剂共热或高温加热,可发生分子内脱水反应生成腈,这是合成腈的常用方法之一,通常采用的脱水剂是五氧化二磷和亚硫酰氯等。

$$R-\underset{}{\overset{O}{C}}-NH_2 \xrightarrow[\triangle]{P_2O_5} RC\equiv N + H_2O$$

反应一般在较高温度及脱水剂的作用下进行,常用的脱水剂是 P_2O_5 和 $SOCl_2$,这也是制备腈的重要方法之一。

$$(CH_3)_2CHCONH_2 \xrightarrow[200\sim300\ ℃]{P_2O_5} (CH_3)_2CHCN$$

$$CH_3(CH_2)_4CONH_2 + SOCl_2 \xrightarrow{回流} CH_3(CH_2)_4CN + SO_2 + HCl$$

(3)霍夫曼降级反应。酰胺与溴(或氯)的氢氧化钠溶液反应,脱去羰基,生成伯胺,这个反应叫作酰胺的霍夫曼(Hofmann)降级反应。该反应可从酰胺制备少一个碳的伯胺。

$$R-\underset{}{\overset{O}{C}}-NH_2 \xrightarrow{NaOH, Br_2} R-NH_2$$

$$\text{（苯基）}-CH_2-\underset{CH_3}{\overset{}{CH}}-\underset{}{\overset{O}{C}}-NH_2 \xrightarrow{NaOH, Br_2} \text{（苯基）}-CH_2-\underset{CH_3}{\overset{}{CH}}-NH_2$$

2-甲基-3-苯基丙酰胺　　　　　　　2-苯基异丙胺

7.3.4　重要的羧酸衍生物

7.3.4.1　乙酐

乙酐又名醋(酸)酐,是无色有极强醋酸气味的液体,沸点为 139.5 ℃,是良好的溶剂,溶于乙醚、苯和氯仿,也是重要的乙酰化试剂及化工原料,大量用于合成药物中间体、染料、醋酸纤维、香料和油漆等。乙酸酐可由乙酸与乙烯酮作用制得。

$$CH_3C\overset{O}{\underset{OH}{\Vert}} + CH_2=C=O \longrightarrow H_3C-C\overset{O}{\Vert}-O-C\overset{O}{\Vert}-CH_3$$

7.3.4.2　乙酰氯

乙酰氯是一种在空气中发烟的无色液体,有窒息性的刺鼻气味,沸点为 51 ℃。它能与乙醚、氯仿、冰醋酸、苯和汽油混溶。乙酰氯是重要的乙酰化试剂,可用 PCl_3 或亚硫酰氯($SOCl_2$)制备。

$$3H_3C-C\overset{O}{\Vert}-OH + PCl_3 \longrightarrow 3H_3C-C\overset{O}{\Vert}-Cl + H_3PO_3$$

$$CH_3COOH + SOCl_2 \longrightarrow CH_3COCl + SO_2 + HCl$$

7.3.4.3　α-甲基丙烯酸甲酯

在常温下,α-甲基丙烯酸甲酯为无色液体,熔点为 -48.2 ℃,沸点为 $100\sim101$ ℃,微溶于水,溶于乙醇和乙醚,易挥发,易聚合。

工业上生产 α-甲基丙烯酸甲酯主要以丙酮、氢氰酸为原料,与甲醇和硫酸作用而制得。

$$CH_3COCH_3 \xrightarrow[OH^-]{HCN} CH_3-\overset{CH_3}{\underset{OH}{\underset{|}{\overset{|}{C}}}}-CN \xrightarrow[H_2SO_4]{CH_3OH} CH_2=\overset{}{\underset{CH_3}{\underset{|}{C}}}-COOCH_3$$

α-甲基丙烯酸甲酯

α-甲基丙烯酸甲酯在引发剂(如偶氮二异丁腈)存在下,聚合生成聚 α-甲基丙烯酸甲酯。

$$nCH_2=\overset{CH_3}{\underset{|}{C}}-COOCH_3 \xrightarrow{90\sim100℃} \begin{bmatrix} CH_2-\overset{CH_3}{\underset{COOCH_3}{\underset{|}{\overset{|}{C}}}} \end{bmatrix}_n$$

聚 α-甲基丙烯酸甲酯

聚 α-甲基丙烯酸甲酯是无色透明的聚合物,俗称有机玻璃,质轻、不易碎裂,溶于丙酮、乙酸乙酯、芳烃和卤代烃。由于它的高度透明性,多用于制造光学仪器和照明用品,如航空玻璃、仪表盘、防护罩等,着色后可制纽扣、牙刷柄、广告牌等。

7.3.4.4　N,N-甲基甲酰胺

N,N-甲基甲酰胺,简称 DMF。它是带有氨味的无色液体,沸点为 153 ℃。它的蒸气有毒,对皮肤、眼睛和黏膜有刺激作用。N,N-二甲基甲酰胺能与水及大多数有机溶剂混溶,能溶解很多无机物和许多难溶的有机物特别是一些高聚物。例如,它是聚丙烯腈抽丝的良好溶剂,也是丙烯酸纤维加工中使用的溶剂,有"万能溶剂"之称。

工业上用氨、甲醇和一氧化碳为原料,在高压下反应制备 N,N-甲基甲酰胺。

$$2CH_3OH + NH_3 + CO \xrightarrow{\text{15 MPa}} \overset{\displaystyle O}{HC}-N(CH_3)_2 + 2H_2O$$

7.3.4.5　胍

胍分子中的氨基除去一个氢原子后剩下的原子团称为胍基;除去一个氨基后剩下的原子团称为脒基。一些药物含有胍基、脒基。

$$\underset{\text{胍}}{H_2N-\overset{\displaystyle NH}{C}-NH_2} \qquad \underset{\text{胍基}}{H_2N-\overset{\displaystyle NH}{C}-NH-} \qquad \underset{\text{脒基}}{H_2N-\overset{\displaystyle NH}{C}-}$$

胍是强碱,碱性与氢氧化钾相当。胍易水解,特别在碱性条件下,是不稳定的,通常以盐的形式保存。很多含有胍结构的药物,往往制成盐类使用。

$$\text{⟨⟩}-CH_2-CH_2-NH-\overset{\displaystyle NH}{C}-NH-\overset{\displaystyle NH}{C}-NH_2 \cdot HCl$$

盐酸苯乙双胍(降糖灵)

$$\left(\text{⟨Cl₂⟩}-O-CH_2-CH_2-NH-\overset{\displaystyle NH}{C}-NH_2\right)_2 \cdot H_2SO_4$$

硫酸胍氯酚(降血压药)

7.3.4.6　尿素

尿素也叫作脲,存在于哺乳动物的尿液中。它是哺乳动物体内蛋白质代谢的最终产物,成人每天可随尿排出约 30 g 的尿素。尿素是白色结晶,熔点为 132 ℃,易溶于水和乙醇中。尿素在医药上用作角质软化药。尿素是碳酸的二酰胺,在性质上与酰胺相似,具有弱碱性,但碱性很弱,不能使石蕊试纸变色。

将尿素缓慢加热至熔点以上,生成缩二脲。缩二脲在碱性溶液中与稀硫酸铜溶液作用,呈现紫红色,这种显色反应叫作缩二脲反应。分子中含有两个或两个以上酰氨键($\overset{\displaystyle O}{-C-NH-}$)的

化合物都有类似反应,如多肽、蛋白质。

$$H_2N-\overset{O}{\overset{\|}{C}}-[NH_2+H]-N-\overset{H}{\overset{|}{\underset{}{}}}\overset{O}{\overset{\|}{C}}-NH_2 \xrightarrow{150\sim160℃} H_2N-\overset{O}{\overset{\|}{C}}-\overset{H}{\overset{|}{N}}-\overset{O}{\overset{\|}{C}}-NH_2+NH_3$$

7.3.4.7　青霉素

青霉素属 β-内酰胺类抗生素。由于分子中含有一个游离羧基和酰胺侧链,青霉素有相当强的酸性,能与无机碱或某些有机碱作用成盐。干燥纯净的青霉素盐比较稳定;青霉素的水溶液很不稳定,微量的水分即易引起其水解。

青霉素

第8章 含氮化合物

8.1 硝基化合物

8.1.1 硝基化合物的分类、命名和结构

8.1.1.1 硝基化合物的分类和命名

根据烃基的类别,硝基化合物分为脂肪族硝基化合物和芳香族硝基化合物;根据分子中所含硝基的数目,硝基化合物分为一元硝基化合物和多元硝基化合物。

硝基化合物的命名与卤代烃相似。以烃为母体,把硝基作为取代基。

$CH_3CH_2NO_2$
硝基乙烷

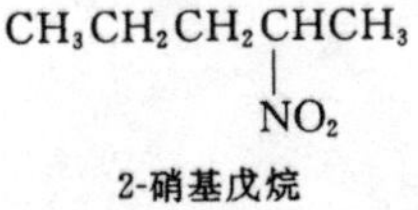

$CH_3CH_2CH_2CHCH_3$ / NO_2
2-硝基戊烷

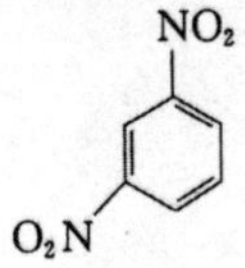

间-二硝基苯

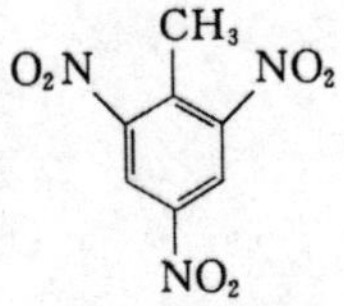

2,4,6-三硝基甲苯

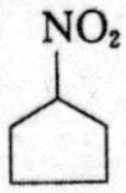

硝基环戊烷

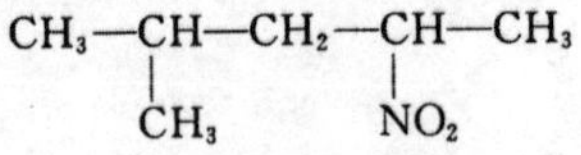

$CH_3-CH-CH_2-CH-CH_3$ / CH_3 NO_2
2-甲基-4-硝基戊烷

8.1.1.2 硝基化合物的结构

烃分子中的氢原子被硝基($-NO_2$)取代的化合物称为硝基化合物,常用 RNO_2 或 $ArNO_2$ 表示。

氮原子与一个氧原子以配位键结合,与另一个氧原子以共价双键结合。据此,这两个氮氧键的键长应该是不同的。但是用电子衍射法的测定结果表明,两个氮氧键的键长相等,均为 0.121 nm。对于这个事实,理论上合理的解释是:硝基中的氮原子和两个氧原子均为 sp^2 杂

化,它们之间形成一个 p-π 共轭体系,经电子离域,电子云密度在该共轭体系中完全平均化。所以,导致硝基中两个 N—O 键键长相等。其结构如图 8-1 所示。

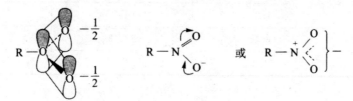

图 8-1　硝基化合物的结构

在硝基化合物的分子中,与碳原子相连的是氮原子,在硝酸酯和亚硝酸酯的分子中,与碳原子相连的是氧原子,也就是硝基化合物与亚硝基化合物分别是硝酸和亚硝酸中的 HO—被烃基取代的衍生物,而硝酸酯与亚硝酸酯分别是硝酸和亚硝酸中的氢被烃基取代的衍生物,硝基化合物与相应的亚硝酸酯是同分异构体。

$$R-\overset{O}{\underset{O}{N}} \qquad R-O-\overset{O}{N}$$

硝基化合物　　　　　硝酸酯

$$R-N=O \qquad R-O-N=O$$

亚硝基化合物　　　　亚硝酸酯

8.1.2　硝基化合物的物理性质

硝基是强极性基团,硝基化合物具有较大的电偶极矩和高沸点。脂肪族硝基化合物是近于无色、具有香味的高沸点液体;芳香族硝基化合物除少数是高沸点液体外,多数是淡黄色固体,有苦杏仁味。硝基化合物不溶于水,易溶于醇、醚等有机溶剂,相对密度均大于 1。多硝基化合物具有极强的爆炸性,可用作炸药,如 1,3,5-三硝基苯(简称 TNB),TNT 等。

硝基化合物具有毒性,能经过呼吸道或皮肤接触被人体吸收,与血液中的血红素作用,引起中毒。一些硝基化合物的物理常数见表 8-1。

表 8-1　常见硝基化合物的物理常数

名称	熔点/℃	沸点/℃	相对密度 d_4^{20}
硝基甲烷	−28.5	100.8	1.135 4(22 ℃)
硝基乙烷	−50	115	1.044 8(25 ℃)
1-硝基丙烷	−108	131.5	1.022
2-硝基丙烷	−93	120	1.024
硝基苯	5.7	210.8	1.203
间二硝基苯	89.8	303	1.571

续表

名称	熔点/℃	沸点/℃	相对密度 d_4^{20}
1,3,5-三硝基苯	122	315	1.688
邻硝基甲苯	−4	222.3	1.163
对硝基甲苯	51.4	237.7	1.286

8.1.3　硝基化合物的化学性质

硝基是一个强吸电子基团,脂肪族硝基化合物的 α-H 具有一定酸性,芳香族硝基化合物由于硝基的钝化作用,芳环上的亲电取代反应活性大大降低。

8.1.3.1　α-氢的活泼性

(1)互变异构现象。在脂肪族硝基化合物中,含有 α-氢原子的伯或仲硝基化合物能逐渐溶解于氢氧化钠溶液而生成钠盐。

$$RCH_2NO_2 + NaOH \Longrightarrow [RCHNO_2]^- Na^+ + H_2O$$

这是因为在伯、仲硝基化合物中,α-碳上的碳氢键的 α 电子云与硝基氮氧双键的 π 电子云之间存在着 α-π 超共轭效应,因此存在着下面的互变异构现象。

硝基式　　　　假酸式

假酸式具有烯醇式结构特征,可与 $FeCl_3$ 溶液有显色反应,也能与 Br_2/CCl_4 溶液加成。硝基化合物主要以硝基式存在,当遇到碱溶液时,碱与假酸式作用而生成盐,就破坏了假酸式和硝基式之间的平衡,硝基式不断地转变为假酸式,以至全部与碱作用而生成酸式盐。叔硝基化合物没有 α-氢,不能与碱作用。

(2)缩合反应。与羟醛缩合及克莱森缩合等反应类似,具有活泼 α-H 的硝基化合物在碱性条件下能与某些羰基化合物起缩合反应。

$$C_6H_5CHO + CH_3NO_2 \xrightarrow[\triangle]{OH^- \quad -H_2O} C_6H_5CH=CHNO_2$$

$$CH_3COCH_3 + C_6H_5CH_2NO_2 \xrightarrow{OH^-} \underset{\underset{NO_2\ OH}{|\quad\ \ |}}{C_6H_5CH-C(CH_3)_2}$$

其缩合过程是:具有活泼 α-H 的硝基化合物在碱的作用下脱去 α-H 形成碳负离子,碳负离子再与羰基化合物发生亲核反应。

8.1.3.2　还原反应

硝基化合物易被还原,芳香族硝基化合物在不同的还原条件下得到不同的产物。如硝基苯在酸性介质中以铁粉还原,生成芳香族伯胺苯胺;而在碱性条件下以锌粉还原,得到氢化偶氮苯,氢化偶氮苯再进行酸性还原也生成苯胺。前者为单分子还原,后者则为双分子还原。

8.1.3.3　苯环上的取代反应

硝基是很强的第二类定位基,能使苯环钝化,因此,硝基所在的苯环上,只能与强的亲电试剂发生亲电取代反应。由于硝基使苯环电子云密度降低得较多(尤其是它的邻位和对位),以致硝基苯不能发生傅列德尔-克拉夫茨(Friedel-Crafts)反应,但可作为这类反应的溶剂。

8.1.3.4　硝基对其邻、对位取代基的影响

硝基是强的吸电子基,连于芳环上的硝基不仅使其所在芳环上的亲电取代反应较难进行,而且通过共轭和诱导效应对其邻、对位存在的取代基(如—X、—OH、—COOH、—NH$_2$)产生显著的影响(对其间位的取代基只存在吸电子诱导效应,故影响较小)。

(1)对卤素原子活泼性的影响。如前所述,一般情况下氯苯难以发生亲核取代反应。但是,若在氯苯的邻位或对位连有硝基时,氯原子就比较活泼,容易被羟基取代,而且,邻、对位上硝基数目越多,氯原子越活泼,反应也就越容易进行。

这是因为硝基氯苯的水解反应属于亲核取代反应,分两步进行。首先是亲核试剂进攻氯原子连接的碳原子,形成碳负离子中间体(又称迈森海默络合物),然后碳负离子失去氯离子生成产物,属于加成-消除反应历程。

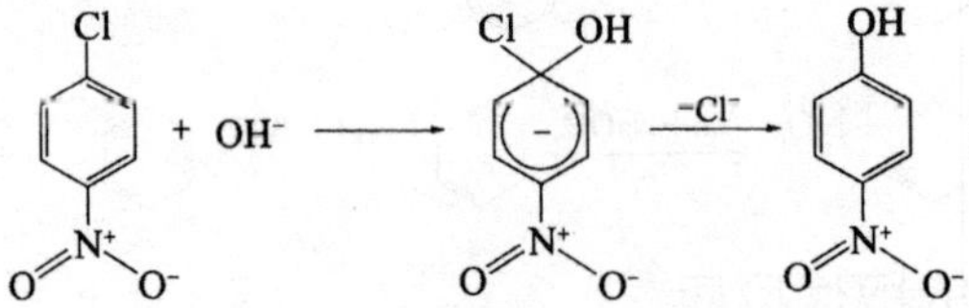

由于硝基强的吸电子诱导和共轭效应的影响,使碳负离子中间体的负电荷得到分散,稳定性增加,因此有利于水解反应的进行。显然,处于邻、对位上的硝基数目越多,碳负离子中间体的负电荷越分散,其稳定性也越好,反应也就更容易进行。但是,当硝基处于氯原子的间位时,仅能通过吸电子诱导效应对中间体负电荷起到分散的作用,故对氯原子的活泼性影响不大。

(2)对酚类酸性的影响。苯酚是一种弱酸,其酸性比碳酸还弱。当在苯环上引入硝基时可使其酸性增强。例如,2,4-二硝基苯酚的酸性与甲酸相近,2,4,6-三硝基苯酚的酸性几乎与强无机酸相近。苯酚和硝基酚类的 pK_a 值见表8-2。

表8-2　苯酚和硝基酚类的 pK_a 值

名称	苯酚	邻硝基苯酚	间硝基苯酚	对硝基苯酚	2,4-二硝基苯酚	2,4,6-三硝基苯酚
pK_a(25 ℃)	10	7.22	8.39	7.15	4.09	0.25

硝基对酚羟基的影响与硝基和羟基在环上的相对位置有关。当硝基处于羟基的邻、对位时,由于产物邻或对硝基苯氧负离子上的负电荷可以通过诱导效应和共轭效应分散到硝基上而得到稳定,故邻或对硝基苯酚的酸性较强。

8.2　胺

胺类化合物可看作氨分子中的氢原子被烃基取代后所得到的产物。许多胺类化合物在医药、工业、农业等领域都有广泛的应用,尤其是一些含有氨基的化合物,如氨基酸、蛋白质等,参与动物体内的生化过程,成为生命的基本物质。

8.2.1　胺的分类、命名和结构

8.2.1.1　胺的分类

根据胺分子氮上连接的烃基种类可以分为脂肪胺和芳香胺。

$$CH_3CH_2CH_2NH_2$$

脂肪胺(丙胺)　　　芳香胺(苯胺)

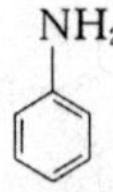

根据分子中氨基的数目可分为一元胺、二元胺和多元胺。

$$CH_3NH_2$$

$$\begin{matrix} CH_2 - CH_2 \\ | \qquad | \\ NH_2 \quad NH_2 \end{matrix}$$

甲胺(一元胺)　　　乙二胺(二元胺)

根据胺分子中氮上相连的烃基的数目,可分为伯(一级)、仲(二级)、叔(三级)胺。

$$NH_3 \quad RNH_2 \quad R_2NH \quad R_3N$$

氨　　　伯胺　　仲胺　　叔胺

需要注意的是,伯、仲、叔胺和伯、仲、叔醇的含义是不同的。伯、仲、叔醇指羟基与伯、仲、叔碳原子相连的醇而言,而伯、仲、叔胺是按氮原子所连的烃基的数目而定的。例如,叔丁醇和叔丁胺,在它们的分子中虽然都具有叔丁基,但前者是叔醇,而后者却是伯胺。

$$\begin{matrix} & CH_3 & \\ & | & \\ H_3C - & C - OH \\ & | & \\ & CH_3 & \end{matrix} \qquad \begin{matrix} & CH_3 & \\ & | & \\ H_3C - & C - NH_2 \\ & | & \\ & CH_3 & \end{matrix}$$

叔醇(羟基与叔碳相连)　　伯胺(氮原子只连接一个烷基)

与无机铵类($H_4N^+X^-$、$H_4N^+OH^-$)相似,四个相同或不同的烃基与氮原子相连的化合物称为季铵化合物,其中 $R_4N^+X^-$ 称为季铵盐、$R_4N^+OH^-$ 称为季铵碱。

8.2.1.2　胺的命名

简单胺以胺作母体,烃基作为取代基,称为"某胺"。对于仲胺和叔胺,有相同取代基时则在前面用"二"和"三"表明取代基的数目,有不同取代基时则把简单烃基的名称放在前面,复杂烃基的名称放在后边。

$$CH_3 - NH_2 \qquad \begin{matrix} CH_3 \\ | \\ CH_3CH_2 - CH - NH_2 \end{matrix} \qquad \begin{matrix} H \\ | \\ CH_3CH_2 - N - CH_2CH_3 \end{matrix} \qquad \begin{matrix} CH_2CH_3 \\ | \\ CH_3 - N - CH_2CH_2CH_3 \end{matrix}$$

甲胺　　　　仲丁胺　　　　　二乙胺　　　　　甲乙丙胺

最简单的芳胺是苯胺。当苯胺环上有 1 个取代基时,当作苯胺的衍生物来命名,当烃基连在芳胺氮原子上时,命名时在烃基名称前加"N"字表示烃基的位置。

苯胺　　　　　　对甲基苯胺　　　　　N-甲基-N-乙基苯胺

对于复杂的胺,可以把烃作为母体、氨基作为取代基来命名。

$$\begin{matrix} CH_3 - CH_2 - CH - CH_2 - CH_2 - CH_3 \\ | \\ NH_2 \end{matrix}$$

$$\begin{matrix} CH_3 \quad\; CH_3 \\ | \qquad | \\ CH_3 - CH - CH_2 - CH - N - CH_3 \\ | \\ CH_3 \end{matrix}$$

3-氨基己烷　　　　　　　2-甲基-4-(二甲氨基)戊烷

季铵盐与季铵碱的命名举例如下:

$$[(CH_3)_2N(CH_2CH_3)_2]^+Br^- \qquad\qquad [(CH_3CH_2)_4N]^+OH^-$$

溴化二甲基二乙基铵　　　　　　　　氢氧化四乙基铵

8.2.1.3 胺的结构

胺的结构和氨相似,氮原子以 sp^3 杂化轨道与其他三个原子形成三个 σ 键,还有一对孤对电子在剩下的一个 sp^3 杂化轨道上,分子呈棱锥形结构。例如氨、甲胺和三甲胺的结构。

氨基直接与芳环相连的芳胺结构与脂肪胺的结构有所不同,氮原子上剩下的一对孤对电子与芳环上的 π 电子产生了共轭,使整个分子的能量有所降低,同时也使氮原子提供孤电子对的能力大大降低。例如,苯胺的结构。

在氮原子上连有三个不同基团的伯胺和仲胺,氮原子理论上来说是手性的,存在一对对映异构体,但由于在常温下这对对映异构体就能发生下列转变,不能分离其中的对映体,所以分子并无手性。

而对于季铵盐和季铵碱,四个 sp^3 杂化轨道都和其他原子形成了 σ 键,所以对于连有四个不同基团的季铵来说是有手性的,具有对映异构体。例如,下列季铵盐有一对对映异构体:

8.2.2 胺的物理性质

低级胺有氨味或鱼腥味,高级胺无味,芳胺有毒。像氨一样,胺也是极性化合物,伯胺和仲胺可以形成分子间氢键,叔胺不能形成分子间氢键,所以伯胺和仲胺的沸点比分子量相近的烃类(非极性)化合物要高。而叔胺的沸点与分子量相近的烃类(非极性)化合物接近。脂肪胺的密度比水小,芳香胺的密度与水接近。伯胺、仲胺和叔胺都能与水分子形成氢键,所以低级的脂肪胺溶于水。芳香胺不溶于水。胺可溶解在醇、醚、苯等低极性有机溶剂中。表 8-3 列出了一些常见胺的物理常数。

表 8-3 常见胺的物理常数

名称	熔点/℃	沸点/℃	密度/$(g \cdot mL^{-1})$	pK_b
甲胺	−92.5	−6.7	0.796(−10 ℃)	3.38
二甲胺	−93	7.4	0.6604(0 ℃)	3.27
三甲胺	−117.2	2.9	0.7229(25 ℃)	4.21
乙胺	−81	16.6	0.706(0 ℃)	3.36
正丙胺	83	48.7	0.719	
乙二胺	−48	56.3	0.705	
苯胺	−6.3	184	1.022	9.4
二苯胺	54	302	1.159	13.2
三苯胺	127	365	0.744(0 ℃)	
N-甲基苯胺	−57	193	0.986	9.60
N,N-二甲苯胺	2.5	194	0.956	9.62

8.2.3 胺的化学性质

胺分子中的官能团是氨基($-NH_2$),它决定了胺的化学性质,包括与它相连的烃基受氨基的影响所表现出的一些性质。

8.2.3.1 碱性与成盐

胺类化合物中氮原子的一个 sp^3 杂化轨道上含有孤对电子,能接受质子,因此,胺在水溶液中显碱性。胺是弱碱,常用胺在水溶液中的标准解离常数 K_b 表示其碱性强弱。胺的标准解离常数 K_b 越大,胺在水中接受质子的倾向越大,溶液中 OH^- 浓度越大,胺的碱性越强。

氮原子上的电子云密度越大,接受质子的能力越强,胺的碱性越强;氮原子周围空间位阻越大,氮原子结合质子越困难,胺的碱性越小。胺与质子结合生成铵离子,胺的氮原子上的氢与水形成氢键的作用。当胺的氮原子上的氢越多时,溶剂化作用越大,铵正离子越稳定,胺的碱性越强。

此外,对取代芳胺,苯环上连有供电子基时,碱性略有增强;连有吸电子基时,碱性则降低。不同的胺类化合物碱性的大小与所连基团的电子效应、空间效应、铵正离子的稳定性和铵正离子溶剂化能力等多种因素有关。通常胺在水溶液中碱性的强弱排序为

$$脂肪仲胺 > 脂肪伯胺 > 脂肪叔胺 > 氨 > 芳胺$$

胺具有碱性,可与大多数酸作用,生成盐。铵盐一般是容易吸水的固体结晶,易溶于水和乙醇。这些性质可用于胺的鉴别、分离和提纯。在制药过程中,常将含有氨基等难溶于水的药物变成铵盐,提高其水溶性,以供药用。

$$RNH_2 + HCl \longrightarrow RNH_3^+ Cl^-$$

由于胺是弱碱,所以铵盐遇强碱释放出胺。利用此性质可以实现胺与其他不溶于酸的有机化合物的分离。

$$RNH_3^+ Cl^- + NaOH \longrightarrow RNH_2 + NaCl + H_2O$$

8.2.3.2 烷基化反应

胺可作为亲核试剂,与卤代烃发生亲核取代反应,胺分子中氮上的氢均可被烃基取代。

$$RNH_2 + RX \longrightarrow R_2NH_2^+ X^- \xrightarrow{-HX} R_2NH$$

$$R_2NH + RX \longrightarrow R_3NH^+ X^- \xrightarrow{-HX} R_3N$$

叔胺氮上虽无氢,但同样能与卤代烃反应而生成季铵盐。例如:

$$R_3H + RX \longrightarrow R_4N^+ X^-$$

8.2.3.3 酰基化反应

伯胺和仲胺与酰卤或酸酐等酰化剂作用,氨基上的氢原子被酰基 $R-\overset{\overset{\text{O}}{\|}}{C}-$ 取代而生成酰胺的反应,称为胺的酰基化反应。与氨的酰基化反应类似,叔胺的氮原子上无氢原子,不能发生酰基化反应。

$$RNH_2 + Cl-\overset{\overset{\text{O}}{\|}}{C}-R' \longrightarrow RNH-\overset{\overset{\text{O}}{\|}}{C}-R' + HCl$$

$$R_2NH + Cl-\overset{\overset{\text{O}}{\|}}{C}-R' \longrightarrow R_2N-\overset{\overset{\text{O}}{\|}}{C}-R' + HCl$$

$$R-NH_2 + (R'CO)_2O \longrightarrow R'CONHR + R'COOH$$

$$R_2NH + (R'CO)_2O \longrightarrow R'CONR_2 + R'COOH$$

酰胺是具有一定熔点的固体,通过测定酰胺的熔点并与已知酰胺的比较,可以鉴定胺。在强酸或强碱的水溶液中加热,酰胺易水解生成胺,因此,此反应在有机合成上常用来保护氨基。因为氨基比较活泼,容易被氧化,所以在合成中常把芳香胺酰化,把氨基保护起来,再进行其他反应,然后使酰胺水解再变为胺。例如,需要在苯胺的苯环上引入硝基时,为防止氨基被氧化,则先将氨基进行乙酰化,制成乙酰苯胺,然后再硝化,在苯环上导入硝基以后,水解除去酰基则得硝基苯胺。

8.2.3.4　磺酰胺反应

胺中氮原子上的氢被磺酰基取代生成磺酰胺的反应,称为胺的磺酰化反应。常用的磺酰化剂为苯磺酰氯和对-甲苯磺酰氯。

$$\text{◯}—SO_2Cl \qquad CH_3—\text{◯}—SO_2Cl$$

苯磺酰氯　　　　　　　　　**对-甲苯磺酰氯(TsCl)**

伯胺经磺酰化后,氮上还有氢原子,该氢受强吸电子的苯磺酰基的影响,显弱酸性,可溶于氢氧化钠溶液生成盐;仲胺经磺酰化后,氮上无氢原子,不溶于氢氧化钠中;叔胺氮上无氢原子,不能发生磺酰化反应,无沉淀生成,仍呈现为油状物。根据上述三类胺性质上的不同,苯磺酰化反应可以用于三类胺的分离和鉴定,该反应首先由兴斯堡(Hinsberg)发现,故称为兴斯堡反应。

$$\left\{\begin{array}{l}RNH_2 \\ R_2NH \\ R_3N\end{array}\right. \xrightarrow{\text{◯}—SO_2Cl} \begin{array}{l} \text{◯}—SO_2NHR \xrightarrow{NaOH} [\text{◯}—SO_2N-R]^- Na^+ \\ \text{白色固体}\qquad\qquad\qquad\text{溶于碱液} \\[4pt] \text{◯}—SO_2NR_2 \xrightarrow{NaOH} \text{不溶于碱液,仍为固体} \\ \text{白色固体} \\[4pt] \text{无反应} \end{array}$$

兴斯堡反应可用于鉴别、分离纯化伯、仲、叔胺及其混合物。

8.2.3.5　与亚硝酸反应

伯、仲、叔三类胺都能与亚硝酸反应,但所得产物各不相同。因亚硝酸极不稳定,故实际工作中常用亚硝酸钠和过量的盐酸(或硫酸)。反应时,先将胺溶于过量的酸中制成盐溶液,然后在不断搅拌的条件下滴加亚硝酸钠溶液,生成的亚硝酸立即与胺反应。

$$NaNO_2 + HCl \longrightarrow HNO_2 + NaCl$$

(1)伯胺与亚硝酸的反应。脂肪族伯胺与亚硝酸反应首先生成重氮盐,由于脂肪族重氮盐极不稳定,一旦生成就立即分解,因此这个反应没有合成上的意义,但由于放出氮气是定量的,可用来定量分析氨基。由于亚硝酸不稳定,通常是用亚硝酸钠和反应物混合后,然后滴加盐酸,使亚硝酸一生成就立刻与胺反应。

$$RNH_2(\text{脂肪胺}) + NaNO_2 + HCl \longrightarrow N_2\uparrow + \text{醇} + \text{烯烃} + \text{氯代烃等}$$

芳香伯胺在低温及强酸性水溶液中与亚硝酸反应可生成重氮盐,这是制备重氮盐的基本反应,在有机合成上有重要的意义,这个反应叫重氮化反应。

$$\text{◯}—NH_2 + NaNO_2 + HCl \xrightarrow{<5℃} \text{◯}—\overset{+}{N}\!\equiv\!N\,Cl^-$$

重氮盐
氯化重氮苯

(2)仲胺与亚硝酸的反应。无论是脂肪族仲胺还是芳香族仲胺,与亚硝酸反应后生成 N-亚硝基胺。N-亚硝基胺通常是黄色油状物或黄色固体。它水解后又可得到原来的胺。

$$R_2NH + NaNO_2 \xrightarrow{HCl} R_2N-N=O \xrightarrow[(2)OH^-]{(1)H_3O^+/\triangle} R_2NH$$

$$ArNHR + NaNO_2 \xrightarrow{HCl} Ar-\underset{\underset{N=O}{|}}{N}-R \xrightarrow[(2)OH^-]{(1)H_3O^+/\triangle} ArNHR$$

例如,N-甲基苯胺与亚硝酸反应生成 N-亚硝基-N-甲基苯胺黄色油状物:

$$\text{苯基}-NHCH_3 + NaNO_2 \xrightarrow{HCl} \text{苯基}-\underset{\underset{N=O}{|}}{N}-CH_3$$

N-亚硝基-N-甲基苯胺

当它和稀酸水溶液一起加热时,又可生成原来的 N-甲基苯胺。利用这种方法也可用来分离提纯仲胺。

$$\text{苯基}-\underset{\underset{N=O}{|}}{N}-CH_3 \xrightarrow[(2)OH^-]{(1)H_2^+O/\triangle} \text{苯基}-NHCH_3$$

$$(CH_3)_2NH + NaNO_2 \xrightarrow{HCl} (CH_3)_2N-N=O$$

N-亚硝基二甲胺

(3)叔胺与亚硝酸的反应。脂肪叔胺一般不与亚硝酸反应,虽然能与亚硝酸形成盐,但此盐并不稳定,加碱后可重新得到游离的叔胺。

芳香叔胺与亚硝酸反应时,则发生环上的亲电取代反应——亚硝化反应,生成对亚硝基化合物。

$$(CH_3)_2N-\text{苯基} + NaNO_2 + HCl \longrightarrow (CH_3)_2N-\text{苯基}-NO + NaCl + H_2O$$

对亚硝基-N,N-二甲基苯胺

对亚硝基-N,N-二甲基苯胺为绿色固体,难溶于水。亚硝基化合物毒性很强,是一种很强的致癌物质。

8.2.3.6 氧化反应

胺易氧化,尤其芳胺,很容易被各种氧化剂氧化。例如,苯胺在空气中放置,会被氧化而颜色逐渐变深。实验和工业上常用 MnO_2 和 H_2SO_4 氧化苯胺,生成对苯醌。

$$\text{苯胺}(NH_2) \xrightarrow[\text{稀 } H_2SO_4]{MnO_2} \text{对苯醌}$$

8.2.3.7 芳环上的取代反应

氨基是使苯环活化的强的邻、对位定位基,所以芳胺很容易进行亲电反应(如卤代、硝化、磺化等)反应。

(1)卤代反应。芳胺与卤素(氯或溴)反应很快。例如,在苯胺的水溶液中滴加溴水,则立即生成2,4,6-三溴苯胺的白色沉淀。该反应常被用来检验苯胺的存在,也用作苯胺的定量分析。

$$\text{苯胺} + 3Br_2 \xrightarrow{H_2O} \text{三溴苯胺} \downarrow + 3HBr$$

（白色）

若要制备芳胺的一元溴代物，必须先将苯胺乙酰化，以降低其活化能力，再溴化，得对溴乙酰苯胺主要产物，水解即得到对溴苯胺。

$$\text{苯胺} \xrightarrow{(CH_3CO)_2O} \text{乙酰苯胺} \xrightarrow{Br_2} \text{对溴乙酰苯胺} \xrightarrow{H_2O} \text{对溴苯胺}$$

（2）硝化反应。常用硝化剂的主要成分是硝酸，它具有相当强的氧化性。为避免苯胺硝化时同时被氧化，要先经酰化保护氨基。

$$\text{苯胺} \xrightarrow{(CH_3CO)_2O} \text{乙酰苯胺} \xrightarrow[CH_3COOH]{HNO_3/H_2SO_4} \text{对硝基乙酰苯胺} \xrightarrow{H_2O/OH^-} \text{对硝基苯胺}$$

$$\text{苯胺} \xrightarrow{(CH_3CO)_2O} \text{乙酰苯胺} \xrightarrow[(CH_3CO)_2O]{HNO_3} \text{邻硝基乙酰苯胺} \xrightarrow{H_2O/OH^-} \text{邻硝基苯胺}$$

如果将苯胺溶于浓硫酸，则首先生成苯胺硫酸盐。此盐对氧化剂稳定，故也可以用硫酸作保护基。

$$\text{苯胺} \xrightarrow{H_2SO_4} \text{苯胺硫酸盐} \xrightarrow[\triangle]{HNO_3/H_2SO_4} \text{间硝基苯胺硫酸盐} \xrightarrow{OH^-} \text{间硝基苯胺}$$

因为—NH_3^+ 是间位定位基，故硝化反应的结果是生成间位取代物。

（3）磺化反应。苯胺与浓硫酸作用时，首先发生酸碱反应生成酸式硫酸盐，将苯胺的酸式硫酸盐在 $180 \sim 190\ ℃$ 温度下烘焙，可得到对氨基苯磺酸。

$$\text{苯胺} \xrightarrow{H_2SO_4} \text{苯胺酸式硫酸盐} \xrightarrow[\text{烘焙}]{180 \sim 190℃} \text{对氨基苯磺酸}$$

对氨基苯磺酸分子同时具有酸性基团（—SO_3H）和碱性基团（—NH_2），它们之间可中和成盐，称内盐（$H_3\overset{+}{N}—C_6H_4—SO_3^-$）。地氨基苯磺酸的熔点较高（$288\ ℃$），不溶于水，能溶于氢氧化钠和碳酸钠，是重要的染料中间体。

8.3　重氮和偶氮化合物

重氮与偶氮化合物分子中都含有由两个氮原子组成的基团：—N＝N—（或表示为—N₂）。该基团的两端均为与烃基相连的化合物，称为偶氮化合物。

$$CH_3-N=N-CH_3$$
偶氮甲烷

偶氮苯

偶氮基（—N＝N—）是偶氮类化合物的官能团。但当该基团一端与烃基相连，而另一端与非碳的原子或基团相连时，则称为重氮化合物。

—N⁺≡NCl⁻
氯化重氮苯
（重氮苯盐酸盐）

—N⁺≡NHSO₄⁻
酸式硫酸重氮苯
（重氮苯酸式硫酸盐）

8.3.1　重氮化反应

在低温（一般为 0～5 ℃）和强酸（通常为盐酸和硫酸）溶液中，伯芳胺与亚硝酸作用生成重氮盐的反应称为重氮化反应。

$$\text{—NH}_2 \xrightarrow[0\sim5℃]{NaNO_2+HCl} \text{—N}_2^+Cl^-$$

如果以 H_2SO_4 代替 HCl，则得到 $C_6H_5N_2HSO_4$。其实验操作一般是将伯芳胺溶解于过量的盐酸中，将溶液冷却并保持温度在 0～5 ℃，慢慢加入亚硝酸钠溶液，同时不断搅拌。

重氮盐的结构可表示为 $[Ar-\overset{+}{N}\equiv N]X^-$ 或简写为 $Ar\ N_2\ X^-$，已知重氮正离子的两个氮原子和苯环相连的碳原子是线型结构，而且两个氮原子的 π 轨道和苯环的 π 轨道形成离域的共轭体系，其结构为

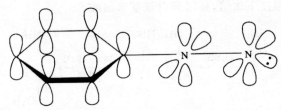

重氮盐具有盐的性质，一般易溶于水而不溶于有机溶剂，其水溶液能导电。干燥的盐酸或硫酸重氮盐，一般极不稳定，受热或震动时容易发生爆炸，而在低温的水溶液中则比较稳定。因此，重氮盐制备后通常保持在低温的水溶液中，而且应尽快使用。

通常来说，苯环上有吸电子基团的重氮盐较为稳定，这是由于强化了 N≡N 与苯环的共轭，同时也说明具有正电荷的空轨道是不与苯环共轭的。

以上两种重氮盐可以在 40～60 ℃时制备。

8.3.2 重氮盐的物理性质

重氮盐为白色晶体,能溶于水,不溶于有机溶剂。重氮盐在稀溶液中能完全电离出重氮阳离子。重氮盐不稳定,对热、振动较敏感,易发生爆炸,在水溶液中较稳定,制备后可直接应用于其他反应。

8.3.3 重氮盐的化学性质

芳香重氮盐可以发生多种反应,从氮原子是否被保留在目标产物中,可分为两大类:一类是重氮基被其他基团取代,同时放出氮气的反应;另一类是其他基团与氮原子相连而保留氮原子的反应。

8.3.3.1 放出氮的反应

(1)被羟基取代。芳基重氮盐在硫酸水溶液中受热,迅速水解,放出氮气,并生成酚。由此反应可将氨基转变为羟基,合成出不宜用苯磺酸-碱熔法等制备的酚类。

$$\mathrm{ArN_2HSO_4 + H_2O} \xrightarrow[\mathrm{H^+}]{\text{加热}} \mathrm{ArOH + N_2 + H_2SO_4}$$

反应会受卤离子存在的影响,因此,如果水溶液中有卤离子,则会有少量卤苯生成,不过除了碘苯外,其他卤苯此法合成产率很低。

又如,由对硝基苯胺制取对硝基苯酚。

(2)被卤素、氰基取代。重氮盐与氯化亚铜、溴化亚铜、氰化亚铜反应,分别得到氯代芳烃、溴代芳烃和氰代芳烃,这类反应称为桑德迈尔(Sandmeyer)反应。将碘化亚铜或氟化亚铜用于桑德迈尔反应,不能得到相应的碘代芳烃或氟代芳烃。

$$(89\%\sim95\%)$$

$$(70\%\sim79\%)$$

盖特曼对这类反应进行了改进,用铜粉代替卤化亚铜,使操作简单化,但产率较低。

芳环上直接引入碘比较困难,但重氮基比较容易被 I 取代,重氮盐与碘化钾共热,可以得到较好收率的碘化物。此反应是将碘原子引进苯环的好方法。

(3)被氢原子取代。芳基重氮盐与次磷酸 H_3PO_2、甲醛-NaOH 或硼氢化钠等还原剂作用,则重氮基可被氢原子取代,称为还原除氨基反应。

$$ArN_2HSO_4 + H_3PO_2 + H_2O \longrightarrow ArH + N_2 + H_3PO_3 + H_2SO_4$$

$$ArN_2HSO_4 + HCHO + 2KOH \longrightarrow ArH + N_2 + HCOOH + K_2SO_4 + H_2O$$

也可以用乙醇作为还原剂,但会有副产物醚的生成。若用甲醇代替乙醇,则有大量的醚生成。

$$ArN_2HSO_4 + C_2H_5OH \longrightarrow ArOC_2H_5 + N_2 + H_2SO_4$$

$$ArN_2HSO_4 + C_2H_5OH \longrightarrow ArH + N_2 + CH_3CHO + H_2SO_4$$

通过重氮化及还原除氨基反应可将芳环上的 NH_2 除去。在有机合成上,可以借助氨基的定位、占位作用,制备特定的芳香族衍生物。

1,3,5-三溴苯的合成:

间溴叔丁苯的合成:

$$\xrightarrow{\text{NaNO}_2,\text{H}_2\text{SO}_4} \quad \xrightarrow[\text{H}_2\text{O},\text{回流}]{\text{H}_3\text{PO}_2}$$

8.3.3.2 保留氮的反应

(1)还原反应。芳香重氮盐与亚硫酸钠或二氯化锡的盐酸溶液作用可被还原成芳基肼,反应完成后加入碱使肼游离出来。

$$\xrightarrow[\text{或 SnCl}_2,\text{HCl}]{\text{NaSO}_3,\text{HCl}} \quad \xrightarrow{\text{NaOH}}$$

如果用锌粉和盐酸等更强的还原剂来还原,通常只能得到苯胺。

$$\xrightarrow{\text{Zn},\text{HCl}} \quad \xrightarrow{\text{NaOH}}$$

(2)偶合反应。在适当的酸碱条件下,重氮盐可以和酚、芳胺等连有强供电子基团的芳香化合物作用,生成偶氮化合物,这个反应叫作偶合反应。重氮盐与酚类化合物的偶合反应在弱碱性条件下进行(pH≈10),而重氮盐与芳胺类化合物的偶合反应在弱酸性或中性条件下进行(pH=5～7)。

$$\xrightarrow[0℃,\text{pH}=5～7]{\text{CH}_3\text{COOH},\text{H}_2\text{O}}$$

对-(N,N-二甲氨基)偶氮苯

$$\xrightarrow[0℃,\text{pH}≈10]{\text{NaOH},\text{H}_2\text{O}}$$

对羟基偶氮苯

重氮盐与酚类化合物的偶合反应之所以在弱碱性条件下进行,是因为在弱碱性条件下,酚(ArOH)变成芳氧基负离子 ArO^-,氧负离子(O^-)是一个比羟基(—OH)更强的活化芳环的基团,有利于偶合反应进行。但重氮盐与酚的偶合不能在强碱性条件下进行。因为当 pH>10 时,重氮离子会形成不能发生偶合反应的重氮酸。

$$Ar{-}\overset{+}{N}{\equiv}N+OH^- \underset{H^+}{\overset{OH^-}{\rightleftharpoons}} Ar{-}N{\equiv}N{-}OH(重氮酸)$$

可偶合　　　　　　　　　　不可偶合

$$Ar{-}N{\equiv}N{-}OH \underset{H^+}{\overset{OH^-}{\rightleftharpoons}} Ar{-}N{\equiv}N{-}O^- + H^+$$

不可偶合　　　　　　　　　不可偶合

重氮盐与芳胺的偶合反应要在弱酸性或中性条件下进行(pH=5～7),是因为在强酸性条件下,芳胺($ArNR_2$)变成芳铵盐(Ar^+NHR_2),而 $^+NHR_2$ 正离子是一个强的钝化芳环的基团。只含钝化基团的芳环不能进行偶合反应。

重氮盐的偶合反应是芳香族亲电取代反应。由于重氮基是弱的亲电试剂,因此,通常只与酚类和芳胺或含有强的活化基团的芳香化合物才能发生偶合反应。例如,甲基橙可由以下步骤合成。

$$HO_3S-\underset{}{\bigcirc}-NH_2 + NaNO_2 + 2HCl \longrightarrow HO_3S-\underset{}{\bigcirc}-\overset{+}{N}\equiv NCl^- + NaCl + 2H_2O$$

$$HO_3S-\underset{}{\bigcirc}-\overset{+}{N}\equiv NCl^- + \underset{}{\bigcirc}-N(CH_3)_2 \longrightarrow HO_3S-\underset{}{\bigcirc}-N=N-\underset{}{\bigcirc}-N(CH_3)_2$$

甲基橙

但甲基橙不能由以下步骤合成。

$$(CH_3)_2N-\underset{}{\bigcirc}-NH_2 + NaNO_2 + 2HCl \longrightarrow (CH_3)_2N-\underset{}{\bigcirc}-\overset{+}{N}\equiv NCl^- + NaCl + 2H_2O$$

$$(CH_3)_2N-\underset{}{\bigcirc}-\overset{+}{N}\equiv NCl^- + \underset{}{\bigcirc}-SO_3H \not\longrightarrow HO_3S-\underset{}{\bigcirc}-N=N-\underset{}{\bigcirc}-N(CH_3)_2$$

重氮盐的偶合反应通常发生在酚羟基或芳胺的对位,如对位被其他基团占据,也能在羟基或氨基的邻位偶合。

$$\underset{}{\bigcirc}-\overset{+}{N}\equiv NCl^- + CH_3-\underset{}{\bigcirc}-OH \xrightarrow[pH\approx10]{NaOH,H_2O} \underset{}{\bigcirc}-N=N-\underset{HO}{\bigcirc}-CH_3$$

当重氮盐与 α-萘酚或 α-萘胺反应时,偶合反应发生在 4 位,若 4 位被占,则发生在 2 位。

而当重氮盐与 β-萘酚或 β-萘胺偶合时,反应发生在 1 位,若 1 位被占,则不发生反应。

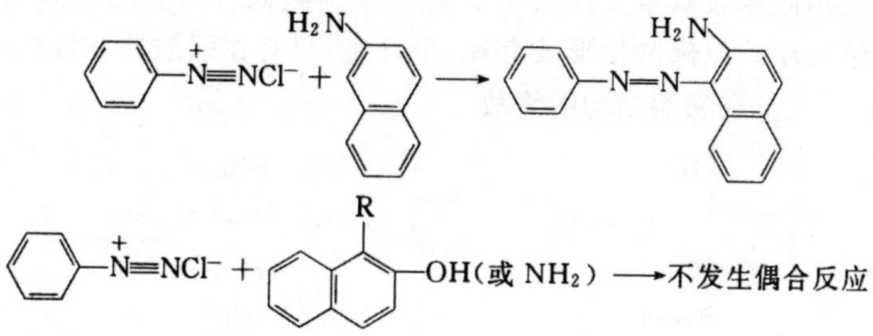

8.3.4　偶氮化合物和偶氮燃料

偶氮化合物的通式为 Ar—N＝N—Ar，它们都含有偶氮基（—N＝N—），一般都有颜色，偶氮基称为发色团。发色团除偶氮基外，还有硝基、亚硝基、对苯醌基等，它们一般是不饱和基团，与苯环或其他共轭体系相连。脂肪族偶氮化合物加热时分解放出氮气，并形成烷基自由基，故常用于自由基反应的引发剂。香族偶氮化合物都有颜色，性质稳定，一般加热到 300 ℃ 以上才分解。

偶氮化合物有着广泛的用途。其中有的可做偶氮染料。偶氮染料占合成染料的 60% 以上。这些染料颜色齐全，广泛应用于棉、毛、丝织品及塑料、印刷、食品、皮革、橡胶等产品的染色。例如，对羟基偶氮苯是一种橘黄色的染料；由对氨基偶氮苯重氮化后与酚偶联制得的 4′-苯偶氮基-4-羟基偶氮苯，称为分散黄，是聚酯纤维很好的染料。

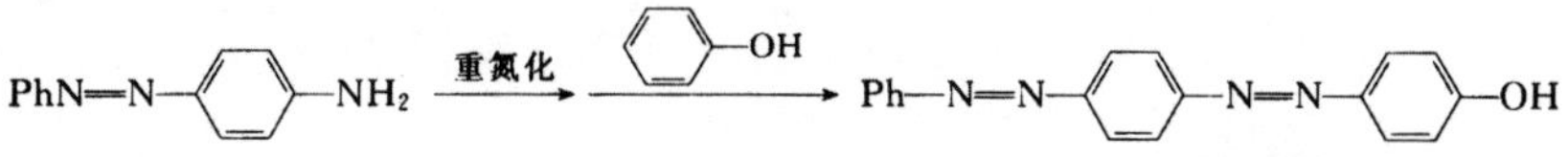

另外一些染料如：

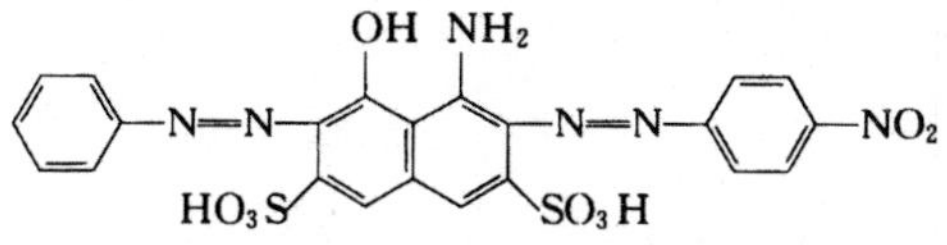

萘酚蓝黑 B（用于染棉、毛织物）

有些偶氮化合物可用作分析化学指示剂，如甲基橙是由对氨基苯磺酸钠的重氮盐与N,N-二甲基胺在弱酸溶液中偶合而成的。

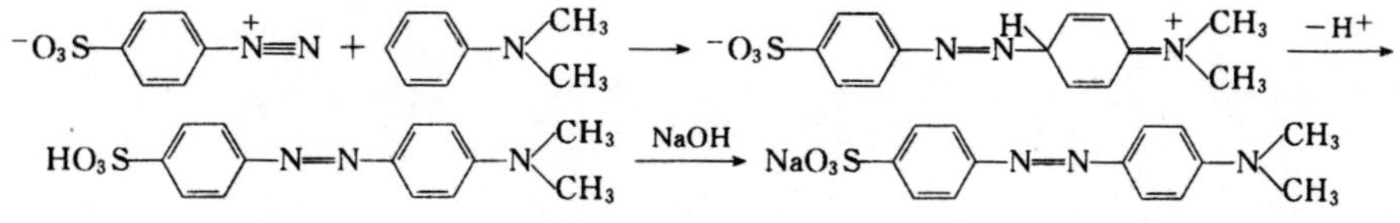

甲基橙

甲基橙是酸碱滴定常用的指示剂，在中性或碱性溶液中呈黄色，在酸性溶液（pH＜3）中呈红色，而在 pH＝3～4.4 的溶液中则显橙色。这种颜色变化是由可逆的两性离子结构引起的。

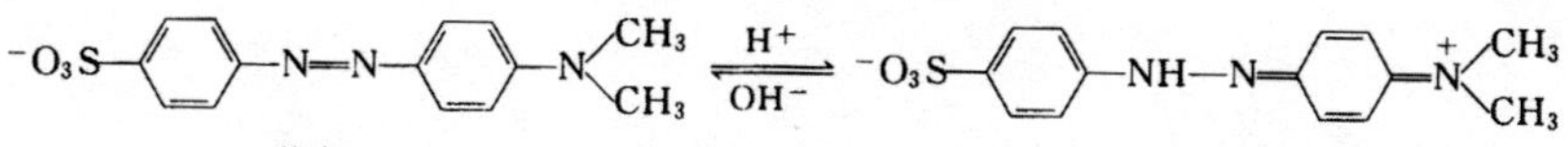

黄色　　　　　　　　　　　　　　　**红色**

又如,刚果红是由联苯胺双重氮盐与 4-氨基-1-萘磺酸偶合而成的双偶氮化合物。它的弱酸性、中性或碱性溶液中均以磺酸钠形式存在,呈红色,只有在强酸性(pH<3)时才变蓝色,这是因为磺酸内盐的形式具有邻醌结构的缘故。

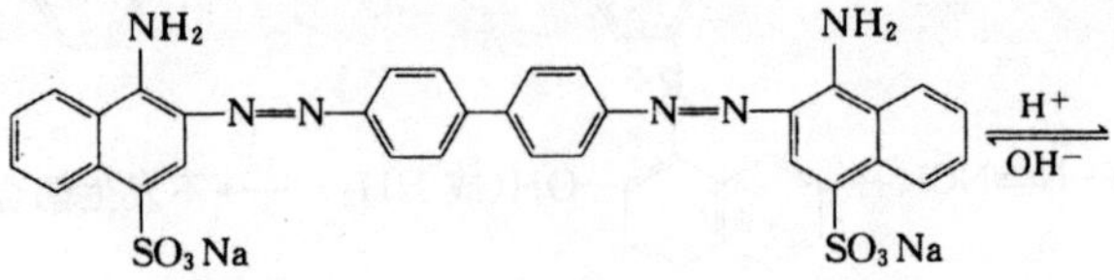

红色

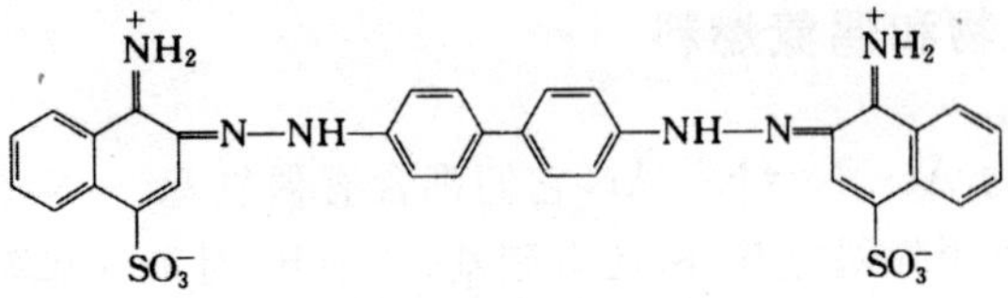

蓝色

第9章 杂环化合物和生物碱

9.1 杂环化合物

环状有机化合物中,构成环的原子除碳原子外还含有其他原子,这种具有芳香结构的环叫作杂环化合物。组成杂环的原子除碳以外都叫作杂原子,常见的杂原子有氧、硫、氮等。

杂环化合物种类繁多,在自然界中分布很广。具有生物活性的天然杂环化合物对生物体的生长、发育、遗传和衰亡过程都起着关键性的作用。杂环化合物的应用范围极其广泛,涉及医药、农药、染料、生物膜材料、超导材料、分子器件、贮能材料等,尤其在生物界,杂环化合物几乎随处可见。

9.1.1 杂环化合物的分类

根据杂环母体中所含环的数目,将杂环化合物分为单杂环和稠杂环两大类。最常见的单杂环按环的大小分为五元环和六元环。稠杂环按稠合环的形式分为苯稠杂环化合物和杂环稠杂环化合物。另外,可根据单杂环中杂原子的数目不同分为含一个杂原子的单杂环、含两个杂原子的单杂环等。常见杂环化合物的分类和名称见表 9-1。

表 9-1 杂环化合物结构、分类和名称

分类			基本杂环母体的结构与名称及编号
单杂环	五元环	一个杂原子	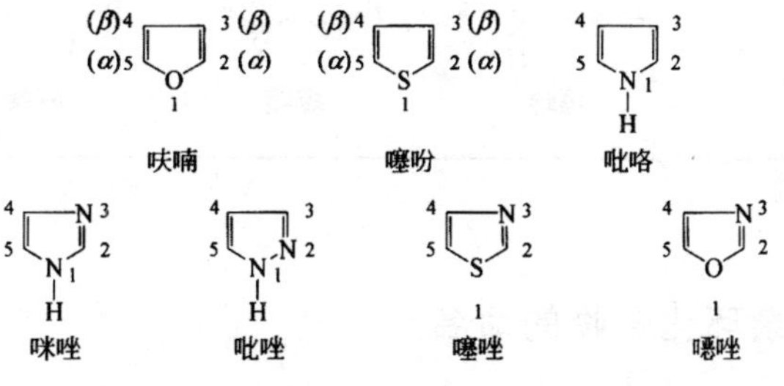 呋喃　　　噻吩　　　吡咯 咪唑　　吡唑　　噻唑　　噁唑

169

分类			基本杂环母体的结构与名称及编号					
单杂环	五元环	两个杂原子	咪唑	吡唑	噻唑	异噻唑	噁唑	异噁唑
	六元环	一个杂原子	吡啶		吡喃			
		两个杂原子	嘧啶	吡嗪	哒嗪			
稠杂环	苯稠杂环		吲哚	喹啉	异喹啉	酞嗪	喹喔啉	
			咔唑	吖啶	吩嗪	菲咯啉		
	杂环稠杂环		嘌呤	蝶啶	吲嗪	萘啶		

9.1.2 杂环化合物的命名

杂环化合物的命名在我国有两种方法:一种是译音命名法;另一种是系统命名法。

9.1.2.1　译音命名法

译音命名法是根据英文的译音来确定杂环化合物的名称,选用同音汉字,并以"口"字旁表示为杂环化合物。

furan(呋喃) 　　thiophene(噻吩) 　　pyrrole(吡咯) 　　pyridine(吡啶)

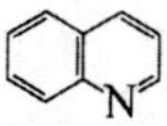

quinoline(喹啉) 　　thiazole(噻唑) 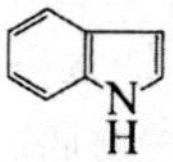　　indole(吲哚) 　　imidazole(咪唑)

9.1.2.2　系统命名法

对杂环的衍生物命名时,采用系统命名法。与芳香族化合物命名原则类似,当杂环上连有—R、—X、—OH、—NH$_2$ 等取代基时,以杂环为母体;当连有—CHO、—COOH、—SO$_3$H 等时,把杂环作为取代基。

杂环上有取代基时,以杂环为母体,将环编号以注明取代基的位次,编号一般从杂原子开始。含有两个或两个以上相同杂原子的单杂环编号时,把连有氢原子的杂原子编为 1,并使其余杂原子的位次尽可能小;如果环上有多个不同杂原子时,按氧、硫、氮的顺序编号。

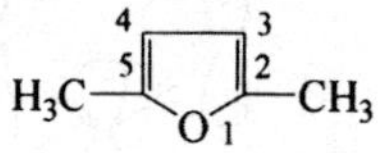

2,5-二甲基呋喃 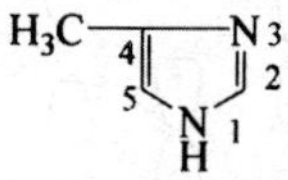　　4-甲基咪唑 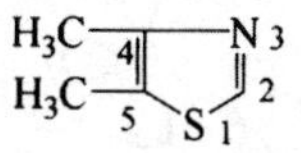　　4,5-二甲基噻唑

当只有 1 个杂原子时,也可用希腊字母编号,靠近杂原子的第一个位置是 α 位,其次为 β位、γ 位等。

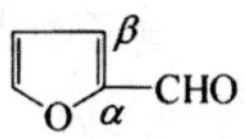

α-呋喃甲醛 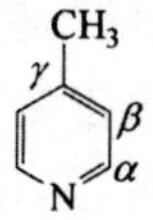　　γ-甲基吡啶

当环上连有不同取代基时,编号根据顺序规则及最低系列原则。结构复杂的杂环化合物是将杂环当作取代基来命名。

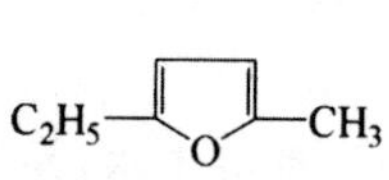

2-甲基-5-乙基呋喃 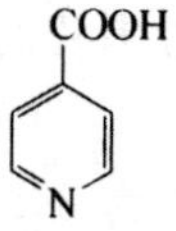　　4-吡啶甲酸 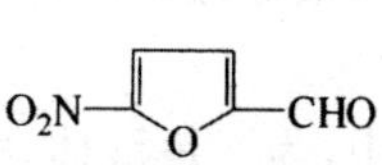　　5-硝基-2-呋喃甲醛 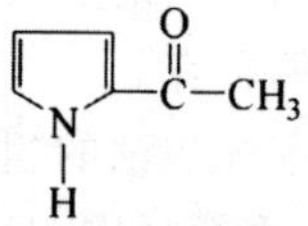　　2-乙酰基吡咯

稠杂环的编号一般和稠环芳烃相同,但有少数稠杂环有特殊的编号顺序。

吲哚　　　　异喹啉　　　　嘌呤　　　　2,6,8-三羟基嘌呤

9.1.3　五元杂环化合物

五元杂环化合物中比较重要的是含一个和两个杂原子的化合物。我们只讨论含一个杂原子的典型五元杂环化合物——呋喃、噻吩、吡咯。

9.1.3.1　呋喃、噻吩、吡咯的结构

五元杂环化合物呋喃、噻吩、吡咯在结构上有以下共同点：组成五元杂环的 5 个原子都位于同一个平面上，碳原子和杂原子(O、S、N)彼此以 sp^2 杂化轨道形成 σ 键，每个杂原子各有一对未共用电子对处在 sp^2 杂化轨道与环共面，另外还各有一对电子处于与环平面垂直的 p 轨道上，与 4 个碳原子的 p 轨道相互重叠，形成了一个含有 6 个 π 电子的闭合共轭大 π 键，因此五元杂环化合物都具有芳香性，如图 9-1 所示。

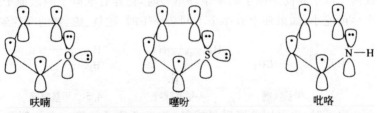

呋喃　　　　噻吩　　　　吡咯

图 9-1　呋喃、噻吩、吡咯的原子轨道

由于呋喃、噻吩、吡咯分子中的杂原子不同，因此它们的芳香性在程度上也有所不同。其中噻吩的芳香性较强，比较稳定；呋喃的芳香性较弱；吡咯介于呋喃和噻吩之间。另外，吡咯分子中的氮原子上连有一个氢原子，由于氮原子的 p 电子参与了环上共轭，降低了对这个氢原子的吸引力，使得氢原子变得比较活泼，具有弱酸性。

9.1.3.2　呋喃、噻吩、吡咯的物理性质

呋喃存在于松木焦油中，为无色液体，沸点为 31.36 ℃，具有类似氯仿的气味，难溶于水，易溶于有机溶剂。它的蒸气遇到被盐酸浸湿过的松木片时，呈现绿色，此即为作松木反应，可用来鉴定呋喃的存在。

噻吩存在于煤焦油的粗苯中，为无色液体，沸点为 84.16 ℃，难溶于水，易溶于有机溶剂，不易发生水解、聚合反应，是三个五元杂环化合物中最稳定的一个。噻吩在浓硫酸存在下与靛红一同加热显示蓝色，可用此反应检验噻吩。

吡咯及其同系物主要存在于骨焦油中，为无色油状液体，沸点为 131 ℃，有微弱的类似苯胺的气味，难溶于水，易溶于醇或醚中，在空气中颜色逐渐变深。它的蒸气遇到被盐酸浸湿过的松木片时，呈现红色。

9.1.3.3　呋喃、噻吩、吡咯化学性质

(1)酸碱性。含氮化合物的碱性强弱主要取决于氮原子上未共用电子对与 H^+ 的结合能力。在吡咯分子中,由于氮原子上的未共用电子对参与环的共轭体系,使氮原子上电子云密度降低,吸引 H^+ 的能力减弱。另一方面,由于这种 p-π 共轭效应使与氮原子相连的氢原子有离解成 H^+ 的可能,所以吡咯不但不显碱性,反而呈弱酸性,可与碱金属、氢氧化钾或氢氧化钠作用生成盐。

呋喃分子中的氧原子因其未共用电子对参与了大 π 键的形成,而失去了醚的弱碱性,不易与无机强酸反应。噻吩中的硫原子不能与质子结合,所以也无碱性。

(2)环的稳定性。呋喃和吡咯对氧化剂(甚至空气中的氧)不稳定,尤其是呋喃可被氧化成树脂状物,噻吩对氧化剂却比较稳定。

这 3 种杂环化合物对碱是稳定的,但对酸的稳定性则不同。噻吩对酸较稳定。吡咯与浓酸作用可聚合成树脂状物。呋喃对酸则很不稳定,稀酸就可使其生成不稳定的二醛,然后聚合成树脂状物。

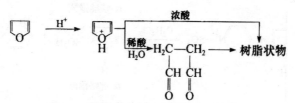

(3)亲电取代反应。呋喃、噻吩、吡咯都像苯一样具有芳香性,较难进行加成和氧化反应,易于发生亲电取代反应。这是由于杂原子上的未共用电子对也参与了环的共轭体系,使环上的电子云密度增大,故它们都比苯的芳香性要小,均比苯的化学性质活泼,更容易发生亲电取代反应。

①卤代反应。呋喃、噻吩、吡咯易发生卤代反应,反应主要发生在 α 位。

吡咯极易卤代,例如,与碘-碘化钾溶液作用,生成的不是一元取代产物,而是四碘吡咯。

②硝化反应。呋喃、噻吩、吡咯不能采用一般的硝化试剂硝化,通常使用比较缓和的硝化

剂(硝酸乙酰酯),并在低温下进行,生成相应的 α-硝基化合物。α-硝基噻吩用于合成抗生素或有抗原虫作用的药物。

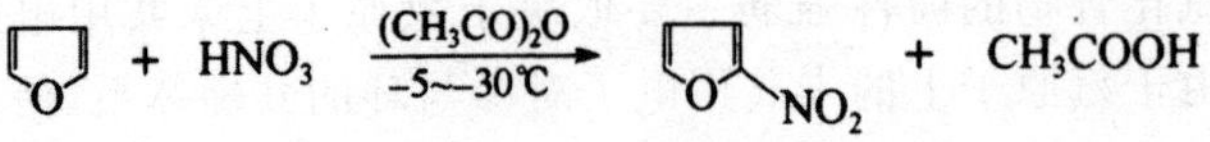

α-硝基呋喃

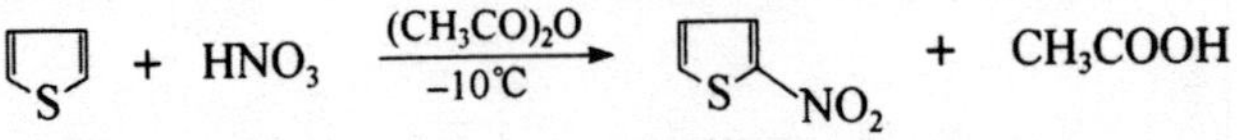

α-硝基噻吩

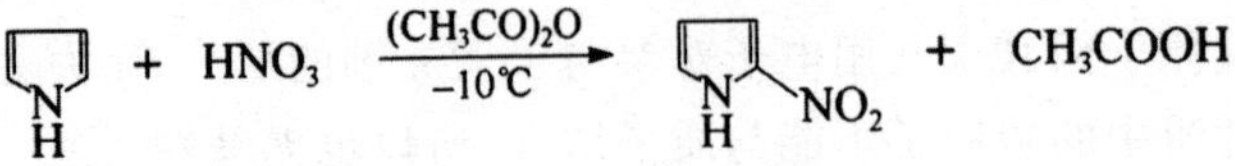

α-硝基吡咯

③磺化反应。呋喃、吡咯对酸很敏感,强酸能使它们开环聚合,因此常用温和的非质子磺化试剂,如用吡啶与三氧化硫的加合物作为磺化试剂进行反应。

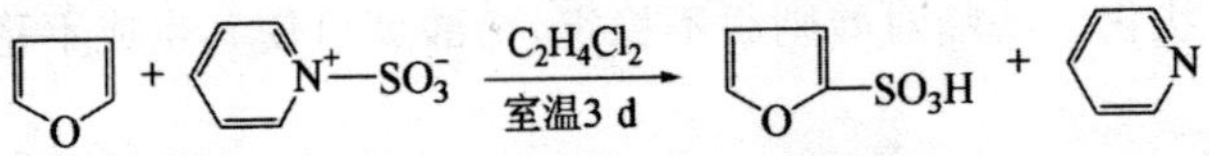

α-呋喃磺酸

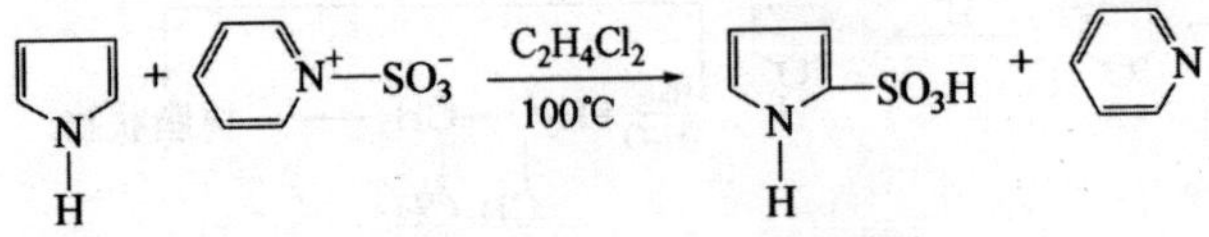

α-吡咯磺酸

噻吩对酸比较稳定,室温下可与浓硫酸发生磺化反应。

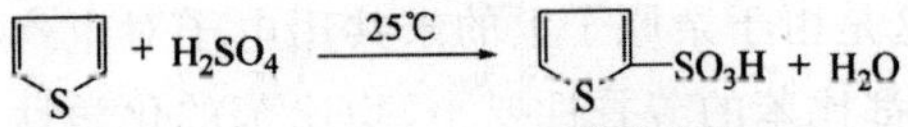

α-噻吩磺酸

从煤焦油所得的粗苯中常含有少量的噻吩,由于苯与噻吩的沸点相近,用分馏法难以除去噻吩,因此可利用苯在同样条件下不发生磺化反应,将噻吩从粗苯中除去。

④傅-克反应。呋喃可发生典型的傅-克酰基化反应;噻吩则需要控制反应条件;而吡咯的傅-克酰基化反应除了发生在碳原子外,还有可能发生在氮原子上。

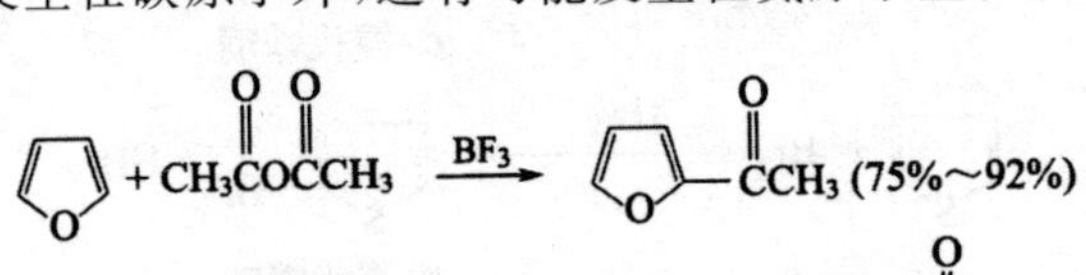

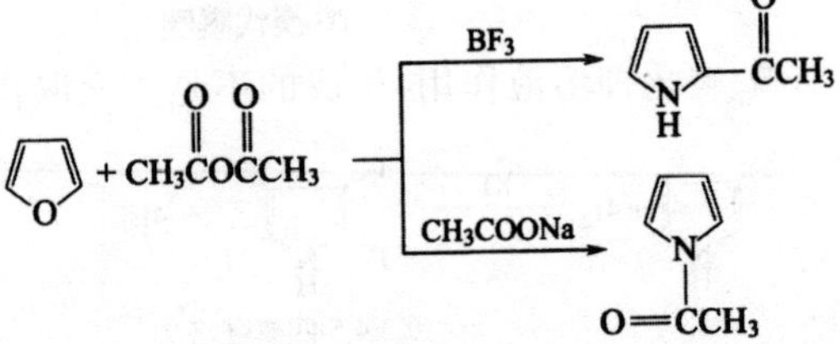

呋喃、噻吩、吡咯虽然也可以发生傅-克烷基化,但产物难以停留在一取代阶段,多为混合

物。因此,意义不大。

仔细考察上述四种亲电取代反应(卤代、硝化、磺化和傅-克反应)的取代位置,不难发现,呋喃、噻吩、吡咯三者的亲电取代反应多发生在 α 位。这说明 α 位比 β 位活泼。

9.1.3.4　加成反应

呋喃、噻吩、吡咯比苯容易发生加氢反应,它们可以在缓和的条件下加氢,得到加氢产物。

$$\text{呋喃} \xrightarrow[125℃,10\ \text{MPa}]{\text{H}_2,\text{Ni}} \text{四氢呋喃}$$

四氢呋喃

$$\xrightarrow[180℃,\sim16\ \text{MPa}]{\text{H}_2,\text{Ni}}$$

四氢吡咯

$$\xrightarrow[200℃,20\ \text{MPa}]{\text{H}_2,\text{MoS}_2}$$

四氢噻吩

呋喃经下列反应可制得己二酸和己二胺。己二胺与己二酸经缩合便得到聚己二酰己二胺,又称尼龙-66。

$$nH_2N\!\!-\!\!(CH_2)_6\!\!-\!\!NH_2 + nHOOC\!\!-\!\!(CH_2)_4\!\!-\!\!COOH \xrightarrow[\text{缩聚}]{\text{催化剂}}$$

$$H\!\!-\!\!(NH\!\!-\!\!(CH_2)_6\!\!-\!\!NHCO\!\!-\!\!(CH_2)_4\!\!-\!\!CO)_n\!\!-\!\!OH + (2n-1)H_2O$$

聚己二酰己二胺(尼龙-66)

噻吩和吡咯也可用化学还原剂(如 Na＋醇,Zn＋乙酸)局部还原为二氢化物。呋喃则因其芳香性最小而表现出环状共轭二烯的特性,能与活泼的亲双烯体发生双烯合成反应。此外,在有足够活泼的亲核试剂存在下容易发生 1,4-加成反应。

$$\xrightarrow[\text{室温}]{\text{Zn,乙酸水溶液}}$$

2,5-二氢吡咯

$$\xrightarrow{\text{Na,CH}_3\text{CH}_2\text{OH}} \quad + $$

2,5-二氢噻吩　2,3-二氢噻吩

$$+ Br_2 \xrightarrow[\text{CH}_3\text{OH}]{\text{CH}_3\text{COOK}} \left[\begin{array}{c} H\quad\quad H \\ Br\quad O\quad Br \end{array} \right] \xrightarrow{\text{CH}_3\text{OH}} \begin{array}{c} H\quad\quad H \\ H_3CO\quad O\quad OCH_3 \end{array}$$

呋喃容易发生狄尔斯-阿尔德(Diels-Alder)反应,呋喃与乙炔的亲双烯试剂加成,得到的产物用酸化处理转化为 2,3-二取代苯酚。如果进行选择性催化氢化,还原产物经逆向狄尔斯-阿尔德反应可转化为呋喃-3,4-二羧酸酯,这是制备呋喃-3,4-二羧酸酯的好方法。

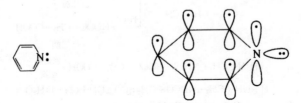

9.1.4　六元杂环化合物

六元杂环化合物中含一个和两个杂原子的化合物比较重要,常见的杂原子是氧和氮。六元杂环化合物中最重要的是吡啶。这里只讨论含一个氮原子的吡啶。

9.1.4.1　吡啶的结构

吡啶与苯的结构十分相似,是一个平面六元环。组成环的氮原子和 5 个碳原子彼此以 sp^2 杂化轨道相互重叠形成 σ 键,环上每一个原子还有一个未参与杂化的 p 轨道,其对称轴垂直于环的平面,并且侧面相互重叠形成一个闭合共轭大 π 键,如图 9-2 所示。因此吡啶也具有芳香性。

图 9-2　吡啶的原子轨道

9.1.4.2　吡啶的物理性质

吡啶存在于煤焦油及页岩油中,是无色而具有特殊臭味的液体,沸点为 115 ℃,熔点为 −42 ℃,相对密度为 0.982。吡啶可混溶于水、乙醇和乙醚等,是一种良好的溶剂,能溶解多种有机物和无机物。

9.1.4.3　吡啶的化学性质

(1)碱性。吡啶环上的氮原子有一对未共用电子对,它不参与环上的共轭体系,能够接受质子,具有弱碱性。它的碱性比苯胺强,但是弱于脂肪胺和氨。其碱性排序为:三甲胺＞氨＞吡啶＞苯胺。

吡啶能与强酸生成盐。常用于吸收反应中生成的酸,工业上称为缚酸剂。

(2)亲电取代反应。由于吡啶环上氮原子的电负性比碳原子强,杂环碳原子上的电子云密

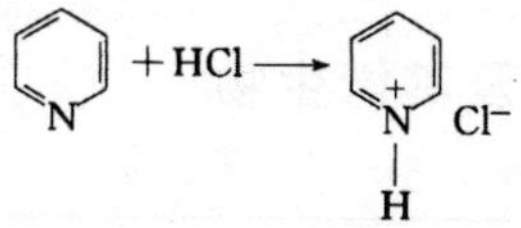

$$\text{吡啶} + HCl \longrightarrow \text{吡啶盐酸盐}(N^+H, Cl^-)$$

度有所降低,所以吡啶的亲电取代不如苯活泼,而与硝基苯相似,主要发生在 β 位上,并且不能发生傅-克反应。

吡啶的卤代反应比苯难,不但需要催化剂,而且要在较高温度下进行。

吡啶的硝化反应需在浓酸和高温下才能进行,硝基主要进 β 位。

吡啶在硫酸汞催化和加热的条件下才能发生磺化反应。

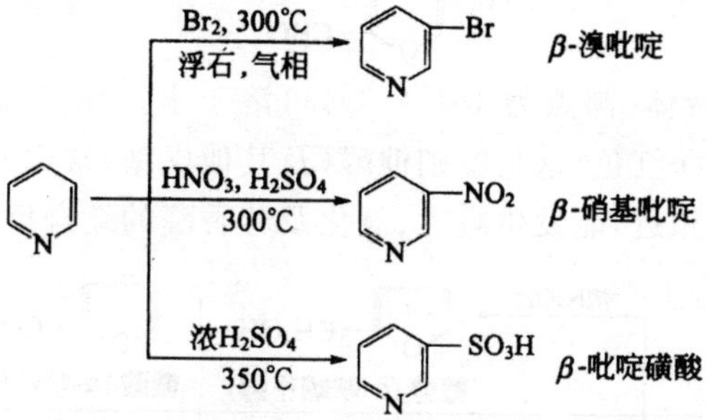

吡啶经
$\dfrac{Br_2, 300℃}{浮石,气相}$ → 3-溴吡啶 $\quad$ β-溴吡啶

$\dfrac{HNO_3, H_2SO_4}{300℃}$ → 3-硝基吡啶 $\quad$ β-硝基吡啶

$\dfrac{浓H_2SO_4}{350℃}$ → 吡啶-3-磺酸 $\quad$ β-吡啶磺酸

(3)亲核取代反应。受 N 原子强吸电子影响,吡啶环较易发生亲核取代反应。例如,吡啶与氨基钠和苯基锂等亲核试剂作用,则发生亲核取代反应,生成相应的 α-取代物。

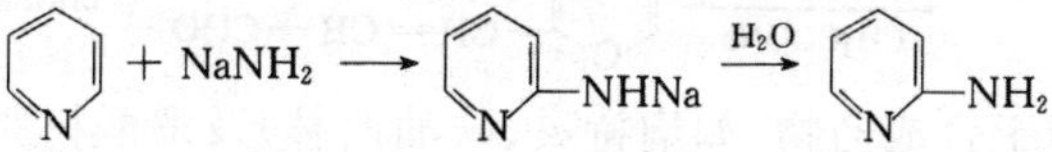

$$\text{吡啶} + NaNH_2 \longrightarrow \text{2-NHNa-吡啶} \xrightarrow{H_2O} \text{2-NH}_2\text{-吡啶}$$

(4)氧化反应。吡啶比苯稳定,不易被氧化剂氧化,当环上连有含 α-氢原子的侧链时,侧链容易被氧化成羧基。

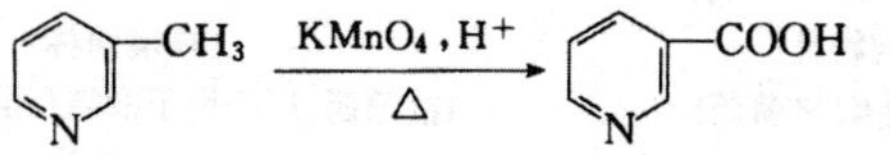

$$\text{3-CH}_3\text{-吡啶} \xrightarrow[\triangle]{KMnO_4, H^+} \text{3-COOH-吡啶}$$

β-吡啶甲酸(烟酸)

$$\text{4-CH}_3\text{-吡啶} \xrightarrow[\triangle]{KMnO_4, H^+} \text{4-COOH-吡啶}$$

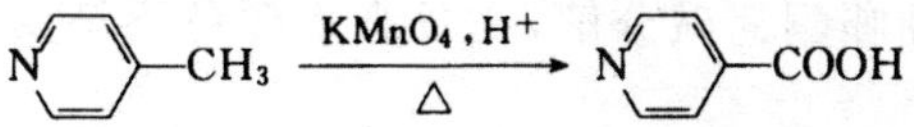

γ-吡啶甲酸(异烟酸)

(5)加成反应。吡啶环上的电子云密度低,不易被氧化,与此相反,吡啶环比苯环容易发生加氢还原反应,用催化加氢和化学试剂都可以还原。

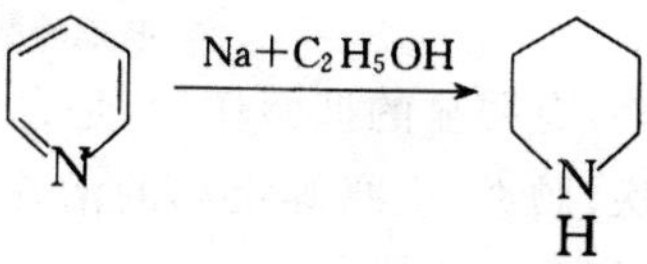

$$\text{吡啶} \xrightarrow{Na+C_2H_5OH} \text{六氢吡啶}(NH)$$

六氢吡啶

9.1.5　重要的杂环化合物及其衍生物

9.1.5.1　呋喃、噻吩、吡咯、吡啶衍生物

(1)呋喃衍生物。

①糠醛。糠醛是最重要的呋喃衍生物。糠醛即 α-呋喃甲醛,是用稀酸处理米糠、玉米芯、高粱秆、花生壳等农作物而得,故名糠醛。

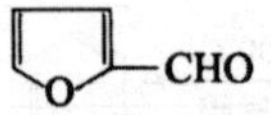

纯糠醛为无色、有毒液体,沸点为 161.8 ℃,可溶于水。在光、热、空气中易聚合而变色。糠醛遇苯胺醋酸盐溶液显深红色,这是鉴别糠醛(及其他戊糖)常用的方法。

糠醛的性质与苯甲醛相近,能发生歧化、氧化及芳香醛的缩合反应。

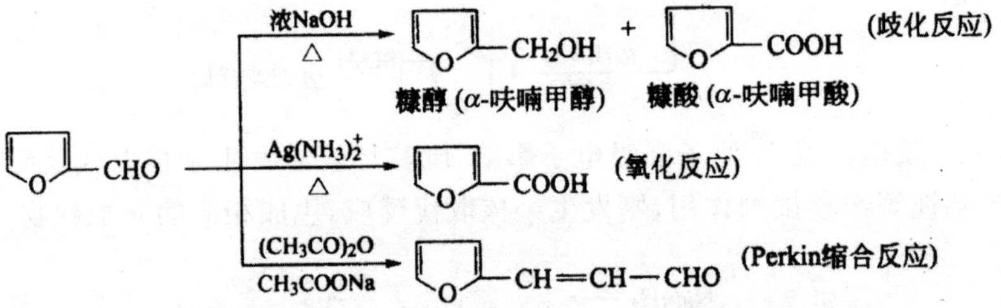

糠醛用途广泛,可用于合成药物(如痢特灵、呋喃西林)及酚醛树脂、农药等。

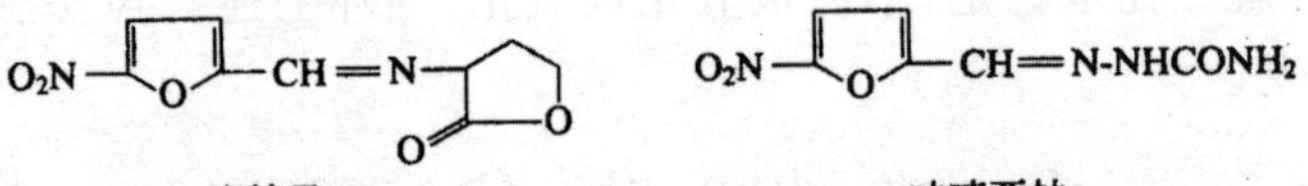

痢特灵
(呋喃唑酮,抗菌药)

呋喃西林
(抗菌药,广泛用于抑制乃至杀灭细菌)

②呋喃唑酮。又名痢特灵,分子式为 $C_8H_7N_3O_5$,为黄色结晶粉末,熔点为 275 ℃,无臭,味苦,难溶于水、乙醇。呋喃唑酮遇碱分解,在日光下颜色逐渐变深,由 5-硝基-2-呋喃甲醛合成。

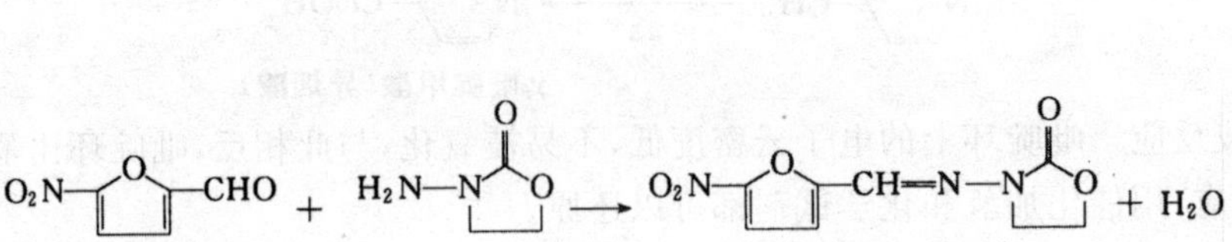

5-硝基-2-呋喃甲醛

呋喃唑酮(痢特灵)

5-硝基-2-呋喃甲醛为无色结晶,有明显的抑菌作用,是合成呋喃类药物的中间体。

呋喃唑酮主要用于细菌性痢疾、肠炎、伤寒等疾病的治疗,另外,对胃炎、十二指肠溃疡也有治疗作用。

③呋喃妥因。又名呋喃坦丁,分子式为 $C_8H_6N_4O_5$,为黄色结晶粉末,熔点为 270～272 ℃,无臭,味苦,遇光颜色加深。它溶于二甲基甲酰胺,在丙酮中微溶,在水或氯仿中几乎不溶。呋喃妥因由 5-硝基-2-呋喃甲醛和 N-氨基-2,5-咪唑二酮合成。

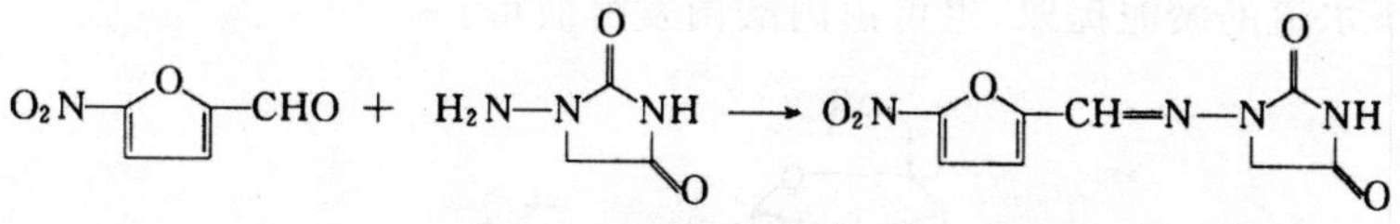

$$O_2N-\text{（呋喃环）}-CHO + H_2N-N(\text{咪唑二酮}) \longrightarrow O_2N-\text{（呋喃环）}-CH=N-N(\text{咪唑二酮})$$

N-氨基-2,5-咪唑二酮　　　　　　　呋喃妥因(呋喃坦丁)

呋喃妥因主要用于敏感菌引起的急性肾盂肾炎、膀胱炎、尿道炎和前列腺炎等泌尿系统感染的治疗。

(2)噻吩衍生物。噻吩衍生物存在于真菌及菊科植物中(如 2,2'-联二噻吩衍生物),此外,很多合成药物也有噻吩环(如噻洛芬酸、美沙芬林)。

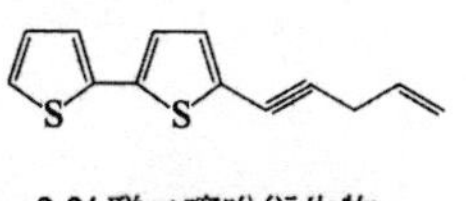

2,2'-联二噻吩衍生物　　　　噻洛芬酸(抗炎药) 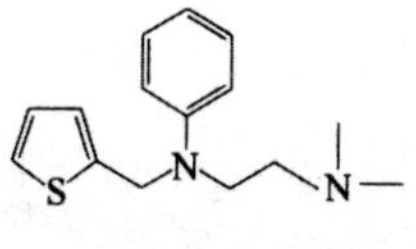　　　　美沙芬林(抗组胺剂)
(可以杀线虫)

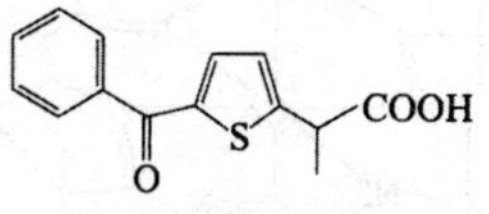

(3)吡咯衍生物。吡咯衍生物大多以卟吩环的形式存在。所谓卟吩环,是指由四个吡咯环的 α-C 通过次甲基(—CH=)相连形成的稳定且复杂的共轭体系。其衍生物叫作卟啉。卟啉类化合物广泛存在于动植物体中,环内的 N 原子易与金属(Mg、Fe 等)络合,多显色。较重要的卟啉类化合物有叶绿素、血红素及维生素 B_{12}。

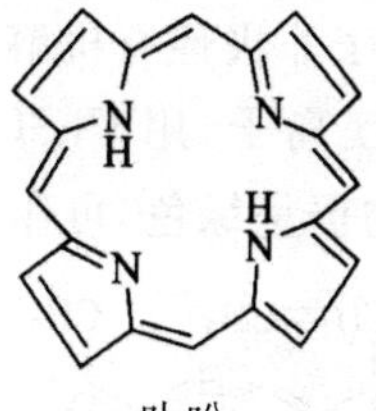

卟吩

①血红素。血红素卟吩环中心结合一个二价铁离子,血红素是血红蛋白辅基,血红素镶嵌在蛋白质表面"空洞"中,结合形成血红蛋白,具有携带氧气输送到全身各器官的功能。

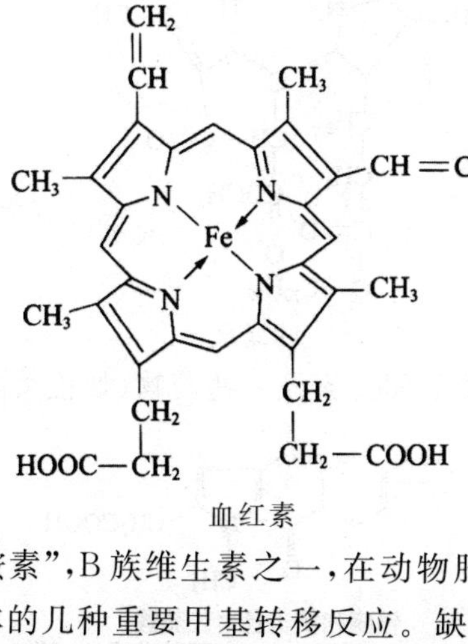

血红素

②维生素 B_{12}。又名"钴胺素",B 族维生素之一,在动物肝脏中含量丰富。其烷基(甲基)衍生物以辅基形式参与生物体的几种重要甲基转移反应。缺乏维生素 B_{12} 时会影响核酸的代谢,导致恶性贫血。它可用于治疗恶性贫血,也能促进鸡、猪等的生长。维生素 B_{12} 可由抗生素

发酵废液或地下水道的淤泥提取，也可由丙酸菌发酵而得。

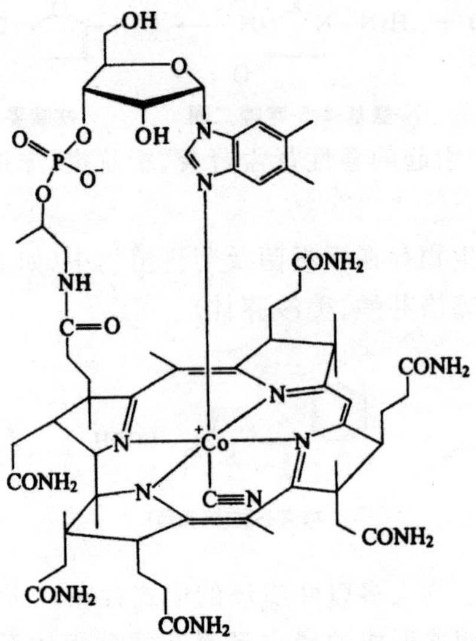

维生素 B_{12}

③叶绿素。叶绿素与蛋白质结合存在于绿色植物中，是绿色植物进行光合作用的必需催化剂，能把太阳能转化为化学能储藏在有机化合物中。叶绿素是叶绿素 a 与叶绿素 b 以 3∶1 组成的混合物。叶绿素不溶于水，可溶于非极性有机溶剂，可作为有机着色剂。

叶绿素分子中卟吩环中心是一个镁离子，用 $CuSO_4$ 的酸性溶液小心处理，Cu^{2+} 可取代 Mg^{2+} 进入卟吩环的中心，处理后的植物仍呈绿色，可作为保存绿色植物标本的方法。

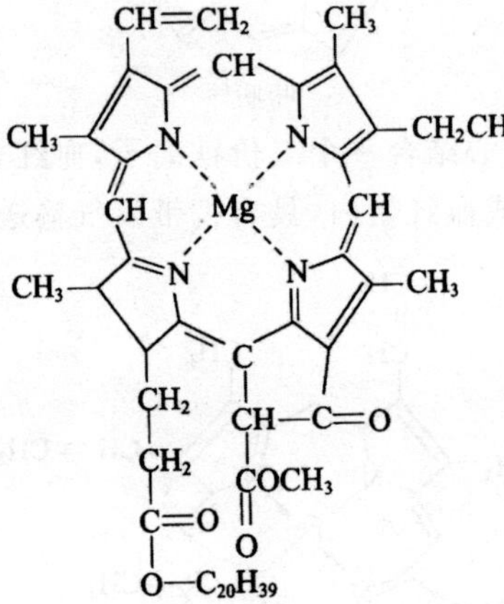

叶绿素

除卟吩环外，存在于动物体中的胆红素及一些药物（如佐美酸）也含有独立的吡咯环。

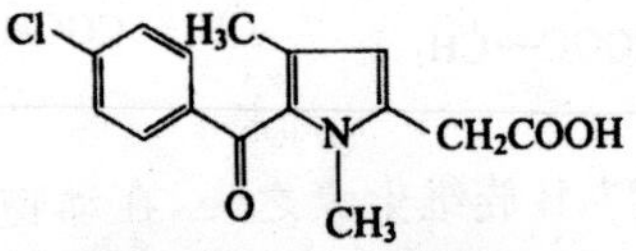

镇痛和抗炎药"佐美酸"
[5-(4-氯苯甲酰基)-1,4-二甲基吡咯-2-乙酸]

（4）吡啶衍生物。

①异烟肼。俗名雷米封，为无色或白色结晶，熔点为 171 ℃，无臭，味微甜后苦，易溶于水，微溶于乙醇，不溶于乙醚，遇光逐渐变质。它可由异烟酸与水合肼缩合制得。

$$\text{COOH} \xrightarrow[\triangle]{NH_2NH_2 \cdot H_2O} \text{CONHNH}_2$$

异烟肼（γ-吡啶甲酰肼）

异烟肼具有较强的抗结核作用，是常用的抗结核药物。此外，对痢疾、百日咳、睑腺炎等也有一定疗效。它的结构与维生素 PP 相似，对维生素 PP 有拮抗作用，若长期服用异烟肼，应适当补充维生素 PP。

此外，在中药中也存在许多吡啶（或哌啶）的衍生物，如八角枫中的毒藜碱等。

②维生素 PP。又名抗癞皮病因子，包括烟酸和烟酰胺两种物质。

烟酸（β-吡啶甲酸）　　　　**烟酰胺（β-吡啶甲酰胺）**

烟酸为白色针状结晶体，熔点为 237 ℃，相对密度为 1.473，无臭，味微酸，易溶于沸水、沸乙醇，不溶于乙醚。

烟酰胺为白色针状结晶体，熔点为 128～131 ℃，沸点为 150 ℃，相对密度为 1.400，无臭，味苦，溶于水、乙醇，在空气中略有吸湿性。

维生素 PP 具有扩张血管、预防和缓解严重的偏头痛和降压等作用。体内缺乏维生素 PP 易引起癞皮病。它广泛存在于自然界中，在动物肝脏与肾脏、瘦肉、鱼、全麦制品、无花果等食物中含量丰富。维生素 PP 还是合成抗高血压药的药物中间体。

③维生素 B₆。维生素 B₆ 是 B 族维生素之一，广泛存在于食物中，含三种形式：吡哆醇、吡哆醛和吡哆胺，三者在体内可以相互转化。三者的盐酸盐为无色晶体，易溶于水，微溶于乙醇、丙酮。因最初得到的是吡哆醇，故多以吡哆醇为维生素 B₆ 的代表。

吡哆醇　　　　　**吡哆醛**　　　　　**吡哆胺**

维生素 B₆ 与氨基酸的代谢密切相关，缺乏维生素 B₆ 可导致皮炎、痉挛、贫血等。临床用维生素 B₆ 防治妊娠呕吐、糙皮病、白细胞减少病等多种疾病。

9.1.5.2　嘧啶、嘌呤及其衍生物

（1）嘧啶及其衍生物。嘧啶为无色结晶，熔点为 22 ℃，沸点为 134 ℃。由于环上两个处于间位的 N 原子都是吡啶型 N 原子，因此，嘧啶与吡啶一样易溶于水且具有弱碱性。但这种 N 原子是吸电子的（相当于—NO₂），故嘧啶的碱性比吡啶更弱。

由于 N 原子是吸电子的,因此,嘧啶环比吡啶更难发生亲电取代反应。其反应活性大致相当于 1,3-二硝基苯或 3-硝基吡啶。但是,如果环上有其他的供电子基存在,芳环得以活化,也可以反应。

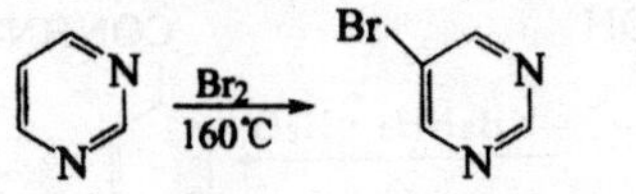

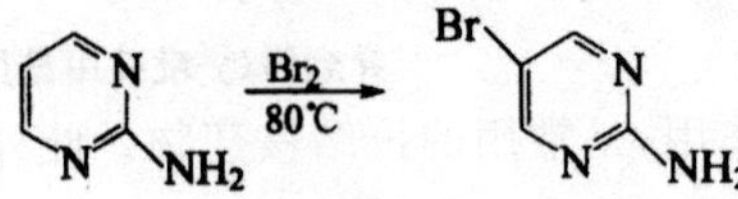

由于 N 原子是吸电子的,因此,嘧啶较易发生亲核取代,反应多发生在分子中的 2 位、4 位。

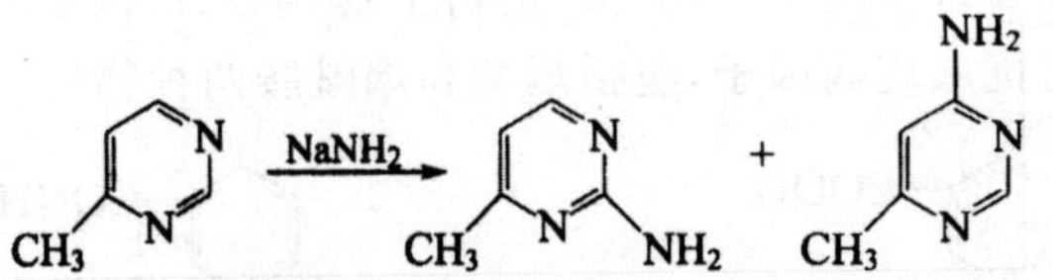

此外,嘧啶环还像吡啶环一样,可以发生还原反应,取代嘧啶的侧链也可以被氧化。

嘧啶很少存在于自然界中,其衍生物在自然界中普遍存在。例如,核酸和维生素 B_1 中都含有嘧啶环。组成核酸的重要碱基有胞嘧啶(Cytsine,简写 C)、尿嘧啶(Uracil,简写 U)、胸腺嘧啶(Thymine,简写 T),它们都是嘧啶的衍生物,都存在烯醇式和酮式的互变异构体。

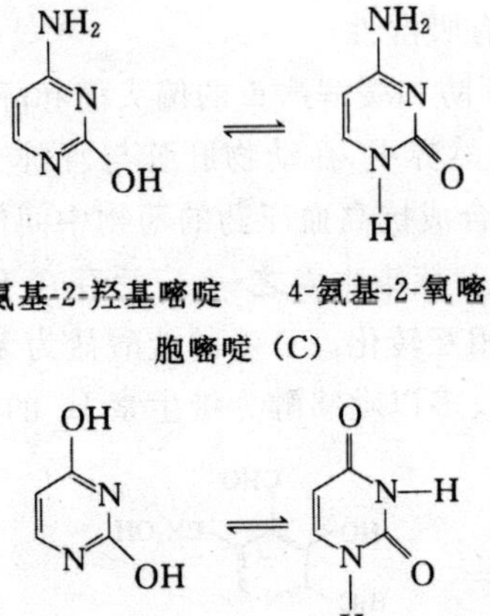

4-氨基-2-羟基嘧啶　　4-氨基-2-氧嘧啶

胞嘧啶（C）

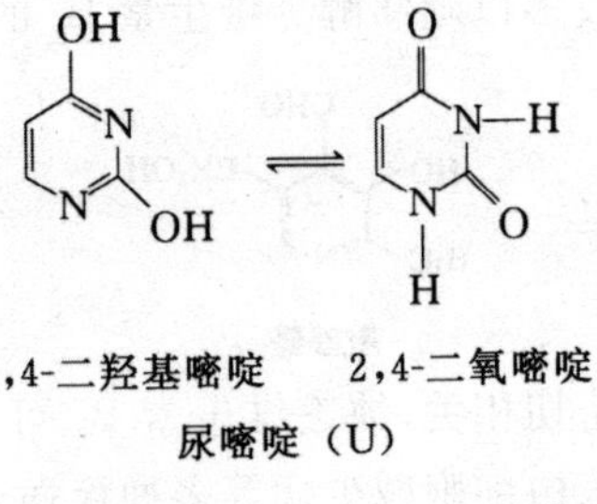

2,4-二羟基嘧啶　　2,4-二氧嘧啶

尿嘧啶（U）

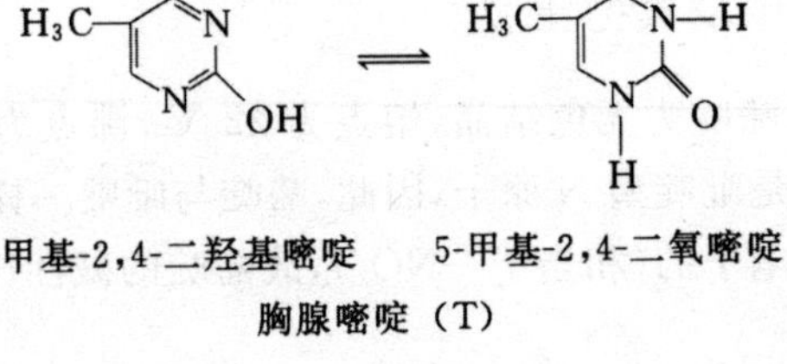

5-甲基-2,4-二羟基嘧啶　　5-甲基-2,4-二氧嘧啶

胸腺嘧啶（T）

在生物体中哪一种异构体占优势,取决于体系的 pH。一般情况下,嘧啶碱主要以酮式异构体存在。

(2)嘌呤及其衍生物。嘌呤的分子式为 $C_5H_4N_4$,它的结构是由一个嘧啶环和一个咪唑环稠合而成的。嘌呤环的编号常用标氢法区别。药物分子中多为 7H 嘌呤,生物体内则 9H 嘌呤比较常见。

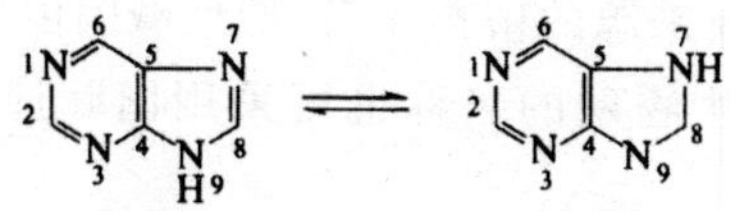

9H-嘌呤 ⇌ 7H-嘌呤

嘌呤为无色结晶,熔点为 $216 \sim 217\ ℃$,易溶于水。其水溶液呈中性,却能与强酸或强碱生成盐。

嘌呤本身在自然界中尚未发现,但它的氨基及羟基衍生物广泛存在于动、植物体中。存在于生物体内组成核酸的嘌呤碱基有腺嘌呤(Adenine,简写 A)和鸟嘌呤(Guanine,简写 G),是嘌呤的重要衍生物。它们都存在互变异构体,在生物体内,主要以右边异构体的形式存在。

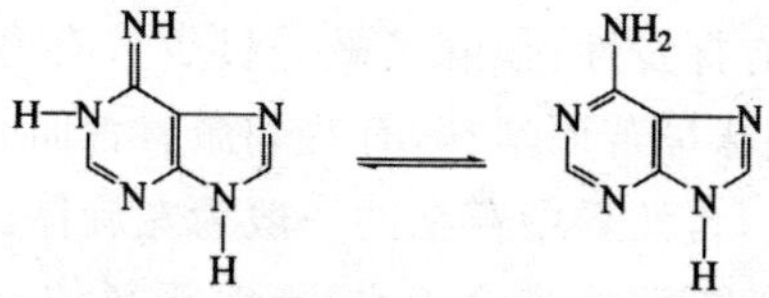

6-氨基嘌呤(腺嘌呤A)

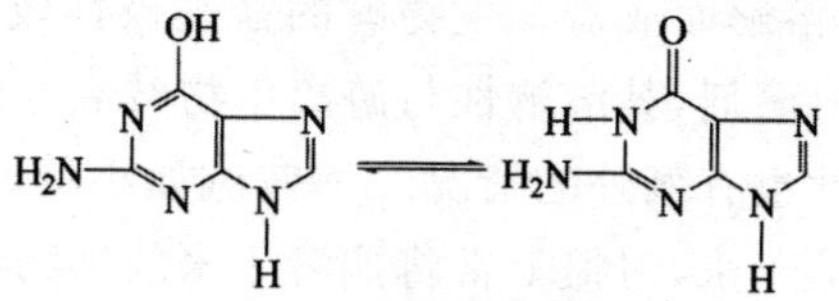

2-氨基-6-羟基嘌呤(鸟嘌呤G)

细胞分裂素是分子内含有嘌呤环的一类植物激素。细胞分裂素能促进植物细胞分裂,能扩大和诱导细胞分化,以及促进种子发芽。它们常分布于植物的幼嫩组织中,例如,玉米素最早是从未成熟的玉米中得到的。人们常用细胞分裂素来促进植物发芽、生长和防衰保绿,延长蔬菜的贮藏时间和防止果树生理性落果等。

9.2 生物碱

生物碱是指存在于生物体内,有一定生理活性的碱性含氮杂环化合物。它们主要存在于植物中,所以又称为植物碱。生物碱大多数来自植物界,少数也来自动物界,如肾上腺素等。

9.2.1 生物碱的分类和命名

9.2.1.1 生物碱的分类

生物碱的分类方法有多种,比较常见的是根据生物碱的化学结构进行分类。例如,麻黄碱属有机胺类,茶碱属嘌呤衍生物类,一叶萩碱、苦参碱属吡啶衍生物类,莨菪碱属托品烷类,喜树碱属喹啉衍生物类,常山碱属喹唑酮衍生物类,小檗碱、吗啡属异喹啉衍生物类,利血平属吲哚衍生物类等。

9.2.1.2　生物碱的命名

生物碱的命名一般根据它所来源的植物命名,如烟碱因由烟草中提取出来而得名,喜树碱因由喜树中提取出来而得名。生物碱的名称也可采用国际通用名称的译音,如烟碱又称尼古丁。

9.2.2　生物碱的物理性质

生物碱大多数为无色或白色晶体,有些是非结晶形粉末。少数生物碱在常温时为液体,如烟碱、槟榔碱等。少数含有较长共轭体系的生物碱带有颜色,如小檗碱、木兰花碱、蛇根碱等均为黄色,血根碱为红色。个别有挥发性,如麻黄碱。极少数有升华性,如咖啡因。无论生物碱本身或其盐类,多具苦味,有些味极苦而辛辣,有些刺激唇舌而有焦灼感。

大多数生物碱具有旋光性,自然界中存在的一般为左旋体。

游离生物碱极性较小,一般不溶或难溶于水,能溶于氯仿、二氯乙烷、乙醚、乙醇、丙酮、苯等有机溶剂,在稀酸水溶液中溶解而成盐。生物碱的盐类极性较大,大多易溶于水及醇,不溶或难溶于苯、氯仿、乙醚等有机溶剂,其溶解性与游离生物碱恰好相反。

生物碱及其盐类的溶解性也有例外的情况。季铵碱如小檗碱、酰胺型生物碱和一些极性基团较多的生物碱则一般能溶于水,习惯上常将能溶于水的生物碱叫作水溶性生物碱;中性生物碱难溶于酸;含羧基、酚羟基或内酯环的生物碱等能溶于稀碱溶液;某些生物碱的盐类如盐酸小檗碱则难溶于水;另有少数生物碱的盐酸盐能溶于氯仿。生物碱的溶解性对提取、分离和精制生物碱十分重要。

生物碱有一定的毒性,量小可作为药物治疗疾病,量大时可引起中毒,因此,使用时应当注意剂量。

9.2.3　生物碱的化学性质

9.2.3.1　碱性

生物碱分子中因氮原子上有未共用的电子对,有一定接受质子的能力而具有碱性,大多数生物碱能与酸反应生成易溶于水的生物碱盐。生物碱盐在遇强碱时又游离出生物碱,利用这一性质可以提取和精制生物碱。临床上用的生物碱药物均制成其盐类(如硫酸阿托品、盐酸黄连素等)。

$$\text{生物碱} \underset{\text{NAOH}}{\overset{\text{HCl}}{\rightleftharpoons}} \text{生物碱盐}$$

(难溶于水)　　　　(可溶于水)

9.2.3.2　氧化反应

生物碱能够发生氧化反应生成相应的氧化产物。

烟碱　　　　　　　　　　烟酸(β-吡啶甲酸)

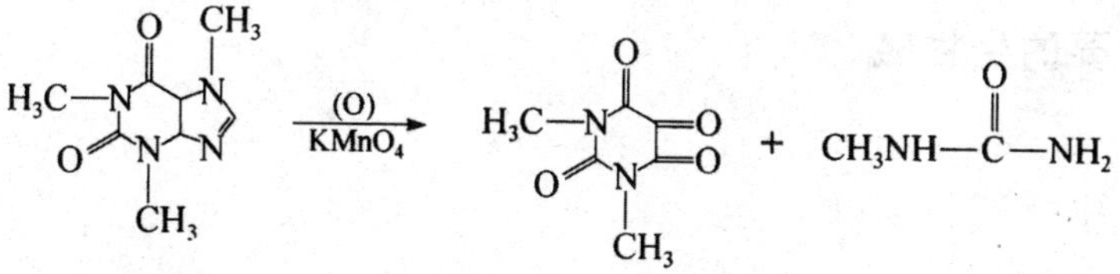

咖啡碱

9.2.3.3　显色反应

一些生物碱单体能与浓无机酸等试剂反应,生成不同颜色的化合物,这类试剂称为生物碱显色试剂,常用于鉴定和区别某些生物碱。

常用的生物碱显色剂有浓硫酸、硝酸、甲醛和氨水等。例如,用浓硝酸氧化尿酸后,加入浓氨水呈紫红色,称为红紫酸铵反应,十分灵敏。该反应用于鉴定尿酸、咖啡碱和黄嘌呤等嘌呤衍生物。反应式如下:

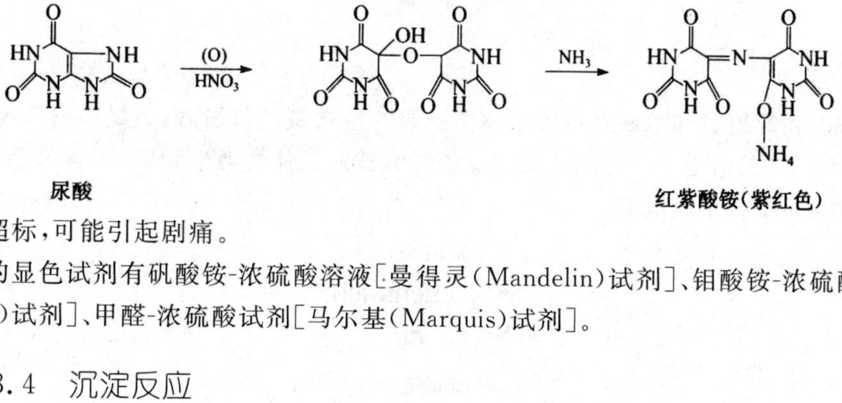

尿酸　　　　　　　　　　　　　　　　　　红紫酸铵(紫红色)

尿酸超标,可能引起剧痛。

常见的显色试剂有矾酸铵-浓硫酸溶液[曼得灵(Mandelin)试剂]、钼酸铵-浓硫酸溶液[弗德(Frohde)试剂]、甲醛-浓硫酸试剂[马尔基(Marquis)试剂]。

9.2.3.4　沉淀反应

沉淀反应是指大多数生物碱或生物碱的盐类水溶液,能与一些试剂生成不溶性沉淀。这些试剂称为生物碱沉淀剂。沉淀反应可用于鉴别和分离生物碱。常用的生物碱沉淀剂及其沉淀颜色见表9-2。

表 9-2　常用的生物碱沉淀剂及其沉淀颜色

生物碱沉淀剂	碘化汞钾 （$HgI_2 \cdot 2KI$）	碘化铋钾 （$BiI_3 \cdot KI$）	磷钨酸 （$H_3PO_4 \cdot 12WO_3$）	鞣酸	苦味酸
沉淀颜色	黄色	黄褐色	黄色	白色	黄色

9.2.4　重要的生物碱

9.2.4.1　小檗碱

小檗碱又名黄连素,存在于黄连、黄柏等小檗科植物中。其分子中含有异喹啉环,为黄色晶体,味很苦,不溶于乙醚,易溶于热水和热乙醇。具有很强的抗菌作用,常用于治疗菌痢、胃肠炎等疾病。

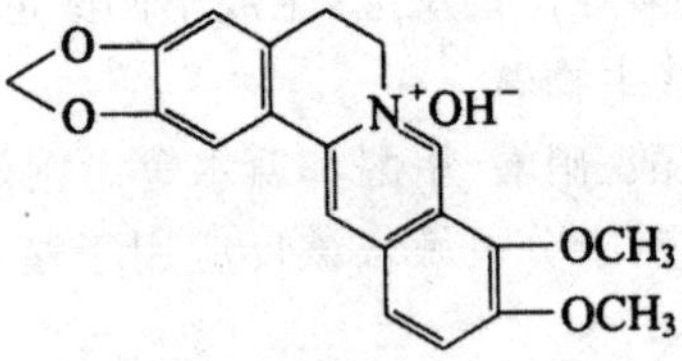

小檗碱

9.2.4.2　麻黄碱

麻黄碱是由草麻黄和木贼麻黄等植物中提取的生物碱,所以称麻黄碱。它为无色结晶固体,熔点为 90 ℃,易溶于水、乙醇、乙醚和氯仿。麻黄碱是仲胺类生物碱,不含氮杂环,不易与一般的生物碱沉淀剂生成沉淀。

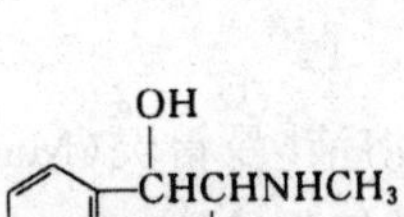

麻黄碱

麻黄碱在 1887 年就已经被发现,1930 年用于临床治疗。麻黄碱具有拟肾上腺素(激素)作用,能兴奋 α 和 β 受体,即能直接与 α 和 β 肾上腺素受体结合,故也有收缩血管、升高血压、增强心肌收缩力、使心输出量增加、促进汗腺分泌和中枢兴奋的作用。临床上常使用盐酸麻黄碱治疗低血压、气喘等病症。

9.2.4.3　烟碱

烟碱又名尼古丁,属于吡啶类生物碱。它以柠檬酸盐或苹果酸盐的形式存在于烟草中,国产烟叶含烟碱的质量分数为 1%～4%。

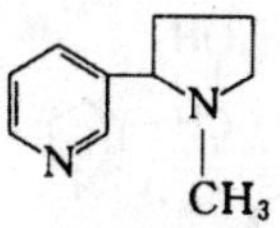

烟碱

烟碱极毒,少量能引起中枢神经兴奋,血压升高;大量就会抑制中枢神经系统,使心脏停搏而致死,(＋)-烟碱的毒性比(一)-烟碱的小得多,几毫克的烟碱就能引起头痛、呕吐、意识模糊等中毒症状。成人口服致死量为 40～60 mg。因此,吸烟对人体有害,尤其是对青少年危害更大,应提倡不要吸烟。烟碱在农业上用作杀虫剂。

9.2.4.4　莨菪碱

莨菪碱的俗名为阿托品,属于吡啶类生物碱。它存在于颠茄、莨菪、洋金花等植物中。

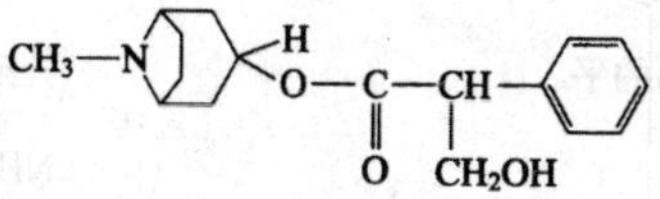

莨菪碱

阿托品硫酸盐具有镇痛解痉作用,主要用于治疗胃、肠、胆、肾的绞痛,还能扩散瞳孔,也是有机磷、锑剂中毒的解毒剂。

除莨菪碱外,我国学者又从茄科植物中分离出两种新的莨菪烷系生物碱,即山莨菪碱和樟柳碱。两者均有明显的抗胆碱作用,并有扩张微动脉、改善血液循环的作用,还可用于散瞳、慢性气管炎的平喘等,也能解除有机磷中毒,其毒性比阿托品硫酸盐小。

9.2.4.5　利血平

利血平又称为蛇根草素,是从萝芙木中提取的生物碱,具有降血压的作用,含有吲哚环,呈弱碱性。

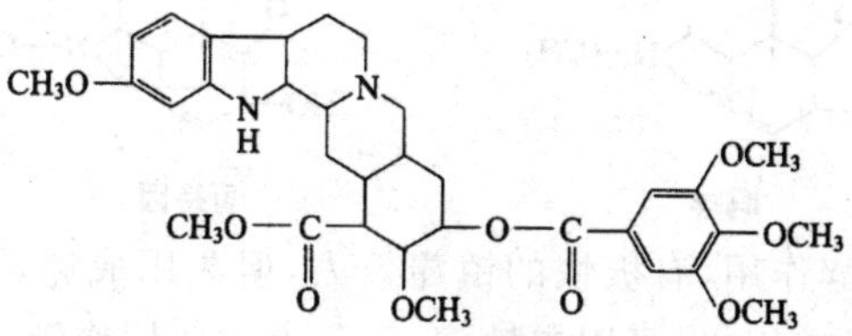

利血平

利血平的结构已经测定,它的全合成已于 1956 年由美国化学家伍德沃德(R. B. Woodward)完成,但是合成路线比较复杂,在每一步合成过程中,都要考虑立体定向的问题。药用的利血平是从人工培植的萝芙木根中提取得到的。我国目前药用的"降压灵",是国产萝芙木中提取的弱碱性的混合生物碱,能降低血压,作用温和,副作用较小,对于初期高血压患者比较适用。

9.2.4.6　奎宁

奎宁又名金鸡纳碱,存在于金鸡纳树中。其分子内含有喹啉环,为针状结晶,熔点为 177℃,微溶于水,易溶于乙醚、乙醇等有机溶剂。奎宁是使用最早的一种抗疟疾药。

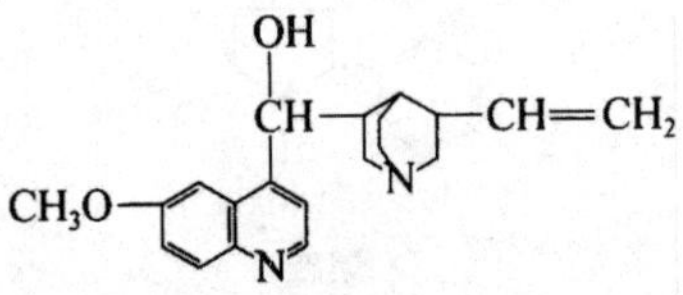

奎宁

由于受到产量的限制,奎宁常常不能满足医药上的需求,又因为它只有抵抗疟原虫的作用,却没有杀灭作用,因此人们一直在寻找合成方便、疗效更好的抗疟药物。目前已从几万种化合物中筛选出以下几种作为临床治疗疟疾的新药。

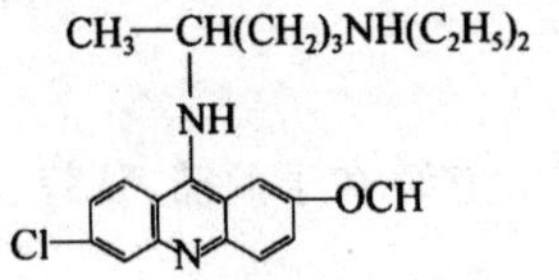

阿的平

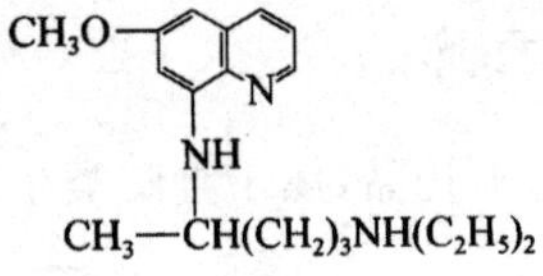

扑疟母星

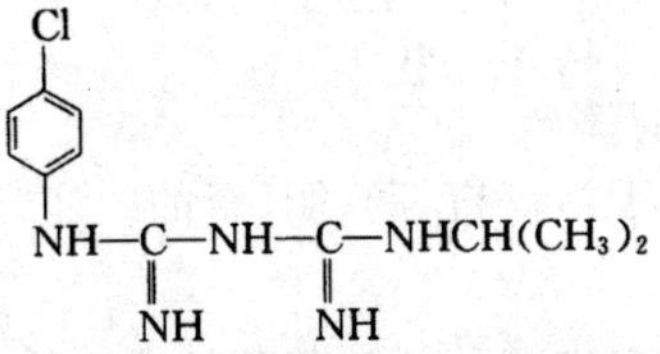

百乐君

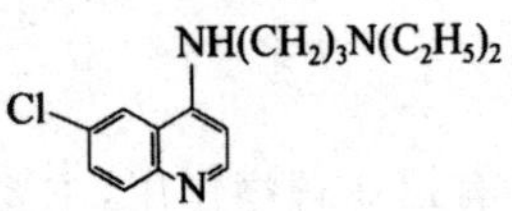

氯奎宁

9.2.4.7　吗啡和可待因

吗啡和可待因是罂粟科植物所含的生物碱,属异喹啉类衍生物。鸦片来源于植物罂粟,所含生物碱以吗啡最重要,约含 10%,其次为可待因,含 0.3%～1.9%。

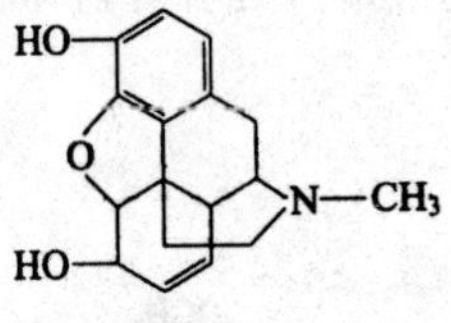

吗啡

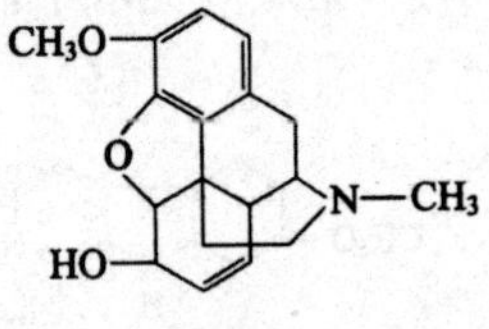

可待因

吗啡对中枢神经有麻醉作用,有极快的镇痛效力,但久用成瘾,不宜常用。可待因是吗啡的甲基醚,其生理作用与吗啡相似,可用来镇痛,医药上主要用作镇咳剂。

9.2.4.8　咖啡碱和茶碱

咖啡碱(又名咖啡因)和茶碱都存在于茶叶、咖啡和可可豆中,它们属于嘌呤类生物碱。咖啡因具有利尿、止痛和兴奋中枢神经的作用,临床上常用作利尿剂和用于呼吸衰竭的解救。它也是常用的解热镇痛药物 APC 的成分之一。

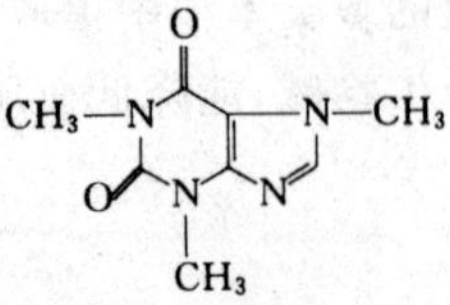

咖啡碱

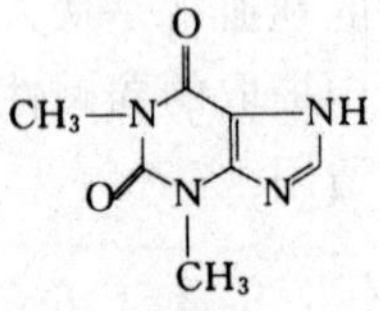

茶碱

茶碱的熔点为 270～274 ℃,味苦,溶于水、乙醇和氯仿。茶碱具有松弛平滑肌和较强的利尿作用,常用于慢性支气管炎和支气管哮喘等病症的治疗,也可用来消除各种水肿症。

第10章 氨基酸、蛋白质、核酸、萜类和甾族化合物

10.1 氨基酸、蛋白质和核酸

氨基酸是组成蛋白质的基本单位,在一定的条件下氨基酸可以合成蛋白质。蛋白质是复杂的高分子化合物,是与生命起源和生命活动密切相关的重要物质。核酸存在于细胞核内,它携带有遗传信息,在生物体的新陈代谢、生长、遗传和变异等生命活动中起着重要作用。没有核酸,就没有蛋白质。因此,研究生命的活动,必须学习氨基酸、蛋白质和核酸。

10.1.1 氨基酸

氨基酸是羧酸分子中烃基上的氢原子被氨基取代而形成的化合物。氨基酸分子中同时含有氨基和羧基两种基团,因而它是具有复合官能团的化合物。

$$CH_2—COOH \qquad CH_3—CH—COOH \qquad \underset{}{\bigcirc}—CH_2—CH—COOH$$
$$\underset{NH_2}{|} \qquad\qquad \underset{NH_2}{|} \qquad\qquad\qquad \underset{NH_2}{|}$$

　甘氨酸　　　　　　丙氨酸　　　　　　　　　苯丙氨酸

氨基酸是构成蛋白质的基本单位。当蛋白质在酸、碱或酶的作用下水解时,逐步降解为比较简单的分子,最终转变成各种不同的 α-氨基酸的混合物,由蛋白质水解得到的氨基酸有 20 余种。其水解过程可简单地表示如下:

$$蛋白质 \rightarrow 胨 \rightarrow 多肽 \rightarrow 二肽 \rightarrow \alpha\text{-}氨基酸$$

10.1.1.1 氨基酸的分类、命名和结构

(1)氨基酸的分类。根据氨基酸分子中氨基和羧基的数目不同,可将其分为中性氨基酸、碱性氨基酸和酸性氨基酸。中性氨基酸是指氨基酸分子中氨基和羧基的数目相等;碱性氨基酸是指氨基酸分子中氨基的数目多于羧基的数目;酸性氨基酸是指氨基酸分子中羧基的数目多于氨基的数目。碱性氨基酸一般显碱性,酸性氨基酸一般显酸性,但中性氨基酸不呈中性而呈弱酸性,这是由于羧基比氨基的电离常数大些的原因。

根据氨基酸烃基的结构又可分为脂肪氨基酸、芳香氨基酸与杂环氨基酸。在脂肪族氨基酸中根据分子中氨基与羧基的相对位置,又分为 α-氨基酸、β-氨基酸、γ-氨基酸。

(2)氨基酸的命名。氨基酸的系统命名一般以羧酸为母体,氨基为取代基,称为"氨基某

酸”,氨基所连的碳原子用阿拉伯数字或希腊字母标示。

$$CH_3CHCOOH \quad CH_2CH_2COOH \quad CH_2CH_2CH_2COOH$$
$$|\qquad\qquad\quad |\qquad\qquad\qquad |$$
$$NH_2 \qquad\qquad NH_2 \qquad\qquad\quad NH_2$$

2-氨基丙酸　　　　　3-氨基丙酸　　　　　4-氨基丁酸

α-氨基丙酸　　　　　β-氨基丙酸　　　　　γ-氨基丁酸

习惯上氨基酸的命名多根据其来源或某些特性使用俗名,有时还用中文或英文缩写符号表示。如氨基乙酸因具有甜味俗名为叶氨酸,中文缩写为"甘"、英文缩写为"Gly";天门冬氨酸因最初是从天门冬植物中分离出来而得名,中文缩写为"天"、英文缩写为"Asp"。

(3)氨基酸的结构。氨基酸是构成蛋白质分子的基础。自然界中的氨基酸有几百种,但存在于生物体内构成蛋白质的氨基酸主要有 20 种。这些氨基酸在化学结构上都有共同的特点,即氨基连在 α-碳原子上,故称 α-氨基酸(脯氨酸为 α-亚氨基酸)。α-氨基酸的结构通式如下:

$$R-\overset{\cdot}{C}H-COOH$$
$$|$$
$$NH_2$$

除甘氨酸外,其他 19 种氨基酸的 α-碳均为手性碳,因此它们都是光学活性化合物。有两种不同的构型,即 L 构型和 D 构型,构成人体蛋白质的氨基酸都是 L 构型。

$$\begin{array}{ccc} & COOH & & COOH \\ & | & & | \\ H_2N-\overset{\cdot}{C}-H & & H-\overset{\cdot}{C}-NH_2 \\ & | & & | \\ & R & & R \end{array}$$

L-氨基酸　　　　　　　　　　D-氨基酸

10.1.1.2　氨基酸的物理性质

α-氨基酸都是无色晶体。分子中羧基和氨基的相互作用形成内盐,所以氨基酸通常有较高的熔点,一般在 200～300 ℃之间。但熔化时易发生分解,放出 CO_2。

大多数 α-氨基酸能溶于水,但溶解度差别很大;易溶解于酸性和碱性溶剂中,但是难溶于非极性的有机溶剂。

10.1.1.3　氨基酸的化学性质

氨基酸分子中既含有氨基又含有羧基,因此,具有胺和羧酸的一些性质。但由于氨基和羧基的相互影响,氨基酸又具有胺和羧酸所没有的一些特殊性质。

(1)两性电离和等电点。氨基酸既具有碱的性质又具有酸的性质,是两性化合物,不仅能与强碱或强酸反应生成盐,而且还可在分子内形成内盐。

$$R-CH-COOH \longrightarrow R-CH-COO^-$$
$$|\qquad\qquad\qquad\qquad |$$
$$NH_2 \qquad\qquad\qquad NH_3^+$$

氨基酸能与酸或碱作用生成盐。

在氨基酸的内盐中同时含有阳离子和阴离子,因此,内盐称为两性离子。氨基酸在纯水中及晶体状态时,都以两性离子形式存在。两性离子的净电荷为零,处于等电状态,在电场中不向任何一极移动,这时溶液的 pH 称为氨基酸的等电点,用 pI 表示。由于各种氨基酸的组成

$$\begin{array}{c} R-CH-COOH \\ | \\ NH_2 \end{array} + HCl \longrightarrow \begin{array}{c} R-CH-COOH \\ | \\ NH_3^+Cl^- \ (NH_2 \cdot HCl) \end{array}$$

$$\begin{array}{c} R-CH-COOH \\ | \\ NH_2 \end{array} + NaOH \longrightarrow \begin{array}{c} R-CH-COONa \\ | \\ NH_2 \end{array} + H_2O$$

和结构不同,因此,它们的等电点也不相同。

$$\begin{array}{c} R-CH-COOH \\ | \\ NH_2 \end{array}$$

$$\begin{array}{c} R-CH-COO^- \\ | \\ NH_2 \end{array} \underset{OH^-}{\overset{H^+}{\rightleftharpoons}} \begin{array}{c} R-CH-COO^- \\ | \\ NH_3^+ \end{array} \underset{OH^-}{\overset{H^+}{\rightleftharpoons}} \begin{array}{c} R-CH-COOH \\ | \\ NH_3^+ \end{array}$$

（阴离子）　　　　　（两性离子）　　　　（阳离子）
溶液pH＞pI　　　溶液pH＝pI　　　溶液pH＜pI

中性氨基酸的等电点小于7,而酸性氨基酸的等电点更小,碱性氨基酸的等电点大于7。在等电点时,氨基酸的溶解度最小,最容易从溶液中析出。利用这种性质可以分离和提纯氨基酸。

(2)与亚硝酸的反应。氨基酸中的氨基属于伯胺类,因此,它能与亚硝酸反应,定量放出氮气。通过测定氮气的体积,可计算出蛋白质、肽及氨基酸分子中氨基的含量。

$$\begin{array}{c} R-CH-COOH \\ | \\ NH_2 \end{array} + HO-NO \longrightarrow \begin{array}{c} R-CH-COOH \\ | \\ OH \end{array} + N_2 \uparrow + H_2O$$

(3)与甲醛反应。氨基酸和甲醛首先发生亲核加成反应,然后脱去一分子水生成含碳-氮双键的酸。

$$\begin{array}{c} R-CHCOOH \\ | \\ NH_2 \end{array} + HCHO \longrightarrow \begin{array}{c} R-CHCOOH \\ | \\ NHCH_2OH \end{array} \overset{-H_2O}{\longrightarrow} \begin{array}{c} R-CHCOOH \\ | \\ N=CH_2 \end{array}$$

氨基酸中同时含有氨基和羧基,一般不能用碱滴定来分析氨基酸的羧基,上述反应发生后,由于氨基酸中氨基的碱性不再显现出来,就可以用碱来滴定氨基酸中的羧基了。

(4)烃基化反应。氨基酸的氨基可与卤代烃反应。

$$\begin{array}{c} \text{(DNFB)} \end{array} + \begin{array}{c} R-\overset{H}{\underset{NH_2}{C}}-COOH \end{array} \overset{NaHCO_3}{\longrightarrow} \begin{array}{c} \text{(DNP-氨基酸)} \end{array}$$

DNFB　　　　　　　　　　　　　　　　　DNP-氨基酸

此反应常用来测定蛋白质或多肽中氨基酸的排列次序。

(5)脱氨反应。α-氨基酸经氧化剂或氨基酸氧化酶作用,可脱去氨基生成酮酸。这也是生物体内氨基酸分解代谢的重要方式。

$$\begin{array}{c} R-\overset{H}{\underset{NH_2}{C}}-COOH \end{array} \overset{[O]}{\longrightarrow} \begin{array}{c} R-\overset{}{\underset{NH}{C}}-COOH \end{array} \overset{H_2O}{\longrightarrow} \begin{array}{c} R-\overset{OH}{\underset{NH_2}{C}}-COOH \end{array} \overset{-NH_3}{\longrightarrow} \begin{array}{c} R-\overset{}{\underset{O}{C}}-COOH \end{array}$$

（6）脱羧反应。将 α-氨基酸加热或高沸点溶剂中回流,可失去二氧化碳而得到胺。例如,赖氨酸失羧后便可得戊二胺(尸胺)。

$$H_2NCH_2CH_2CH_2CHCOOH \xrightarrow[\triangle]{Ba(OH)_2} H_2NCH_2CH_2CH_2CH_2CH_2NH_2 + CO_2$$
$$\underset{NH_2}{|}$$

（7）与水合茚三酮反应。α-氨基酸与茚三酮的水合物在水溶液中共热生成蓝紫色的化合物称为罗曼紫。α-氨基酸的这个显色反应叫作水合茚三酮反应,该反应是鉴别 α-氨基酸(分子中要含有 NH_2 基团)的一种简便、迅速的方法。但有一点要注意的是,伯胺、氨和铵盐也能发生水合茚三酮反应,而脯氨酸(无 NH_2 基团)不发生这个显色反应。

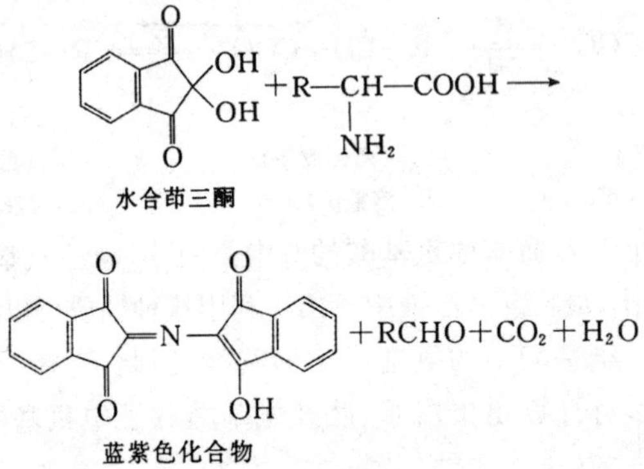

水合茚三酮

蓝紫色化合物

（8）成肽反应。两个 α-氨基酸分子,在酸或碱存在下,受热脱水,生成二肽。

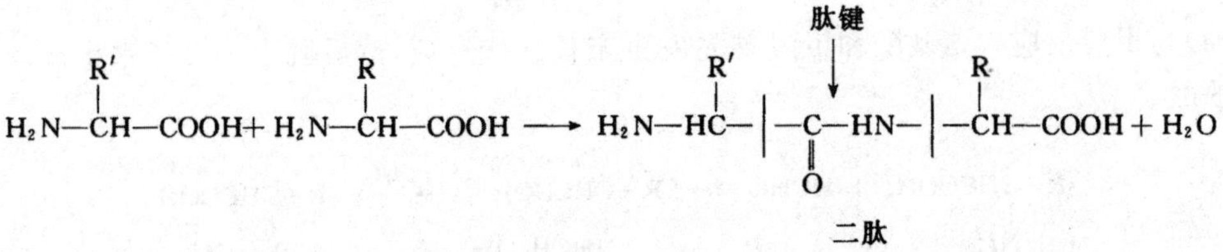

肽键

二肽

由氨基酸的羧基与另一氨基酸的氨基脱去一个水分子后形成的酰胺键称为肽键,缩合产物称为二肽。二肽分子还可以继续与 α-氨基酸分子脱水,缩合成三肽、四肽以至多肽。每条多肽链都有一个游离的氨基端,称为 N 端,习惯写在左边;一个游离的羧基端,称为 C 端,习惯写在右边。如丙-半胱-甘肽。

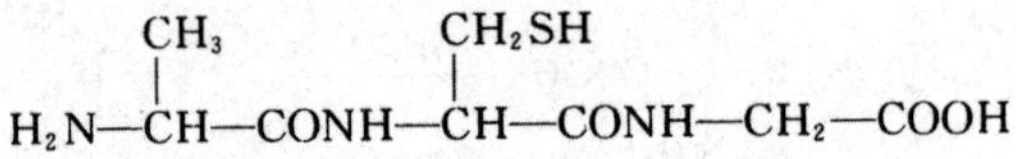

丙氨酰半胱氨酰甘氨酸(丙-半胱-甘肽)

由两个或两个以上氨基酸分子脱水后以肽键相连的化合物称为肽。相对分子质量在 10 000 以上的多肽一般可称为蛋白质。

10.1.2 蛋白质

蛋白质是一类复杂的生物高分子化合物。蛋白质是由几十个或上百个,甚至上千个氨基酸组成的生物大分子,它是组成一切细胞和组织的重要成分,约占人体干重的 45%。蛋白质在生命活动过程中起着决定性作用。蛋白质是生命的物质基础,没有蛋白质就没有生命。

10.1.2.1　蛋白质的组成和分类

(1)蛋白质的组成。从各种生物组织中提取的蛋白质,经元素分析,含碳 50％～55％、氢 6％～8％、氧 20％～23％、氮 13％～19％、硫 0％～4％,有些蛋白质还含有磷、铁、碘、铜、钼等元素。大多数蛋白质的含氮量相当接近,平均约为 16％。因此,在任何生物样品中,每克氮相当于 6.25 g(即 100/16)的蛋白质。6.25 称为蛋白质系数。只要测定生物样品中的含氮量,就可计算出其中蛋白质的大致含量。

$$样品中蛋白质含量＝每克样品含氮的质量(g)\times 6.25\times 100\%$$

(2)蛋白质的分类。生物体内的蛋白质种类繁多,结构复杂,很难从化学结构上分类。

蛋白质种类繁多,高等动物体内有几百万种蛋白质,而且其结构复杂。目前只能根据蛋白质的形状、溶解性及化学组成粗略分类。蛋白质按不同依据具体分类情况如图 10-1 所示。

```
              ┌ 纤维蛋白:丝蛋白、角蛋白
根据形状分为 ┤
              └ 球蛋白:酪蛋白、蛋清蛋白

              ┌ 简单蛋白:水解后仅生成 α-氨基酸的蛋白质
根据组成分为 ┤ 结合蛋白:由简单蛋白与非蛋白质所组成
              └ 如糖蛋白、脂蛋白、核蛋白

              ┌ 清蛋白:可溶于水
              │   如麦清蛋白、豆蛋白
              │ 球蛋白:不溶于水,可溶于稀的中性盐溶液中
              │   如黄豆中的球蛋白
              │ 醇溶蛋白:不溶于水及稀盐溶液,可溶于 60％～80％乙醇溶液
根据溶解性能分为┤   如麦胶蛋白
              │ 谷蛋白:不溶于水、稀盐、乙醇溶液中,可溶于 0.2％稀酸或稀碱中
              │   如稻谷蛋白
              │ 精蛋白:加热不凝固,由 80％的碱性氨基酸组成,可溶于水
              │ 硬蛋白:不溶于水、稀酸、稀碱的纤维蛋白质,仅存在于动物中
              └   如丝蛋白、角蛋白
```

图 10-1　蛋白质的分类

10.1.2.2　蛋白质的结构

蛋白质的结构非常复杂,蛋白质中氨基酸的类别和组成可以不同,多肽链中氨基酸的连接有一定的排列顺序,并且整个蛋白质分子在空间也有一定的排列顺序和空间构型。蛋白质的结构可用四级结构来描述。

(1)蛋白质的一级结构。多肽链中氨基酸的排列顺序称为蛋白质的一级结构。肽键是构成蛋白质的主键。一级结构是蛋白质的基本结构,目前只有少数蛋白质分子中的氨基酸排列顺序已经十分清楚。例如,胰岛素由 AB 两条肽链构成,它们之间通过二硫键构成胰岛素分子。其中 A 链有 21 个氨基酸,B 链有 30 个氨基酸,如图 10-2 所示。蛋白质中氨基酸的排列顺序十分重要,它对整个蛋白质的功能起决定作用。

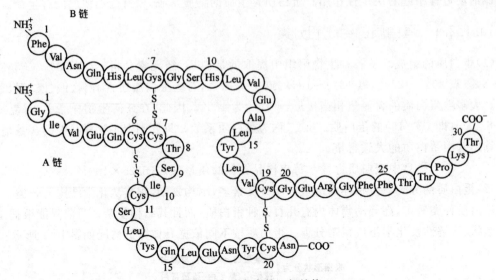

图 10-2　胰岛素的一级结构

（2）蛋白质的二级结构。蛋白质分子中的肽链并非是直线型的，而是卷曲或折叠成一定形状的空间构型，这就是蛋白质的二级结构。蛋白质的二级结构主要有两种形式，一种是 α-螺旋（图 10-3），另一种是 β-折叠（图 10-4）。在二级结构中以氢键维持其稳定性。

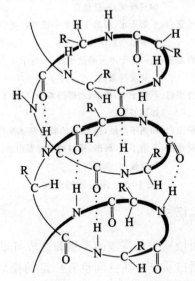

图 10-3　蛋白质二级结构中的 α-螺旋结构图

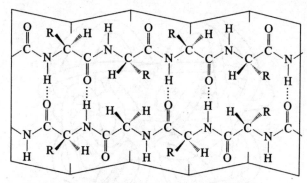

图 10-4　蛋白质二级结构中的 β-折叠结构图

在蛋白质的 α-螺旋结构中，每个螺旋周期包含 3.6 个氨基酸单元，同一多肽链中氮原子上的氢和位于它后面的第 4 个氨基酸羧基氧原子之间形成氢键。这种氢键大致与螺旋轴平行。α-螺旋结构中允许所有肽键上的酰胺氢和羧基氧之间形成链内氢键。氢键越多，α-螺旋结构就越稳定。由于天然氨基酸基本是 L-构型，所以组成的 α-螺旋体一般是较稳定的右手螺旋。

β-折叠结构可分为平行式和反平行式两种类型。若各多肽链的 N-端都处于同一端则为平行式，若各多肽链的 N-端和 C-端在同一端则为反平行式。在 β-折叠结构模型中，蛋白质的多肽链处于高度伸展状态，每条多肽链间借助氢键连成一个大的折叠平面。

(3)蛋白质的三级结构。蛋白质的三级结构是多肽链在二级结构的基础上进一步扭曲折叠形成的复杂空间结构。图 10-5 为肌红蛋白的三级结构示意图。在蛋白质的三级结构中，多肽链借助副键(氢键、酯键、盐键以及疏水键等)构成较为复杂的空间结构。如果蛋白质分子仅由一条多肽链组成，三级结构就是它的最高结构层次。

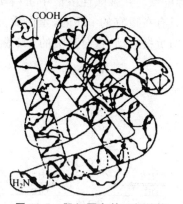

图 10-5　肌红蛋白的三级结构

(4)蛋白质的四级结构。结构复杂的蛋白质是由两条或多条具有三级结构的多肽链(称为亚基)以一定形式聚合成一定空间构型的聚合体，这种空间构象称为蛋白质的四级结构。血红蛋白的四级结构如图 10-6 所示。

图 10-6　血红蛋白的四级结构

蛋白质四级结构与稳定的三级结构的作用力没有本质的区别。亚基的聚合作用包括范德华力、氢键、离子键、疏水键以及亚基间的二硫键等。蛋白质的结构非常复杂。人类虽然对蛋白质的结构有了一定的认识，但对多数蛋白质的复杂结构有待进一步研究。

10.1.2.3　蛋白质的性质

蛋白质分子的多肽链无论多长，总还有游离的氨基和羧基，因此，具有一些与氨基酸相似的性质。但由于蛋白质是高分子化合物，又使其具有某些特性。

（1）两性电离和等电点。蛋白质是由氨基酸组成的，不论肽链多长，在其链的两端总有未结合的氨基和羧基存在。在肽链的侧链中，也存在未结合的氨基和羧基，因此，蛋白质和氨基酸一样，也是两性物质，也具有等电点。在强酸性溶液中蛋白质分子以正离子形式存在，在强碱性溶液中以负离子形式存在，只有在适宜的 pH 时，蛋白质分子才以两性离子的形式存在，在电场中既不向正极移动，也不向负极移动，这时溶液的 pH 称为该蛋白质的等电点。

$$P\!\!-\!\!COOH \quad P\!\!-\!\!NH_2$$

蛋白质负离子　　　　蛋白质两性离子　　　　蛋白质正离子
　pH＞pI　　　　　　　　pH＝pI　　　　　　　　pH＜pI

由于各种蛋白质可解离的基团和数目不同，故 pI 也各不相同。通常来说，含酸性氨基酸较多的酸性蛋白质 pI 约为 2，含碱性氨基酸较多的碱性蛋白质 pI 约为 9，人体组织和体液的 pH 约为 7.4，而人体内多数蛋白质的 pI 接近于 5.0，处于比自身等电点大的 pH 环境中，故蛋白质粒子在人体内主要带负电荷，与体内的 K^+、Na^+、Ca^{2+}、Mg^{2+} 等离子形成盐。蛋白质在等电点时最不稳定，溶解度最小，容易聚集成沉淀析出，这一性质常在蛋白质的分离、提取和纯化时应用。

蛋白质不在等电点时，即以离子的形式存在，在电场中就会产生电泳现象，电泳的速度和方向取决于所带电荷的正负性、数量和分子大小。利用这种差别可通过电泳法将混合蛋白质中的各种蛋白质分离开。

(2)蛋白质的胶体性质。蛋白质是大分子化合物，其分子大小一般在 $1\sim100$ nm，在胶体分散相质点范围，所以蛋白质分散在水中，其水溶液具有胶体溶液的一般特性。例如，具有丁铎尔(Tyndall)现象、布朗(Brown)运动、不能透过半透膜以及较强的吸附作用等。

(3)蛋白质的盐析性质。向蛋白质溶液中加入浓的无机盐(如 $(NH_4)_2SO_4$、Na_2SO_4、$MgSO_4$、$NaCl$)后，蛋白质就从溶液中析出，这种作用称为盐析。盐析主要是破坏蛋白质颗粒周围的双电子层，使小颗粒变成大颗粒而沉淀。

盐析是一个可逆过程，盐析出来的蛋白质还可以再溶于水中，不影响其生理功能和性质。不同的蛋白质进行盐析，需要盐的浓度是不同的，通过改变盐的浓度，可以分离不同的蛋白质。

一些与水混溶的有机溶剂如乙醇、甲醇、丙酮等，对水有很大的亲合力，也能破坏蛋白质分子的水化层，使蛋白质沉淀。一些重金属离子如 Hg^{2+}、Pd^{2+}、Ag^+ 等，能和蛋白质分子的负电荷结合生成不溶性的蛋白盐，从而使蛋白质发生沉淀。用有机溶剂使蛋白质沉淀时，初期是可逆的，用重金属离子处理时为不可逆的。

(4)蛋白质的变性。蛋白质受物理或化学因素影响，分子内部原有的高度规律的空间排列发生变化，致使原有性质部分或全部丧失，称为蛋白质的变性。

使蛋白质变性的因素有光照、受热、遇酸碱、有机溶剂等。蛋白质变性后，溶解度大为降低，从而凝固或析出。Pb^{2+}、Cu^{2+}、Ag^+ 等重金属盐使蛋白质变性，这正是人体重金属中毒的缘由。解毒的方法是大量服用蛋白质，如牛奶、生鸡蛋，然后用催吐剂将凝固的蛋白质重金属盐吐出来。

利用高温和酒精消毒灭菌，就是利用蛋白质的变性使细菌失去生理功能和生物活性。

有些蛋白质当变性作用不超过一定限度时，除去致变因素仍可恢复或部分恢复原有性能，这种变性是可逆的。例如，血红蛋白经酸变性后加碱中和可恢复原输氧性能的 2/3。有些蛋白质的变性是不可逆的，例如，鸡蛋的蛋白热变性后便不能复原。一般认为，蛋白质变性主要是二级结构和三级结构改变，不涉及一级结构。变性蛋白质理化性质的改变最明显的是溶解度降低。

(5)蛋白质的水解。蛋白质可以逐步水解，最后产生 α-氨基酸。蛋白质的水解过程：蛋白质→多肽→小肽→二肽→α-氨基酸。

(6)蛋白质的颜色反应。

①与水合茚三酮反应。与 α-氨基酸一样，蛋白质与水合茚三酮一起加热呈蓝色，该反应可用于纸层析。

②与缩二脲反应。蛋白质与硫酸铜碱性溶液反应，呈紫色。这一反应称为缩二脲反应。

③蛋白黄反应。蛋白质分子中存在有苯环的氨基酸(如苯丙氨酸、酪氨酸、色氨酸)，遇浓硝酸呈黄色。这是由于苯环发生了硝化反应，生成黄色的硝基化合物。皮肤接触浓硝酸变黄就是这个缘故。

④米隆(Millon)反应。在蛋白质溶液中加入米伦试剂(硝酸汞、硝酸亚汞的硝酸溶液)，先

析出沉淀,再加热,沉淀变为砖红色(酪氨酸的反应)。

10.1.3　核酸

核酸存在于一切生物体中。核酸不仅是基本的遗传物质,而且在蛋白质的生物合成上也占重要位置,因而在生长、遗传、变异等一系列重大生命现象中起决定性的作用。

核酸是生物体内的高分子化合物。它包括脱氧核糖核酸(DNA)和核糖核酸(RNA)两大类。DNA 和 RNA 都是由核苷酸之间头尾相连而形成的。

10.1.3.1　核酸的组成

核酸仅由 C、H、O、N、P 五种元素组成,其中 P 的含量变化不大,平均含量为 9.5%,每克磷相当于 10.5 g 的核酸。因此,通过测定核酸的含磷量,即可计算出核酸的大约含量。

$$W_{粗核酸}(\%) = W_P \times 10.5$$

核酸是由单核苷酸连接而成的高分子化合物,而单核苷酸又是由核苷和磷酸结合而成的磷酸酯。核酸在酸、碱或酶的作用下可以水解为核苷酸(单核苷酸)。核苷酸水解后得到磷酸和核苷,核苷最终水解得到戊糖和含氮碱。

$$\text{核酸} \xrightarrow{\text{水解}} \text{核苷酸} \xrightarrow{\text{水解}} \begin{cases} \text{核苷} \xrightarrow{\text{水解}} \begin{cases} \text{戊糖} \\ \text{杂环碱} \end{cases} \\ \text{磷酸} \end{cases}$$

$$\text{(多核苷酸)} \qquad \text{(单核苷酸)}$$

(1)戊糖。组成核酸的戊糖有 D-(一)-核糖和 D-(一)-2-脱氧核糖两种,在核酸分子中都以 D-呋喃型的环式结构存在。RNA 中含 β-D-(一)-核糖,DNA 中含 β-D-(一)-2-脱氧核糖。RNA 与 DNA 是以其所含的戊糖不同而区分的。

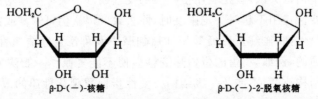

β-D-(一)-核糖　　　　β-D-(一)-2-脱氧核糖

(2)碱基。核酸中碱基可分为嘧啶碱和嘌呤碱。RNA 中的碱基为 A、G、C、U,DNA 中的碱基为 A、G、C、T。

核酸分子中所含的嘧啶碱都是嘧啶的衍生物,主要有胞嘧啶(2-氧-4-氨基嘧啶,以 C 表示),尿嘧啶(2,4-二氧嘧啶,以 U 表示),胸腺嘧啶(5-甲基-2,4-二氧嘧啶,以 T 表示),共三种。胞嘧啶存在于所有的核酸中,尿嘧啶只存在于 RNA 中,胸腺嘧啶存在于 DNA 中。

组成核酸的嘌呤碱主要有腺嘌呤(6-氨基嘌呤,以 A 表示)和鸟嘌呤(2-氨基-6 羟基嘌呤,以 G 表示)两种。两种嘌呤碱在 RNA 和 DNA 中都存在。

嘧啶

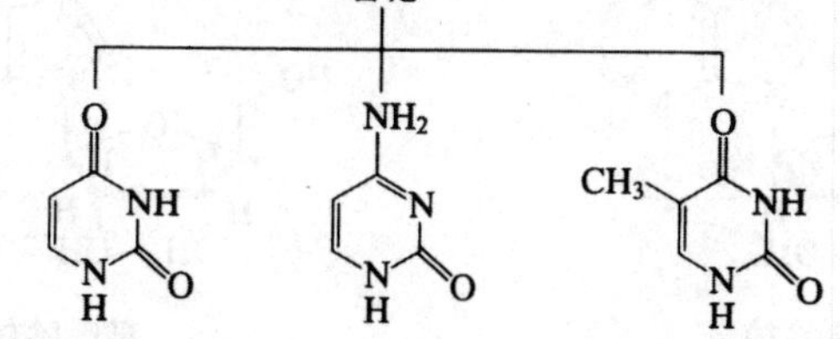

尿嘧啶(U)　　　胞嘧啶(C)　　　胸腺嘧啶(T)

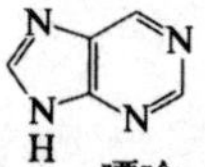

嘌呤

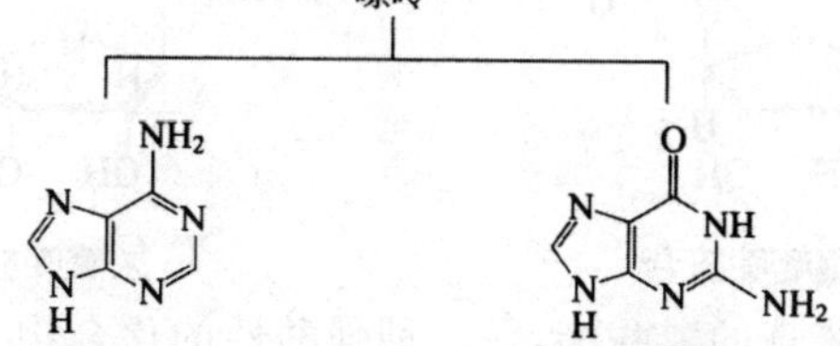

腺嘌呤(A)　　　　　　　鸟嘌呤(G)

(3)磷酸。磷酸分子中含有三个羟基,其中一个与戊糖碳 $5'$ 缩水成酯键形成核苷酸,第二个羟基或与第二个磷酸相连,或与其他原子成键。

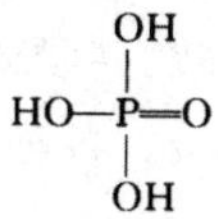

磷酸

(4)核苷。核苷由核糖或脱氧核糖与杂环碱组成。X 射线分析证实:核苷的形成是由核糖或脱氧核糖 $1'$ 位上的羟基与嘌呤环上 9 位或嘧啶环上 1 位氮原子上的氢失水而形成的。DNA 的核苷由脱氧核糖分别与腺嘌呤、鸟嘌呤、胞嘧啶和胸腺嘧啶组成。

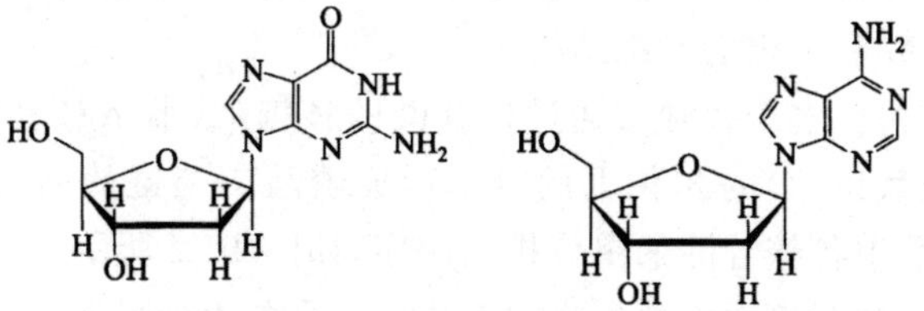

鸟嘌呤脱氧核苷　　　　　　　腺嘌呤脱氧核苷

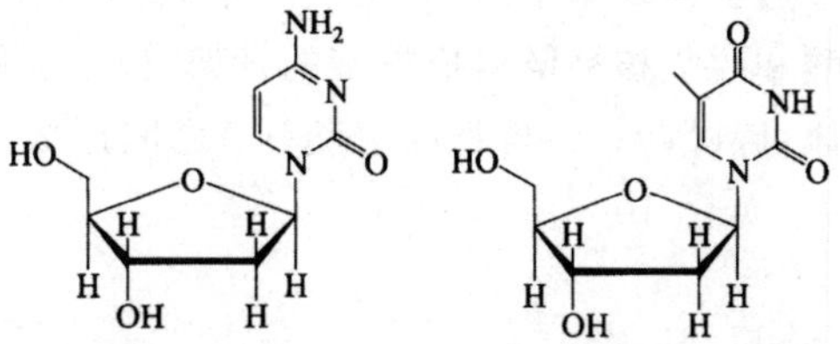

胞嘧啶脱氧核苷　　　　　　　胸腺嘧啶脱氧核苷

RNA 的核苷由核糖分别与腺嘌呤、鸟嘌呤、胞嘧啶和尿嘧啶组成。

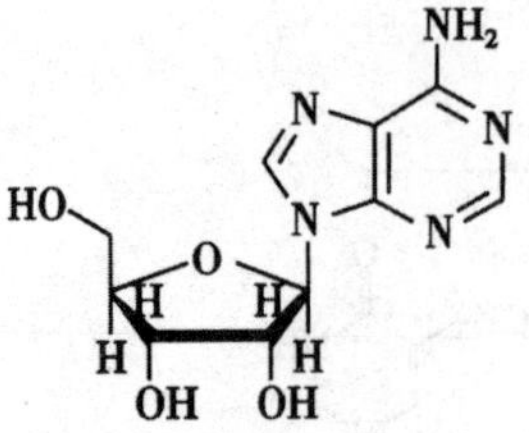

腺嘌呤核苷 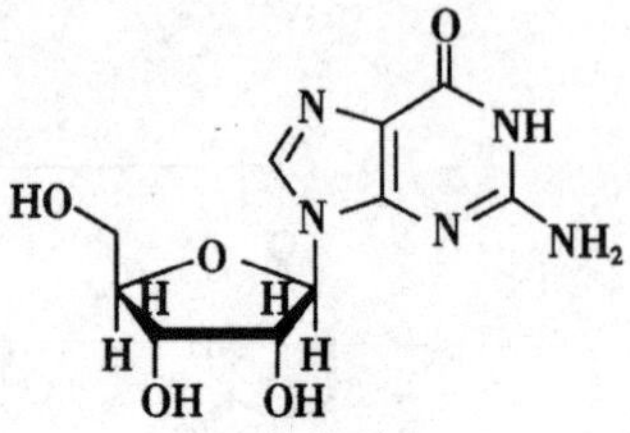   **鸟嘌呤核苷**

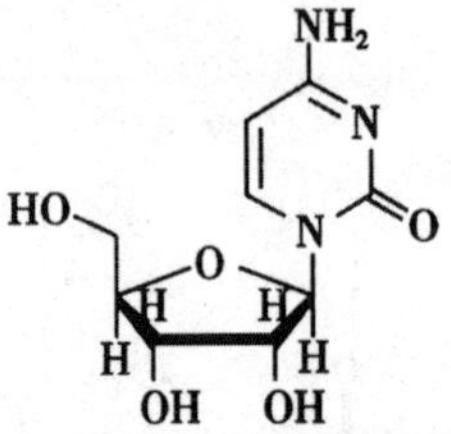

胞嘧啶核苷 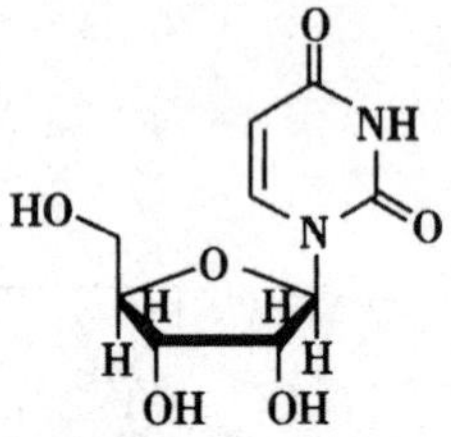   **尿嘧啶核苷**

(5)核苷酸。核苷酸是核苷的磷酸酯,是一种强酸性的化合物,它是组成核酸的基本单位,所以也称为单核苷酸,而把核酸称为多核苷酸。核苷酸根据所含戊糖不同,分为核糖核苷酸和脱氧核糖核苷酸。核苷酸的分子中,磷酸主要结合在戊糖的 $3'$ 和 $5'$ 位上。

由于 RNA 与 DNA 所含的嘌呤碱与嘧啶碱各有两种,所以各有四种相应的核苷酸:腺嘌呤核苷酸、腺嘌呤脱氧核苷酸、鸟嘌呤核苷酸、鸟嘌呤脱氧核苷酸、胞嘧啶核苷酸、胞嘧啶脱氧核苷酸、尿嘧啶核苷酸、胸腺嘧啶脱氧核苷酸。各种核苷酸之间通过磷酸酯键相互连接起来的高分子就是核酸。

10.1.3.2 核酸的结构

组成核酸的基本单位是核苷酸,存在于 DNA 和 RNA 中的常见核苷酸虽各有四种,但是由于 DNA 和 RNA 皆为高分子化合物,因而分子中的核苷酸的数目可高达几万个,而且都按一定的顺序连接而成,并有一定的三维结构。

(1)核酸的一级结构。多个核苷酸通过核苷酸的核糖(或脱氧核糖)$5'$ 位上的磷酸与另一个核苷酸的核糖(或脱氧核糖)的 $3'$ 位上的羟基形成磷酸二酯键的高分子化合物叫核酸。核酸的一级结构是指核酸中各核苷酸的单位排列次序,如图 10-7 所示。

(2)DNA 的二级结构。绝大多数生物的 DNA 分子均是双螺旋结构。该结构是由两条平行但方向相反的脱氧多核苷酸链经碱基配对,并围绕一个共同的轴相互盘绕而成。双螺旋又称为右手螺旋。分子中磷酸和脱氧核糖链组成螺旋的骨架,位于螺旋的外侧,而配对碱基在螺旋的内侧。碱基的配对规律:腺嘌呤(A)与胸腺嘧啶(T)之间形成两个氢键,鸟嘌呤(G)与胞嘧啶(C)之间形成三个氢键。如图 10-8 所示。

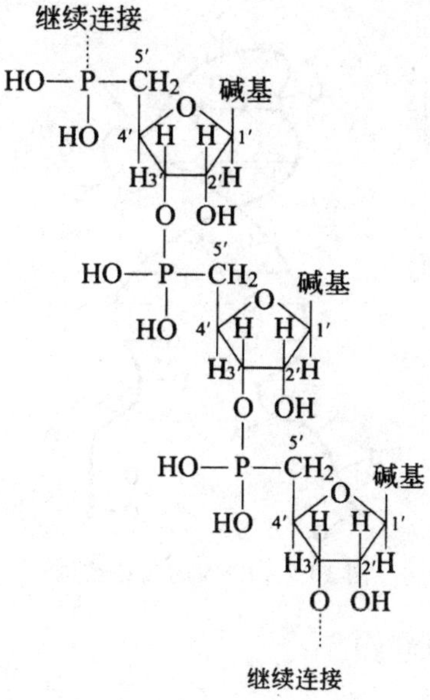

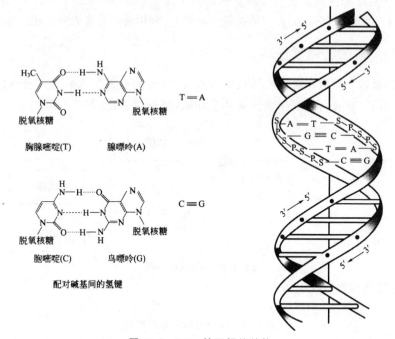

图 10-7　核酸的一级结构

图 10-8　DNA 的双螺旋结构

（3）RNA 的二级结构。与 DNA 分子不同,大多数 RNA 分子是一条多核苷酸单链。该单链局部可回折,同时在回折区域内进行碱基配对。其配对规律是:腺嘌呤(A)与尿嘧啶(U)配对,鸟嘌呤(G)与胞嘧啶(C)配对而形成氢键。从而在局部构成如 DNA 那样的双螺旋区,不能配对的碱基则形成空环被排斥在双螺旋区之外,如图 10-9 所示,图中 X 表示螺旋的环状突起。

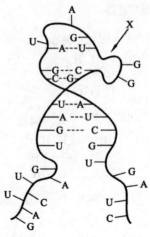

图 10-9　RNA 的二级结构

10.1.3.3　核酸的物理性质

DNA 为白色纤维状物质，RNA 为白色粉状物质。它们都微溶于水，水溶液显酸性，具有一定的黏度及胶体溶液的性质。它们可溶于稀碱和中性盐溶液，易溶于 2-甲氧基乙醇，难溶于乙醇、乙醚等溶剂。核酸在 260 nm 左右都有最大吸收，可利用紫外分光光度法进行定量测定。

10.1.3.4　核酸的化学性质

(1)核酸的水解。核酸用稀酸或稀碱进行水解，首先发生部分水解生产核苷酸，进一步再水解成磷酸和核苷，核苷再水解生成戊糖和杂环碱(碱基)。如图 10-10 所示。

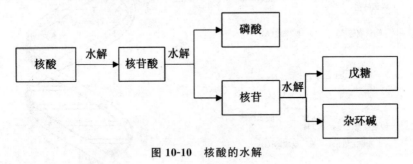

图 10-10　核酸的水解

核酸水解的终产物见表 10-1。

表 10-1　核酸水解的最终产物

水解产物类别	RNA	DNA
酸	磷酸	磷酸
戊糖	D-核糖	D-2-脱氧核糖
嘌呤碱	腺嘌呤,鸟嘌呤	腺嘌呤,鸟嘌呤
嘧啶碱	胞嘧啶,尿嘧啶	胞嘧啶,胸腺嘧啶

（2）核酸的酸碱性。核酸和核苷酸既有磷酸基团，又有碱性基团，为两性电解质，因磷酸的酸性强，通常表现为酸性。核酸可被酸、碱或酶水解成为各种组分，其水解程度因水解条件而异。RNA 在室温条件下被稀碱水解成核苷酸，而 DNA 对碱较稳定，常利用该性质测定 RNA 的碱基组成或除去溶液中的 RNA 杂质。

（3）核酸的变性。核酸的变性是指核酸双螺旋区的氢键断裂，碱基有规律的堆积被破坏，双螺旋松散，发生从螺旋到单链线团的转变，并分离成两条缠绕的无定形的多核苷酸单链的过程。变性主要是由二级结构的改变引起的，因不涉及共价键的断裂，故一级结构并不发生破坏。能够引起核酸变性的因素很多，例如，加热、加入酸或碱、加入乙醇或丙酮等有机溶剂以及加入尿素、酰胺等化学试剂都能引起核酸变性。

（4）核酸的复性。核酸的复性是指 DNA 在适当条件下，又可使两条彼此分开的链重新缔合成为双螺旋结构的过程。DNA 复性后，许多物理、化学性质又得到恢复，生物活性也可以得到部分恢复。DNA 的片段越大，复性越慢；DNA 的浓度越高，复性越快。

DNA 或 RNA 变性或降解时，其紫外吸收值增加，这种现象叫做增色效应。与增色效应相反的现象称为减色效应，变性核酸复性时则发生减色效应。它们是由堆积碱基的电子间相互作用的变化引起的。

（5）核酸的颜色反应。核酸的颜色反应主要是由核酸中的磷酸及戊糖所致。

核酸在强酸中加热水解有磷酸生成，能与钼酸铵（在有还原剂如抗坏血酸等存在时）作用，生成蓝色的钼蓝，在 660 nm 处有最大吸收。这是分光光度法通过测定磷的含量，粗略推算核酸含量的依据。

RNA 与盐酸共热，水解生成的戊糖转变成糠醛，在三氯化铁催化下，与苔黑酚（5-甲基-1，3-苯二酚）反应生成绿色物质，产物在 670 nm 处有最大吸收。DNA 在酸性溶液中水解得到脱氧核糖并转变为 ω-羟基-γ-酮戊酸，与二苯胺共热，生成蓝色化合物，在 595 nm 处有最大吸收。因此，可用分光光度法定量测定 RNA 和 DNA。

10.2　萜类和甾体化合物

10.2.1　萜类化合物

萜类化合物是异戊二烯的低聚物以及它们的氢化物和含氧衍生物的总称。萜类化合物多数是不溶于水、易挥发、具有香气的油状物质，有一定的生理及药理活性，如祛痰、止咳、祛风、发汗、驱虫或镇痛等作用，可用于香料和医药工业。

10.2.1.1　萜类化合物的分类和命名

（1）萜类化合物的分类。萜类化合物中异戊二烯单位可相连成链状化合物，也可连成环状化合物。根据组成分子的异戊二烯单位的数目可将萜分成几类，见表 10-2。

表 10-2 萜的分类

类别	异戊二烯单位	碳原子数	举例
单萜	2	10	蒎烯、柠檬醛
倍半萜	3	15	金合欢醇
二萜	4	20	维生素 A、松香酸
三萜	6	30	角鲨烯、甘草次酸
四萜	8	40	胡萝卜素、色素
多萜或复萜	>8	>40	—

（2）萜类化合物的命名。我国一般按英文俗名意译，再根据结构特点接上"烷""烯""醇"等命名；或是根据来源用俗名，如薄荷醇、樟脑等。

萜类化合物的命名也可用系统命名法。例如，罗勒烯、龙脑。

罗勒烯　　　　　　　　　**龙脑**

罗勒烯是从罗勒叶中提取得到的，又因分子中含有碳碳双键，所以根据来源叫作罗勒烯。罗勒烯用系统命名法命名为 3,7-二甲基-1,3,6-辛三烯。

龙脑得自于龙脑香树的树干空洞内的渗出物，根据来源叫作龙脑。龙脑用系统命名法命名为 1,7,7-三甲基二环[2.2.1]-2-庚醇。

10.2.1.2　萜类化合物的结构

萜类化合物的结构特征可看作是由两个或两个以上异戊二烯单位首尾相连或互相聚合而成，这种结构特点称"异戊二烯规律"。所以萜类化合物分子中碳原子数为 5 的整数倍。山道年、松香酸可分别看作是由三个和四个异戊二烯单位连接而成的。

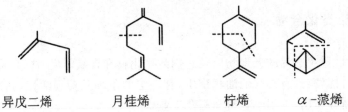

异戊二烯　　　　**月桂烯**　　　　**柠烯**　　　α-蒎烯

少数天然产物虽是萜类，但它们的碳原子数并不是 5 的倍数，如茯苓酸为 31 碳萜。有的碳原子数是 5 的倍数，却不能分割为异戊二烯的碳架，如䓛烷。反之，有些化合物虽然是异戊二烯的高聚物，但不属于萜类化合物，如天然橡胶。由此可见，萜类化合物只能看作由若干个异戊二烯连接而成的，而实际上并不能通过异戊二烯聚合而得。放射性核素追踪的生物合成实验已证明，在生物体内形成萜类化合物真正的前体是甲戊二羟酸。

薄荷醇　　　　　　　　山道年　　　　　　　　松香酸

$$HOOC-CH_2-\underset{\underset{OH}{|}}{\overset{\overset{CH_3}{|}}{C}}-CH_2-CH_2-OH$$

甲戊二羟酸

　　而甲戊二羟酸在生物体内是由醋酸合成的,醋酸在生物体内可以作为合成许多有重要生理作用的化合物的起始物质,例如,维生素 A、维生素 D、胡萝卜素、性激素、前列腺素和油脂等。将含有放射性核素 ^{14}C 的 $^{14}CH_3COOH$ 注入桉树中,结果在桉树生成的香茅醛分子中存在 ^{14}C。把 $^{14}CH_3COOH$ 注入动物体,所得油脂中的软脂酸也含有 ^{14}C。所以把这些来源于醋酸的化合物称为醋源化合物。油脂、萜类和甾体化合物都是醋源化合物。

10.2.1.3　重要的萜类化合物

　　(1)单萜类化合物。它由两个异戊二烯单元构成。根据单萜分子中碳环的数目不同,分为链状单萜、单环单萜和双环单萜。

　　①链状单萜类化合物。它是由两个异戊二烯单位聚合而成的开链化合物。许多链状单萜类化合物都是香精油的主要成分。如柠檬油中的柠檬醛,月桂子油中的月桂烯,玫瑰油中的香叶醇等。它们都可以用来制备香料,如香叶醇具有显著的玫瑰香气,在香茅中约含 60%,在玫瑰油中约含 50%。柠檬醛是合成维生素 A 的重要原料。柠檬醛是 α-柠檬醛和 β-柠檬醛的混合物,其中 α-柠檬醛约占 90%,为 E 构型。香叶醇具有 E 构型,其 Z 构型的橙花醇是它的异构体,存在于橙花油中。香茅醇分子中因有一个手性碳原子,所以具有一对对映异构体。

　　链状单萜类化合物中分子内部多数含有碳碳双键或手性碳原子,因此它们大都存在 Z、E 异构体或对映异构体。

　　②单环单萜类化合物。其结构中有一个六元碳环,它们的母体是萜烷。单环单萜种类较多,其中比较重要的代表物为薄荷醇。薄荷醇为 3-萜醇,又称为薄荷脑,是萜烷的含氧衍生物,存在于薄荷油中。薄荷醇为无色针状或柱状结晶,熔点为 42~44 ℃,沸点 216 ℃。难溶于水,易溶于乙醇、乙醚、氯仿、石油醚等有机溶剂。具有发汗解热、杀菌、驱风、局部止痛作用,是清凉油、仁丹等药品中的主要成分。

　　③双环单萜类化合物。它是两个异戊二烯单位连接而成的一个六元环并桥合而成的三至五元环的桥环化合物。它们的母体主要是莳、蒈、莰、蒎、蒽。这五种母体本身并不存在于自然界,但它们的某些不饱和衍生物和含氧衍生物则广泛存在于植物中,其中蒎烷和莰烷的衍生物与药学关系比较密切。

　　蒎烯是蒎烷型的不饱和化合物,含有一个不饱和双键,按双键位置的不同,有 α-蒎烯和 β-蒎烯两种异构体。这两种异构体均存在于松节油中,但以 α-蒎烯为主要成分,占松节油含量

的 $70\%\sim80\%$。松节油具有局部止痛作用,可作外用止痛药。α-蒎烯的沸点 $155\sim156\ ℃$,是合成龙脑、樟脑等的重要原料。

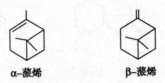

α-蒎烯   β-蒎烯

    龙脑又称为冰片,为透明六角形片状结晶,熔点 $206\sim208\ ℃$,气味似薄荷,不溶于水,而易溶于醇、醚、氯仿及甲苯等有机溶剂。龙脑具有开窍散热、发汗、镇痉、止痛等作用,外用有消肿止痛的功效。另外,龙脑还是一种重要的中药,是人丹、冰硼散、六神丸等药物的主要成分之一。

龙脑

    樟脑的化学名为 2-莰酮(α-莰酮),是莰烷的含氧衍生物。樟脑是最重要的萜酮之一,主要存在于樟树的挥发油中。从樟树中得到的樟脑为右旋体,人工合成品为外消旋体。樟脑为无色结晶,熔点为 $179\ ℃$,易升华,有香味,难溶于水,易溶于有机溶剂。樟脑是呼吸及循环系统的兴奋剂,在医药上主要作刺激剂和强心剂。但其水溶性低,使用上因此受到一定限制。可在其分子中引入亲水性基团,从而有效增加它的水溶性,制成供皮下、肌肉或静脉注射剂。

    樟脑是重要的医药工业原料,我国的天然樟脑产量占世界第一位。樟脑的气味有驱虫的作用,可用作衣物的防虫剂。

    (2)倍半萜类化合物。倍半萜是由三个异戊二烯单位连接而构成的,它也有链状和环状之分,如没药醇、α-香附酮、金合欢醇、山道年等均属于倍半萜。

    ①杜鹃酮。又称为牻牛儿酮,存在于满山红的挥发油中。它具有祛痰镇咳作用,常用于治疗急、慢性支气管炎等疾病。

杜鹃酮

    ②愈创木薁。其存在于满山红或桉叶等挥发油中,具有消炎、促进烫伤或灼伤创面愈合及防止辐射热等功效,是国内烫伤膏的主要成分。

愈创木薁

③金合欢醇。又称法尼醇，为无色黏稠液体，存在于玫瑰油、茉莉油、金合欢油及橙花油中，是一种珍贵的香料，用于配制高级香精。在药物方面，金合欢醇可抑制昆虫的变态和性成熟活性，其十万分之一浓度的水溶液即可阻止蚊的成虫出现，对虱子也有致死作用。

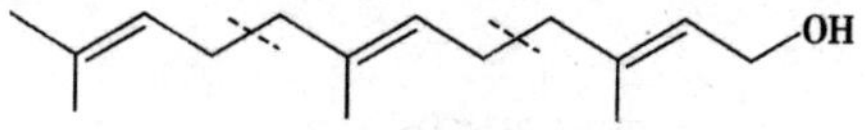

金合欢醇

④山道年。它是由山道年花蕾中提取出的无色结晶，熔点为170 ℃，不溶于水，易溶于有机溶剂。过去是医药上常用的驱蛔虫药，其作用是使蛔虫麻痹而被排出体外，但对人也有相当的毒性。

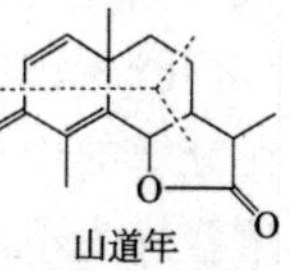

山道年

(3)二萜类化合物。二萜是由四个异戊二烯单位连接而成的萜类化合物。

①植物醇。又称为叶绿醇，为链状二萜的含氧衍生物，是叶绿素的一个组成部分，广泛分布于植物中。植物醇用碱水解叶绿素得到，是合成维生素K及维生素E的原料。

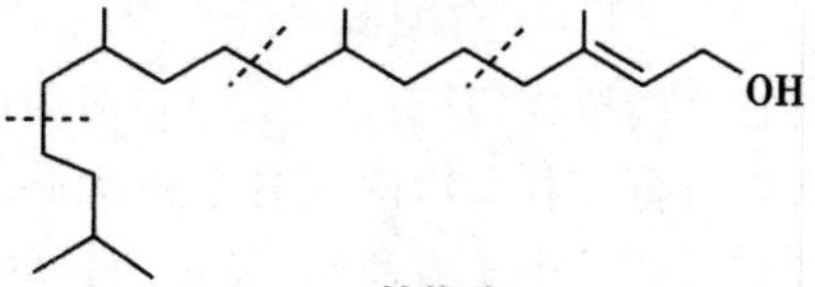

植物醇

②维生素A。它是单环的二萜醇，有5个双键，均为反式构型。维生素A为淡黄色晶体，熔点为62～64 ℃，存在于奶油、蛋黄、鱼肝油及动物的肝中。它不溶于水，易溶于有机溶剂，受紫外光照射后则失去活性。维生素A为哺乳动物正常生长和发育所必需的物质，体内缺乏会导致发育不健全，并能引起眼膜和眼角膜硬化症，初期的症状就是夜盲症。

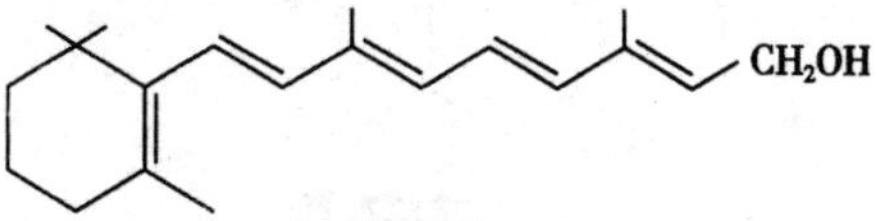

维生素A

③松香酸。它是松香的主要成分，是造纸、涂料、塑料和制药工业的原料。其盐有乳化作用，可作肥皂的增泡剂。

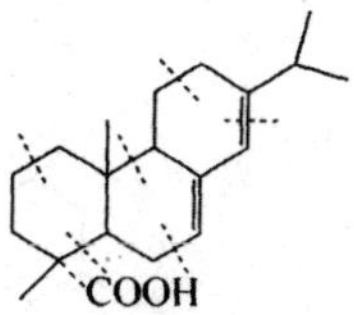

松香酸

④穿心莲内酯。它是穿心莲(又称为榄核莲、一见喜)中抗炎作用的主要活性成分，临床上用于治疗急性菌痢、胃肠炎、咽喉炎、感冒发热等，疗效显著。

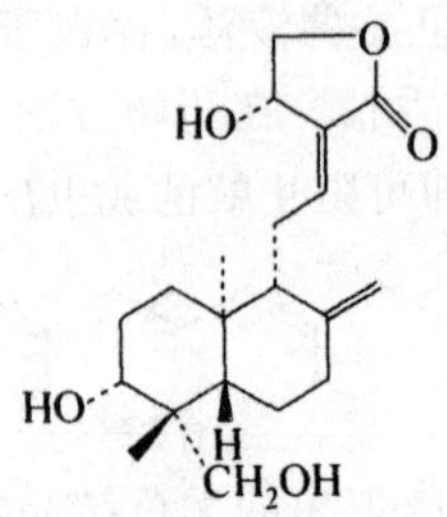

穿心莲内酯

（4）三萜类化合物。三萜是由六个异戊二烯单位连接而成的化合物，如角鲨烯、甘草次酸和齐墩果酸等。在中药中分布很广，多数是含氧的衍生物并结合为酯类或苷类存在。

①角鲨烯。又称鱼肝油烯，存在于鲨鱼肝油及其他鱼类鱼肝油中的不皂化部分，在茶油、橄榄油中也含有。角鲨烯的结构特点是在分子的中心处两个异戊二烯尾尾相连，可以看作是由两分子金合欢醇焦磷酸酯缩合而成。角鲨烯为不溶于水的油状液体，是杀菌剂，其饱和物可用作皮肤润滑剂。它又是合成羊毛甾醇的前体。

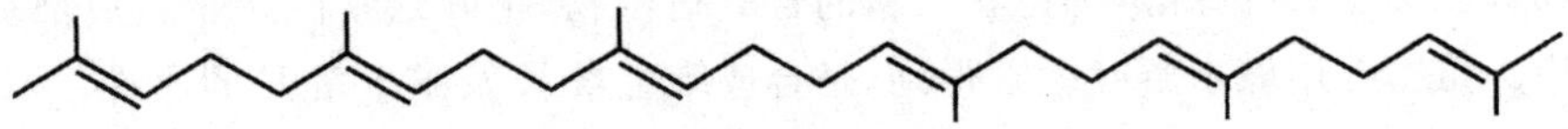

角鲨烯

②甘草次酸。甘草为豆科甘草属植物，具有缓急、调和诸药的作用，为常用中药。甘草酸及其苷元甘草次酸为其主要有效成分。甘草次酸在甘草中除游离存在外，主要是与两分子葡萄糖醛酸结合成甘草酸或称甘草皂苷。由于有甜味，又称为甘草甜素。

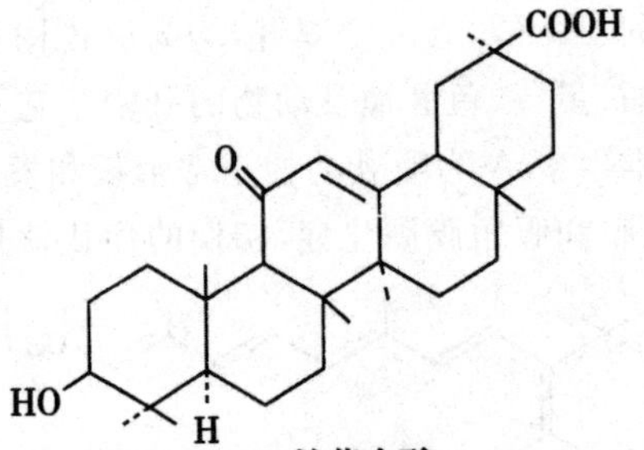

甘草次酸

③齐墩果酸。它是由木本植物油橄榄（又称为齐墩果）的叶中分离得到的。另外，在中药人参、牛膝、山楂、山茱萸等中都含有该化合物，经动物试验证明其具有降低转氨酶作用，对四氯化碳引起的大鼠急性肝损伤有明显的保护作用，可用于治疗急性黄疸型肝炎，对慢性肝炎也有一定的疗效。

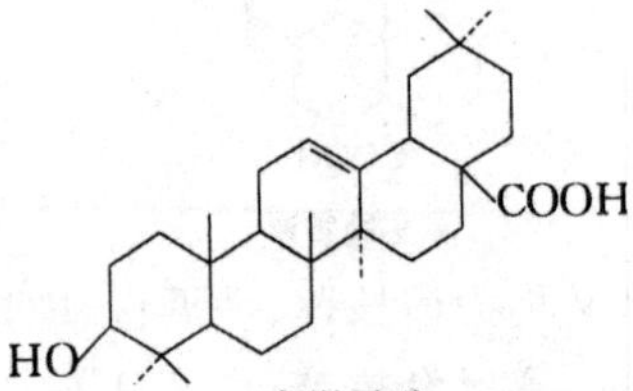

齐墩果酸

(5)四萜类化合物。四萜是由八个异戊二烯单位连接而构成的,存在于植物色素中。四萜类化合物的分子中都含有一个较长的碳碳双键共轭体系,四萜都是有颜色的物质,因此也常把四萜称为多烯色素。最早发现的四萜多烯色素是从胡萝卜素中来的,后来又发现很多结构与此相类似的色素,所以通常把四萜称为胡萝卜类色素。

①胡萝卜类素。它广泛存在于植物和动物的脂肪中,其中大多数化合物为四萜。β-胡萝卜素的熔点为 184 ℃,是黄色素,可作食品色素用,位于多烯碳链中间的烯键很容易断裂,在动物和人体内经酶催化可氧化裂解成两分子维生素 A,所以称之为维生素 A 原。

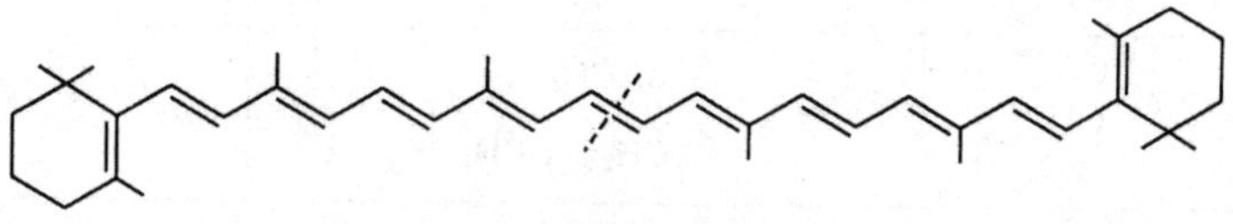

β-胡萝卜素

②蕃茄红素。它是胡萝卜素的异构体,是开链萜,存在于番茄、西瓜、柿子等水果中,为洋红色结晶,可作食品色素用。蕃茄红素在生物体内可以合成各种胡萝卜素。

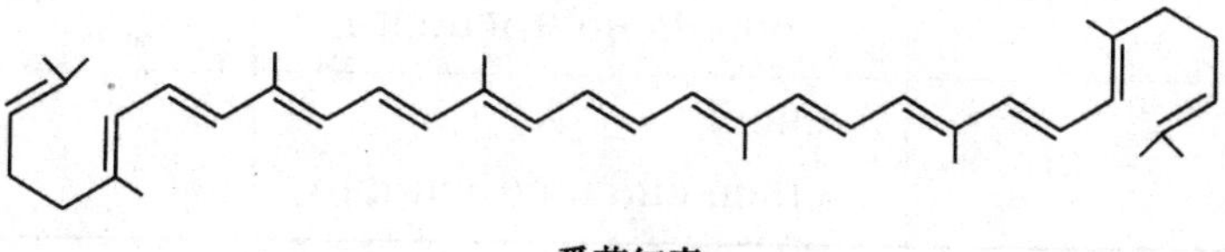

番茄红素

③叶黄素。它是存在于植物体内的一种黄色的色素,与叶绿素共存,只有在秋天叶绿素破坏后,方显其黄色。

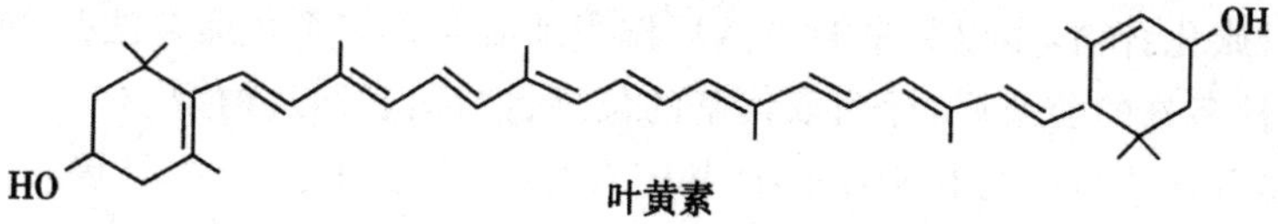

叶黄素

10.2.2 甾族化合物

甾体化合物广泛存在于动植物体内,是一类重要天然物质,在动植物生命活动中起着极其重要的调节作用,它们与医药有着密切的关系。

10.2.2.1 甾族化合物的分类

甾族化合物的种类繁多,按其基本碳架结构可分为以下几类(表 10-3)。也可以根据其天然来源和生理作用并结合结构分为甾醇类、胆甾酸类、甾族激素类、甾族皂素类、强心苷类与蟾毒等。

表 10-3　甾族化合物的分类

R^1	R^2	R^3	名称
—H	—H	—H	甾烷
—H	—CH_3	—H	雌甾烷
—CH_3	—CH_3	—H	雄甾烷
—CH_3	—CH_3	—CH_2CH_3	孕甾烷
—CH_3	—CH_3	—CHCH₃ 　| $CH_2CH_2CH_3$	胆烷
—CH_3	—CH_3	—CHCH₃ 　| $CH_2CH_2CH_2CH(CH_3)_2$	胆甾烷
—CH_3	—CH_3	—CHCH₃ 　| $CH_2CH_2CH(CH_3)CH(CH_3)_2$	麦角甾烷
—CH_3	—CH_3	—CHCH₃ 　| $CH_2CH_2CH(CH_2CH_3)CH(CH_3)_2$	豆甾烷

10.2.2.2　甾族化合物的命名

自然界的甾族化合物,多以其来源或生理作用来命名。其系统命名法是:首先确定母核的名称,然后在母核名称的前或后,标明取代基的位置、数目、名称及构型。

甾体化合物母核的名称与其所连的 R 基团有关,其关系如表 10-3 所示。

选定甾体母核的名称后,根据以下规则对甾体化合物进行命名。

(1)母核中含有碳碳双键时,将"烷"改为相应的"烯""二烯""三烯"等,并标明其位置。

(2)官能团或取代基的名称、位置及构型放在母核名称前。若是用作母体的官能团,则放在母核名称后。

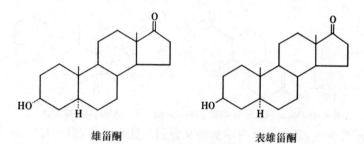

3α,7α,12α-三羟基-5β-胆烷-24-酸(胆酸)　　　胆甾-5-烯-3β-醇(胆甾醇)

（3）对于差向异构体，可以在习惯名称前加"表"字。

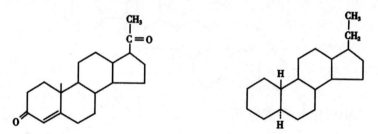

雄甾酮　　　　　　　　　　表雄甾酮

（4）在角甲基去除时，可加词首"Nor-"，译称"去甲基"，并在其前标明失去甲基的位置。如果同时失去两个角甲基，可用 18,19-Dinor 表示，译称 18,19-双去甲基。

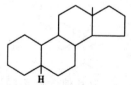

18-去甲基-孕甾-4-烯-3,20-二酮　　18,19-双去甲基-5α-孕甾烷

（5）词首"去甲基"的采用，可能会使某些甾体化合物出现同物异名的现象。

19-去甲基-5β-雄甾烷或称5β-二雄甾烷

（6）当母核的碳环扩大或缩小时，分别用词首"增碳"或"失碳"来表示，若同时扩增或缩减两个碳原子就用词首"增双碳"或"失双碳"来表示，并在其前注明在何环改变。

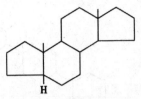

A-Nor-5β-雄甾烷

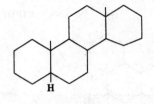

D-Homo-5β-雄甾烷

(7)对于含增碳环的甾体化合物,编号顺序不变,只在增碳环最高编号数后加 a、b、c 等以表示与另一环的连接处的编号。而对含失碳环的甾体化合物,仅失碳环的最高编号被删去。

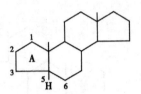

3-羟基-D-Dihomo-1,3,5(10)-雌甾三烯-17b-酮   A-Nor-5β-雄甾烷

(8)母核碳环开裂时,且开裂处两端的碳又分别与氢相连者,用词首"Seco"表示,并在其前注明开环的位置。

10.2.2.3　甾族化合物的结构

甾体化合物分子中,都含有一个叫甾核的四环碳骨架,即具有环戊烷多氢菲(也称为甾烷)的基本骨架结构,环上一般带有三个侧链,其通式如下:

R^1、R^2 一般为甲基,称为角甲基,R^3 为其他含有不同碳原子数的取代基。"甾"是个象形字,是根据这个结构而来的,"田"表示四个环,"巛"表示三个侧链。许多甾体化合物除这三个侧链外,甾核上还有双键、羟基和其他取代基。四个环用 A、B、C、D 编号,碳原子也按固定顺序用阿拉伯数字编号。

存在于自然界的甾族化合物,其分子中的 B、C 环及 C、D 环之间一般是以反式稠合的,而 A、B 两环存在顺反两种构型,这两种构型可表示如下:

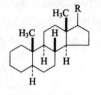

(Ⅰ)AB环顺式稠合　　　　　　(Ⅱ)所有环反式稠合

其中,粗实线表示基团在环面的上方,虚线表示基团在环面的下方。在构型(Ⅰ)中,C_5 上的氢原子与 C_{10} 上的角甲基在环的同侧,称为 5β-系(也叫作正系),属于 β-型;在构型(Ⅱ)中,C_5 上的氢原子与 C_{10} 上的角甲基在环的异侧,称为 5α-系(也叫作别系),属于 α-型。如果甾环 C_5 处有双键存在,就无 5β-系和 5α-系之分。同理,当甾族化合物环上所连的取代基与角甲基在环平面同侧时,用粗实线或实线表示,属于 β-型;与角甲基不在环平面同侧时则用虚线表示,属于 α-型。

二氢胆甾醇(3β-羟基)　　　　　胆酸(3α,7α,12α-三羟基)

5α-系和 5β-系甾族化合物的构象式表示如下:

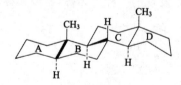

5α-系甾族化合物　　　　　　　　5β-系甾族化合物

从两个构象式可以看出,5α-系甾族化合物的 A/B、B/C、C/D 环都是 ee 稠合,5β-系甾族化合物的 A/B 环为 ae 稠合,B/C、C/D 环是 ee 稠合。正如环己烷衍生物一样,取代基在 e 键比在 a 键上稳定。

10.2.2.4　重要的甾族化合物

(1)胆甾酸。胆酸属于 5β 型甾族化合物,主要存在于动物胆汁中,并且分子结构中含有羧基,故它们总称为胆甾酸。胆甾酸在人体内可以以胆固醇为原料直接生物合成。至今发现的胆甾酸已有 100 多种,其中人体内重要的是胆酸和脱氧胆酸。

胆酸　　　　　　　　　　　脱氧胆酸

在胆汁中,胆甾酸分别与甘氨酸或牛磺酸($H_2NCH_2CH_2SO_3H$)通过酰胺键结合形成各种结合胆甾酸,如脱氧胆酸与甘氨酸或牛磺酸分别生成甘氨脱氧胆酸和牛磺脱氧胆酸。其形成的盐分子内部既含有亲水性的羟基和羧基(或磺酸基),又含有疏水性的甾环,这种分子结构能够降低油、水两相之间的表面张力,具有乳化剂的作用,利于脂类的消化吸收。

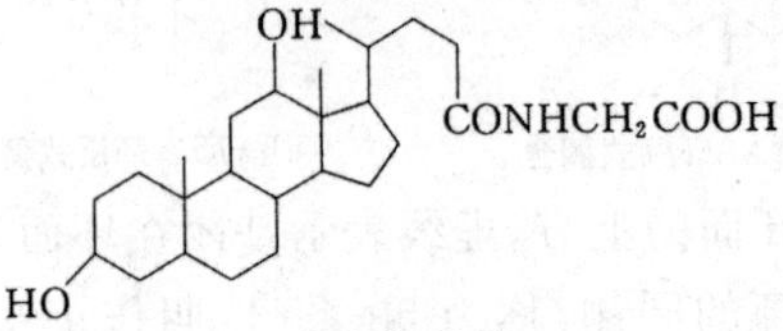

甘氨脱氧胆酸

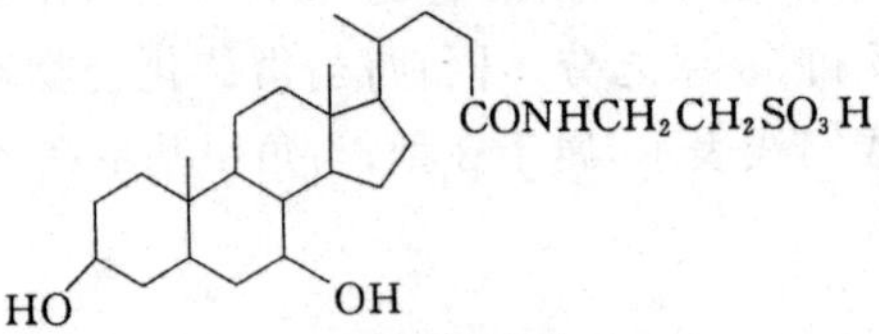

牛磺脱氧胆酸

在人体及动物小肠的碱性条件下,胆汁酸以其盐的形式存在,称为胆汁酸盐。胆汁酸盐分子内部既含有亲水性的羟基和羧基,又含有疏水性的甾环,这种分子结构能够降低油/水两相之间的表面张力,具有乳化剂的作用,使脂肪及胆固醇酯等疏水的脂质乳化呈细小微粒状态,增加消化酶对脂质的接触面积,使脂类易于消化吸收。

(2)甾醇类。它又分为胆甾醇、麦角甾醇、7-脱氢胆甾醇等。其中胆甾醇是最早发现的一个甾体化合物,是一种动物甾醇,最初是在胆结石中发现的一种固体醇,所以亦称为胆固醇。

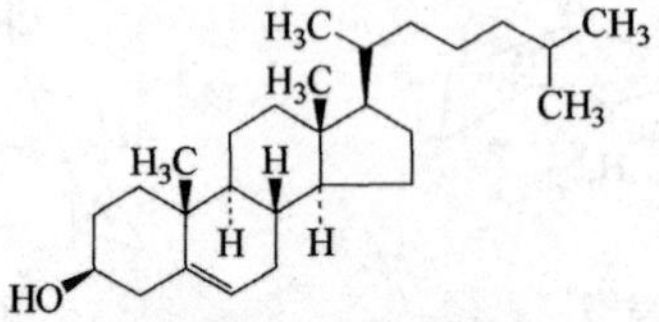

5-胆甾烯-3β-醇(胆甾醇)

胆甾醇存在于人及动物的血液、脂肪、脑髓及神经等组织中,为无色或略带黄色的结晶,熔点 148.5 ℃,在高真空度下可升华,微溶于水,溶于乙醇、乙醚、氯仿等有机溶剂。人体中胆固醇含量过高是有害的,它可以引起胆结石、动脉硬化等症。

胆固醇分子中有一个碳碳双键,它可以和一分子溴或溴化氢发生加成反应,也可以催化加氢生成二氢胆固醇。胆固醇分子中的羟基可酰化形成酯,也可与糖的半缩醛羟基生成苷。溶解在氯仿中的胆固醇与乙酸酐/浓硫酸试剂作用,颜色由浅红变蓝紫,最后转为绿色,此反应称为李伯曼-布查反应,常用于胆固醇定性、定量分析。

(3)甾族激素。它根据来源分为肾上腺皮质激素和性激素两类。肾上腺皮质激素是哺乳动物肾上腺皮质分泌的激素,皮质激素的重要功能是维持体液的电解质平衡和控制碳水化合物的代谢。动物缺乏它会引起机能失常以至死亡。皮质醇、可的松、皮质甾酮等皆此类中重要的激素。性激素分为雄性激素和雌性激素两大类,两类性激素都有很多种,它们是决定性征的物质,在生理上各有特定的生理功能。

甾族激素按结构特点可分为雌甾烷、雄甾烷、孕甾烷类等。下面介绍几种临床上常用的甾体激素药物。

①雌二醇。化学名为雌甾-1,3,5(10)-三烯-3,17β-二醇。本品为白色或乳白色结晶性粉末,无臭,熔点为 175~180 ℃,溶于二氧六环或丙酮,略溶于乙醇,不溶于水,雌二醇在 280 nm 波长处有最大吸收。

雌二醇属于雌甾类药物,其结构特点为 A 环是芳环,有一个酚羟基。本品与硫酸作用显黄绿色荧光,加三氯化铁呈草绿色,再加水稀释,则变为红色。临床上主要用于治疗更年期综合征。但此药物在消化道易被破坏,不宜口服。

雌二醇

②甲睾酮。化学名为 17α-甲基-17β-羟基雄甾-4-烯-3-酮。本品为白色或类白色结晶性粉末,无臭,无味,微有吸湿性。熔点为 163~167 ℃。易溶于乙醇、丙酮或氯仿,略溶于乙醚,微溶于植物油,不溶于水。加硫酸-乙醇溶解,即显黄色并带有黄绿色荧光。遇硫酸铁铵溶液显橘红色,后变为樱红色。甲睾酮属于雄甾烷类药物,由于甲基的空间位阻作用,性质较稳定,在体内不易被氧化,可供口服,临床上主要用于男性缺乏睾丸素所引起的各种疾病。

甲睾酮

③黄体酮。学名为孕甾-4-烯-3,20-二酮,属于孕激素类药物。黄体酮为白色结晶性粉末,无臭,无味,熔点为 128~131 ℃,极易溶于氯仿,溶于乙醇、乙醚或植物油,不溶于水。本品 C_{17} 位的甲酮基,在碳酸钠及醋酸铵的存在下能与亚硝基铁氰化钠反应生成蓝紫色的阴离子复合物。其他常用的甾体药物呈浅橙色或无色。故此反应为黄体酮的专属性反应。

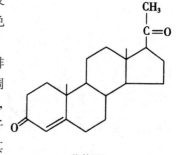

黄体酮

黄体酮的生理功能是在月经期的某一阶段及妊娠中抑制排卵。临床上用于治疗习惯性子宫功能性出血、痛经及月经失调等。黄体酮构效关系表明:在 17α 位引入羟基,孕激素活性下降,但羟基成酯则作用增强;在 C_6 位引入碳碳双键和甲基或氯原子都使活性增强。因此制药工业上,以黄体酮为先导化合物,对其进行结构改造,先后合成了一系列具有孕激素活性的黄体酮衍生物。

④肾上腺皮质激素。它是肾上腺皮质分泌的激素,黄体酮是甾族化合物中另一类重要的激素。按照它们的生理功能可分为糖代谢皮质激素(如皮质酮、可的松等)和盐代谢皮质激素

（如醛甾酮等）。肾上腺皮质分泌的激素减少，会导致人体极度虚弱，贫血，恶心，低血压，低血糖，皮肤呈青铜色，这些症状在临床上称为阿狄森病。因此，某些可的松作为药物在临床治疗中占有重要的地位，如氢化可的松、泼尼松、地塞米松等都是较好的抗炎、抗过敏药物。

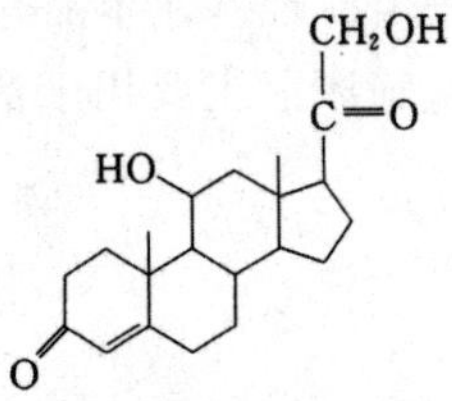

皮质酮 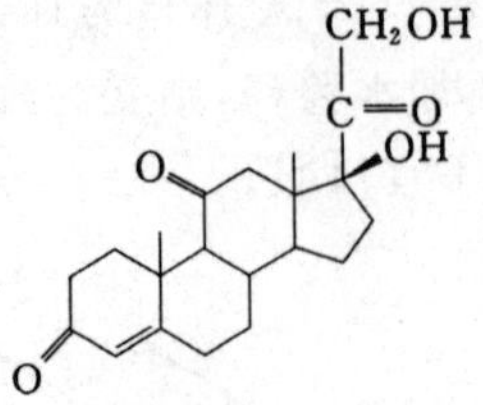　　　　　　可的松 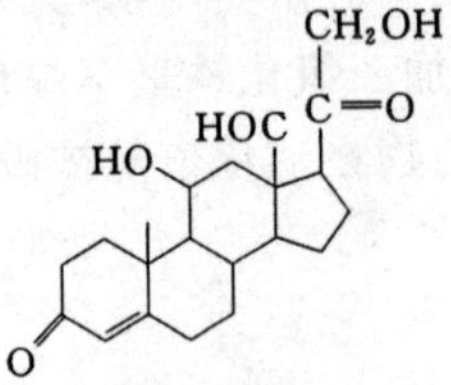　　　　　　醛甾酮

（4）甾体皂苷。皂苷是一类结构较为复杂的苷类化合物，它溶于水即成胶体，振荡会产生泡沫，而且能溶解红细胞，引起溶血现象，类似肥皂，故称皂苷。例如，从薯蓣科植物中可提取到薯蓣皂苷，水解得到糖和薯蓣皂苷配糖基，薯蓣皂苷元是合成性激素、肾上腺皮质激素等甾体药物的重要原料。

（5）强心苷类化合物。存在于许多有毒的植物中，在玄参科、百合科或夹竹桃科植物的花和叶中最为普遍。小剂量使用能使心跳减慢，强度增加，具有强心作用，故称为强心苷。强心苷在临床上用作强心剂，用于治疗心力衰竭和心律失常。

强心苷的结构比较复杂，是由强心苷元和糖两部分构成的。强心苷元中甾体母核四个环的稠合方式是 A/B 环可顺可反，B/C 环反式，C/D 环多为顺式。C_{17} 侧链为不饱和内酯环，甾核上的三个侧链都是 β 构型，C_{13} 是甲基，C_{10} 大多是甲基，也有羟基、醛基、羧基等。

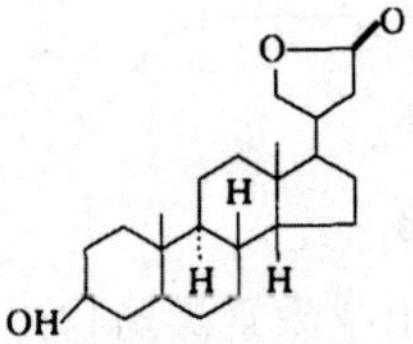

强心甾 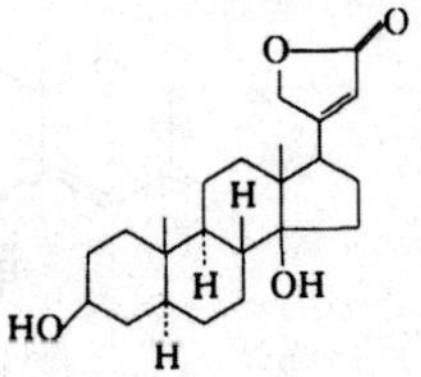　　洋地黄毒苷元

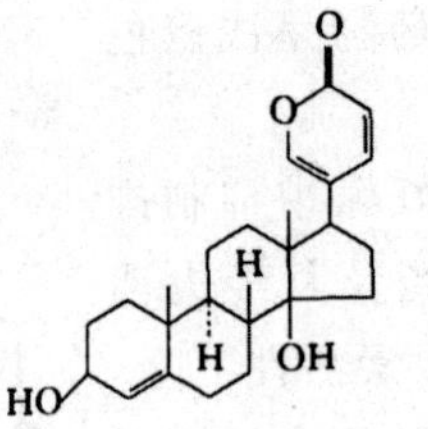

海葱苷元 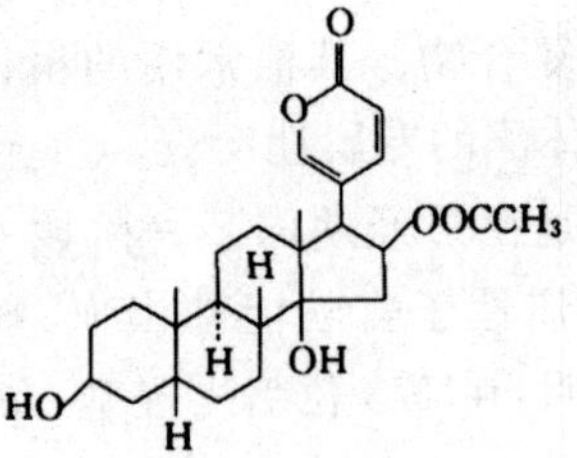　　　　蟾酥毒苷元

参考文献

[1]信颖,王欣,孙玉泉.有机化学[M].2 版.武汉:华中科技大学出版社,2017.

[2]董先明,杨卓鸿,罗颖.有机化学[M].4 版.北京:科学出版社,2019.

[3]高坤,李瀛.有机化学(上)[M].北京:科学出版社,2019.

[4]高坤,李瀛.有机化学(下)[M].北京:科学出版社,2019.

[5]贾云宏.有机化学(案例版)[M].2 版.北京:科学出版社,2019.

[6]江洪,陈长水.有机化学[M].4 版.北京:科学出版社,2018.

[7]柯宇新.有机化学基础[M].2 版.北京:化学工业出版社,2019.

[8]李景宁.有机化学(上)[M].6 版.北京:高等教育出版社,2018.

[9]李景宁.有机化学(下)[M].6 版.北京:高等教育出版社,2018.

[10]赵正保.有机化学[M].2 版北京:人民卫生出版社,2007.

[11]张生勇,何炜.有机化学[M].4 版.北京:科学出版社,2016.

[12]林友文,石秀梅.有机化学[M].北京:中国医药科技出版社,2016.

[13]袁红兰,金万祥.有机化学[M].3 版.北京:化学工业出版社,2015.

[14]侯士聪,徐雅琴.有机化学[M].北京:高等教育出版社,2015.

[15]徐春祥.有机化学[M].3 版.北京:高等教育出版社,2015.

[16]杜彩云,李忠义.有机化学[M].武汉:武汉大学出版社,2015.

[17]杨建奎,张薇.有机化学[M].北京:化学工业出版社,2015.

[18]赵建庄,尹立辉.有机化学[M].北京:中国林业出版社,2014.

[19]刘军.有机化学[M].2 版.武汉:武汉理工大学出版社,2014.

[20]刘军,张文雯,申玉双.有机化学[M].2 版.北京:化学工业出版社,2010.

[21]李军,沙乖凤,杨家林.有机化学[M].武汉:华中科技大学出版社,2012.

[22]胡春.有机化学[M].2 版.北京:中国医药科技出版社,2013.

[23]黄恒钧,白云起.有机化学实用基础[M].北京:北京大学出版社,2011.

[24]师春祥.简明基础有机化学[M].北京:北京师范大学出版社,2011.

[25]周莹,赖桂春.有机化学[M].北京:化学工业出版社,2011.

[26]高吉刚,付蕾.有机化学[M].北京:科学出版社,2009.

[27]于淑萍.有机化学基础[M].北京:中央广播电视大学出版社,2010.

[28]潘华英,叶国华.有机化学[M].北京:化学工业出版社,2010.

[29]段文贵.有机化学[M].北京:化学工业出版社,2010.

[30]王文平.有机化学[M].北京:科学出版社,2010.

[31]李良学.有机化学[M].北京:化学工业出版社,2010.

[32]吴阿富.新概念基础有机化学[M].杭州:浙江大学出版社,2010.

[33]于跃芹,袁瑾等.有机化学[M].北京:科学出版社,2010.

[34]付彩霞,王春华.有机化学[M].北京:科学出版社,2016.

[35]付建龙,李红.有机化学[M].北京:化学工业出版社,2009.

[36]蔡素德.有机化学[M].3版.北京:中国建筑工业出版社,2006.

[37]洪筱坤,林辉.有机化学[M].北京:中国中医药出版社,2005.

[38]荣国斌.高等有机化学基础[M].3版.上海:华东理工大学出版社;北京:化学工业出版社,2009.

[39]邢其毅,裴伟伟,徐瑞秋,裴坚.基础有机化学(上册)[M].3版.北京:高等教育出版社,2005.

[40]邢其毅,裴伟伟,徐瑞秋,裴坚.基础有机化学(下册)[M].3版.北京:高等教育出版社,2005.

[41]汪小兰.有机化学[M].4版.北京:高等教育出版社,2005.

[42]梁绮思.有机化学基础[M].北京:化学工业出版社,2005.

[43]中国化学会有机化合物命名审定委员会.有机化合物命名原则[M].北京:科学出版社,2019.

[44]邢存章,赵超.有机化学[M].北京:科学出版社,2008.

[45]邓苏鲁.有机化学[M].北京:化学工业出版社,2007.

[46]李艳梅,赵圣印,王兰英.有机化学[M].2版.北京:科学出版社,2019.

[47]李艳梅,赵圣印,王兰英.有机化学[M].北京:科学出版社,2016.

[48]刘庆俭.有机化学(上)[M].上海:同济大学出版社,2018.

[49]刘庆俭.有机化学(下)[M].上海:同济大学出版社,2018.

[50]刘郁,刘焕.有机化学[M].北京:化学工业出版社,2019.

[51]田燕.有机化学[M].2版.北京:科学出版社,2018.

[52]吉卯祉,彭松,吴玉兰.有机化学[M].4版.北京:科学出版社,2017.

[53]唐玉海,卫建琮.有机化学[M].2版.北京:科学出版社,2017.

[54]张雪昀,宋海南.有机化学[M].3版.北京:中国医药科技出版社,2017.

[55]徐伟亮.有机化学[M].3版.北京:科学出版社,2017.

[56]董元彦,范望喜,王旭.简明有机化学[M].3版.北京:科学出版社,2017.

[57]张凤秀.有机化学[M].北京:科学出版社,2017.

[58]林晓辉,朱焰,姜洪丽.有机化学概论[M].北京:化学工业出版社,2019.

[59]赵正保,项光亚.有机化学[M].北京:中国医药科技出版社,2016.

[60]鲁崇贤,杜洪光.有机化学[M].2版.北京:科学出版社,2009.

[61]鲁崇贤.有机化学[M].2版.北京:科学出版社,2019.

[62]张金桐.有机化学[M].2版.北京:中国林业出版社,2019.

[63]张禄梅,李文有.有机化学[M].2版.天津:天津大学出版社,2018.

[64]贾志坚,武宇芳,李文娟.有机化学理论及发展研究[M].北京:中国原子能出版社,2018.

[65]伍丹,邓瑞雪,李高楠.有机化学基础教程[M].北京:中国原子能出版社,2017.

[66]李耀华,胡江虹.汪海平.基础有机化学理论与进展研究[M].北京:中国原子能出版社,2013.

[67]钟桂云,张小博,吕亚娟.有机化学基础理论与应用研究[M].北京:中国原子能出版社,2013.